Regina Michalik

INTRIGE

Regina Michalik

# INTRIGE

## MACHTSPIELE

wie sie funktionieren
wie man sie durchschaut
was man dagegen tun kann

Econ

Econ ist ein Verlag
der Ullstein Buchverlage GmbH

ISBN 978-3-430-20099-8

© der deutschsprachigen Ausgabe
Ullstein Buchverlage GmbH, Berlin 2011
© für die Intrigogramme S. 106, 107 und 108:
Oliver Hauptstock, Dortmund
Alle Rechte vorbehalten
Gesetzt aus der Scala
Satz: Pinkuin Satz und Datentechnik, Berlin
Druck und Bindearbeiten: CPI – Clausen & Bosse, Leck
Printed in Germany

# INHALT

# VORAB

Alle Achtung! Sie trauen sich was! Sie kaufen sich ein Buch über Intrigen, eins, das ganz offensichtlich davon handelt. Es steht sogar im Titel. Möglicherweise haben Sie sogar nach dem Buch gefragt, den Titel genannt oder gesagt »ich hätte gern etwas über Intrigen«, im Buchladen, so dass es die andern Kunden hören konnten. Der Buchhändler, die Verkäuferin sowieso. »Aha, was hat der (oder die) vor?«, werden die sich fragen. Sie werden sich Gedanken machen über Sie, Vermutungen anstellen. Möglicherweise darüber reden. Mit andern Kunden. Mit ihren Freunden, Nachbarn. »Stell dir vor, der hat ein Buch über Intrigen gekauft. War da nicht mal was bei dem?« Und diese Freunde der Kundinnen werden es wiederum ihren Freunden erzählen. »Da war mal was«, wird einer sagen. »Vor dem musst du dich in Acht nehmen.« Ach, es hat niemand gesehen, dass Sie das Buch gekauft haben? Sie haben es nur im Internet bestellt? Auch nicht ungefährlich. Nun weiß das System, dass Sie sich für Intrigen interessieren. Es wird ein Profil anlegen. »Interesse: Intrigen und anderes Verwerfliches«. Sie werden in Zukunft wohl auch Bücher über Mord und Totschlag empfohlen bekommen.

Sie mögen einwenden, es sei ja nichts Verwerfliches daran, sich für Intrigen zu interessieren. Sie interessieren sich nur für die Opferperspektive, nicht für die der Täter. Aber wer will schon Opfer sein? Da könnte ja jemand denken, »einmal Opfer, immer Opfer«, oder »der/die ist offensichtlich gut als Opfer geeignet, da probiere ich es auch mal«.

Nein, Sie sind ja gar nicht selbst Opfer; Sie sorgen sich um eine Ihrer Kolleginnen, gegen die eine Intrige gesponnen wird. Dennoch: Wer sich mit einem solchen Thema beschäftigt, der muss doch irgendwas damit zu tun haben. Der erweckt zumindest den Eindruck, ein Interesse an Intrigen zu haben, das über ihre bloße Abwehr hinausgeht.

Am besten, Sie behaupten, Sie seien selbst Intrigant und wollten doch mal lesen, inwieweit man Sie eigentlich durchschauen kann. Das ist das Beste. Da werden sich alle anderen vor Ihnen in Acht nehmen.

Ich jedenfalls finde es gut, dass Sie das Buch gekauft haben. Und ich kann Ihnen versichern: Ich weiß nicht, wer Sie sind, und werde es auch nicht erfahren. Es sei denn, Sie melden sich bei mir, schicken mir Ihren Kommentar, Ihre Anregungen und verbreitern damit mein Intrigenwissen. Das wäre ein echter Dienst an der Sache. Dann hätte es sich gelohnt, dass Sie sich geoutet haben. Das können Sie selbstverständlich unter falschem Namen machen, als Mann statt als Frau oder umgekehrt. Ich jedenfalls wechsle im Buch hin und her mit den Geschlechtern, den weiblichen und männlichen Endungen. Das verwirrt Sie vielleicht zunächst, ist aber eine gute Vorbereitung zur Intrige.

Denn ich weiß selbst: Outing kann peinlich sein. Vor einigen Jahren habe ich es mal gegenüber meinem Buchhändler getan. Ich habe ihm gesagt, dass ich mich mit Intrigen beschäftige, ob er nicht ein gutes Buch darüber kenne. Niemand hat es gehört, außer ihm. Leider hat er dann lange nichts gefunden, was ich nicht schon kannte. Aber er hat es nicht vergessen. Jahre später, jetzt, als das Buch schon fast fertig geschrieben war, kam er darauf zurück, an einem sonnigen Samstagmorgen, als ich vor seiner Buchhandlung in der Kreuzberger Körtestraße vorbeischlenderte, wie unzählige andere mit mir. Er stand vor seinem Laden, plaudernd, nickte mir nur zu. Als ich schon drei Schritte weiter war, fiel es ihm ein. »Ich hab' da was für Sie!«, rief er hinter mir her. »Was über Intrigen!« Seitdem habe ich das Gefühl, ich werde komisch angeguckt, wenn ich über die Straße gehe.

Es stimmt: Es gibt nicht viele Menschen mit Intrigenkompetenz, die auch noch dazu stehen. Ja, ich habe Intrigenkompetenz: Als Coach berate ich Menschen, die vermuten, dass sie Opfer einer Intrige waren oder sind. Täter kommen weniger zu mir. Aber durchaus Menschen, die sich fragen, wie sie eine Intrige gegen andere Personen hätten verhindern können und inwiefern sie selbst an der Intrige beteiligt waren.

Auch in meiner Rolle als Mediatorin habe ich mit Intrigen zu tun, meist im Vorfeld. Menschen kommen zu mir mit dem Ziel einer konstruktiven Lösungsfindung, bevor es zu Intrigen kommt. Und ich berate Menschen, die im Zuge einer Intrige persönlich Schaden genommen haben, als mehr oder weniger direkt Beteiligte.

Als Seminarleiterin zu Führung, Konfliktmanagement und Karriere erfahre ich einiges über Intrigen: als Werkzeug der Führung und des Personalmanagements, durch Chefs oder die Personalabteilung. Dies führte dazu, dass ich Intrigenseminare und Intrigencoachings anbiete. So weit zu meinen Rollen als Beraterin.

Ich habe Intrigen aber nicht nur beobachtet. Ich bin auch Opfer einiger Intrigen. Ich gebe zu: Nicht alle hätte ich mit meinem heutigen Wissen verhindert. Einige hätte ich nur besser und früher durchschaut. Oder ich wäre möglicherweise zu der Erkenntnis gekommen, dass sie nicht zu verhindern waren, und hätte meine Kräfte anders eingesetzt. Ich hätte dann wohl erkannt, dass es eben keine normalen Konflikte waren, sondern wirkliche Intrigen.

Was hätte das geändert? Wer weiß, dass es sich um eine Intrige handelt, ist möglicherweise vorsichtiger und umsichtiger, geht strategischer vor. Er oder sie steckt mehr Energie in die Analyse und in die Suche nach Bündnispartnern. Und erhöht mit diesem Wissen die Möglichkeit, die Intrige zum Scheitern zu bringen. Wer weiß, dass es eine Intrige ist, ist auf jeden Fall besser vorbereitet auf die nächste.

Deshalb dieses Buch. Damit Sie besser vorbereitet sind auf Ihre nächste Intrige. Damit Sie von meinem Wissen profitieren – und von dem Wissen meiner Coachees und Gesprächspartner. Damit Sie besser erkennen können, ist es oder war es eine Intrige? Damit Sie Intrigen in Zukunft möglicherweise verhindern können, und vor allem, damit Sie besser vorbeugen können. Denn: Nach der Intrige ist vor der Intrige.

Und wenn Sie mit Hilfe des Buches entdecken, dass es gar keine Intrige ist, worin Sie gerade stecken oder damals steckten, dass es ›nur‹ ein normaler Konflikt ist? Auch dann werden Sie dazulernen. Möglicherweise ist es eine Entlastung für Sie nach dem Motto ›Dann ist es ja nicht so schlimm‹. Möglicherweise ist es aber gar nicht das, was Sie wollen – die Bestätigung, es sei nicht so schlimm. Dann versichere ich Ihnen: Auch intrigenähnliche Geschehnisse, Vorstufen von Intrigen können schlimm sein, komplexe Konflikte um Macht, Geld oder Liebe, nicht zu reden von systematischen Angriffen wie Mobbing. Die Beispiele, theoretischen Analysen und praktischen Tipps im Buch werden auch Ihnen weiterhelfen. Und die Werkzeuge der Intrigenanalyse, -abwehr und -prävention in normalen Konflikten anzuwenden schadet auch nicht; dies erweitert Ihr Verstehen, und Sie kennen sie dann schon, wenn die Intrige kommt.

# TEIL I: INTRIGEN ERKENNEN

Warum lesen Menschen Bücher? Weil sie sich die Zeit vertreiben wollen, weil sie Spaß daran haben, weil sie etwas erfahren wollen. Alle drei Gründe sind legitim; und am besten ist es, wenn ein Buch alle drei Motive befriedigt. Darum werde ich mich mit diesem Buch bemühen. Als Viertes gibt es noch den Grund des »Müssens«. Vielleicht müssen Sie dieses Buch lesen, weil Ihr Unternehmen immer wieder von Intrigen bedroht ist oder Sie selbst in einer Intrige stecken. Sie haben vielleicht gar keine Lust, sich mit Intrigen zu beschäftigen, diesem ernsten und unangenehmen Thema. Das kann ich gut verstehen. Auch ich habe, als ich selbst von einer Intrige umgeben war, vor allem den Zwang gespürt, mich damit zu beschäftigen, wollte aber lieber nicht daran denken. Erst viel später entdeckte ich, dass es auch Spaß machen kann, sich mit Intrigen zu beschäftigen, sie zu zerlegen und zu lösen, quasi wie ein Rätsel: Es lässt einen nicht los, bis es gelöst ist. Dabei ist es zuweilen quälend, wenn man nicht weiterkommt. Aber wenn man einen nächsten Einfall hat, macht es Spaß. Das ist ein Lustfaktor der Intrigenentzifferung.

Zunächst aber müssen Sie und ich hier durch, durch einige eher trockene Informationen, durch Definitionen, Kategorien und Kennzeichen. Denn wenn man etwas erkennen will, so muss man wissen, was es ist. Ich verspreche Ihnen, ich werde diese Informationen so ernsthaft und ausführlich wie nötig und so kurzweilig und anschaulich wie möglich halten.

Anschaulich – das ist ja eine Schwierigkeit.

Damit ich weiß, was für Sie anschaulich ist, müsste ich Sie anschauen können, aber das kann ich ja nicht. Ich kenne Sie nicht. Ich nehme an, Sie sind ziemlich unterschiedlich, Frauen, Männer, jünger und älter, mit unterschiedlichen Berufen, aus unterschiedlichen Bereichen. Eine recht diverse Gruppe also. Deshalb wähle ich Beispiele aus unterschiedlichen Sparten. Damit auch für Sie etwas dabei ist, wo Sie denken können: »Ja, das ist mein Betrieb! Das bin ich!« Gut, wenn Sie es denken; aber ich versichere Ihnen: Es ist nicht Ihr Betrieb und es sind nicht Sie selbst. Alle meine wahren Beispiele habe ich so verfremdet, dass die Darsteller, die Stücke und die Bühnen nicht wiederzuerkennen sind. Als Schutz für alle Seiten.

## Kennzeichen »I«: Was ist eine Intrige?

»Was läuft da eigentlich?«, haben Sie sich sicher schon mal gefragt. »Ist da eine Intrige in Gang im Betrieb? Steckt da etwa ein Plan dahinter oder sind das einfach die normalen fiesen Machtspiele?« Vielleicht haben Sie sich deshalb dieses Buch gekauft: um herauszufinden, wie man Intrigen erkennt und unterscheidet, von Mobbing oder von den alltäglichen kleinen und größeren Gemeinheiten. Das ist nicht immer einfach, sage ich Ihnen gleich. Aber wir versuchen es. Denn es kann wichtig werden, wenn Sie über das weitere Vorgehen nachdenken.

Gleich vorweg: Mobbing ist keine Intrige. Intrigen sind raffinierter und komplexer, strategischer und hinterhältiger als Mobbing; sie sind rationaler durchgeführt, während Mobbing meist stärker aus dem Bauch heraus veranstaltet wird.

Wenn es Ihnen um Mobbing geht, müssen Sie aber nicht gleich das Buch wieder weglegen. Denn Mobbing kann Teil einer Intrige sein. Und einige Fragen im Zusammenhang mit Intrigen stellen sich auch bei Mobbing: die Warum-Frage beispielsweise, die Frage nach den Motiven. Und die Frage des Wer: Wer ist alles beteiligt, wer hat etwas davon? Mobbing ist persönlicher und direkter, als es Intrigen sind. Damit ist es nicht schlimmer oder weniger schlimm, nur anders. Mehr davon finden Sie weiter unten.

Zunächst einmal zu Intrigen, die weniger erforscht und behandelt sind als Mobbing. Wir wollen nicht alles miteinander vermischen. Deshalb stelle ich Ihnen zunächst einige wenige Definitionen vor – mit einem kleinen Schwenk in die Wissenschaft. Nur so groß, dass ich die fünf zentralen Kennzeichen einer Intrige vorstellen kann, damit Sie eine Chance haben herausfinden, ob bei Ihnen möglicherweise eine Intrige vorliegt oder was es sonst sein könnte. So wie die Internistin abfragt, was denn genau Ihre Symptome sind, um zu entscheiden, welche weitere Diagnostik und Behandlung in Frage kommt.

Ob in Boulevardblättern oder Politmagazinen, beim Friseur wie beim Fernseh-Talk, auf der Wirtschaftsseite wie unter Vermischtes, überall ist von Intrigen die Rede. Wenn Sie das Wort in eine der gängigen Suchmaschinen eingeben, spuckt Ihr Computer in Sekunden eine lange Liste von Einträgen aus. Schwer ist es, hier das Gesuchte zu finden, so schwer, wie zu entscheiden, ob, wo Intrige draufsteht, wirklich eine drin ist. Wen wundert's! Wie sollte auch etwas einfach sein, was vom lateinischen Wortursprung her bereits »Verwirrung« oder »Verwicklung« bedeutet. Der gute alte Brockhaus macht es noch komplizierter; hier ist die Verwicklung eine von Handlungen und Personenbeziehungen. Wo aber verschiedene Handlungen und verschiedene Personen in ihren verschiedensten Beziehungen verwickelt sind, ist das Entwirren nicht so einfach. Keine nette Aufgabe; vielleicht wird sie netter, wenn wir die Intrige lyrischer nehmen: als »verhohlene Anstiftung fremder Kräfte mit wahrer, teilwahrer oder unwahrer Information«, wie sie der Intrigentheoretiker Martin Thau in seinem Buch *Intrigen. Heimtücke und Verschlagenheit im Alltag* definiert. Hier dräut das Ungewisse und Unbekannte. Was ist verhohlen? Welche Kräfte sind da am Werk? Und welche der Informationen ist hier wahr, teilweise wahr oder unwahr?

Wir wollen Klarheit und bemühen deshalb die Wissenschaft. Leider ein wenig hilfreicher Weg. Denn wenig wurde sie bisher untersucht, die Intrige. Das Standardwerk zum Thema Intrige hat ein Literaturwissenschaftler geschrieben, Peter von Matt; amüsant und kenntnisreich, aber auf den ganz profanen beruflichen Alltag sind seine Erkenntnisse wenig übertragbar. Lesen Sie's dennoch, wenn Sie ein Interesse an einer literaturwissenschaftlichen Abhandlung des Themas haben. Auch die Alltagswissenschaft, die Soziologie, hat leider wenig zu bieten, was die Analyse von Intrigen betrifft. Kein Wunder, entzieht sich die Intrige doch per Definition der Untersuchung und Aufklärung durch Verwirrung und Verwicklung.

Und Verwicklung und Verwirrung sind nicht nur der Kern ihrer Definition, sondern auch der Kern der Intrige selbst. Alles was glasklar auf dem Schreibtisch liegt, ist keine Intrige. Alles was direkt und offensichtlich ist, mag zwar gemein sein oder unter der Gürtellinie, aber es ist eben keine Verwicklung oder Verwirrung; es ist offensichtlich und nicht hintergründig oder gar hinterhältig.

»Hintergründig« allein reicht als Merkmal ja auch noch nicht. Hintergründig ist ja eher ein Qualitätszeichen, und wann wird aus dem Hintergrund ein Hinterhalt? Auf jeden

Fall, wenn es um etwas durch und durch Schlechtes geht. Da ist man sich einig, Aber ist »schlecht« nicht wiederum relativ? So kommt man also auch hier in einer Definition nicht viel weiter. Zumal ja nicht unhinterfragt vorausgesetzt sein muss, dass Intrigen überhaupt schlecht sind. Sie protestieren? Tun Sie's – aber einer der wenigen ausgewiesenen Intrigentheoretiker, der Soziologe Martin Thau, schafft es, in seiner Intrigendefinition ohne negative Wertung auszukommen. Er spricht davon, dass Intriganten eine »geschmeidige Handhabung von Mitteilungen jeder Art« auszeichnet, dass sie sie »als Waffe« nutzen. Geschmeidig klingt doch gut und ungleich besser als hinterhältig, geradezu nett. Durch diese Geschmeidigkeit, zum Beispiel im Umgang mit Information, werden fremde Energien freigesetzt, die dann arbeiten, für den Intriganten.

Geschmeidig kann es beispielsweise sein, Beschwerden nicht bei der eigentlich zuständigen Stelle, sondern möglichst weit oben einzureichen; der Prozess, den das auslöst, nutzt demjenigen, der dies initiiert hat, neutral und nett ausgedrückt: Ein größerer Kreis ist informiert, Gerüchte werden gezielt gestreut, eine Kette von Vorgesetzten steht im Verdacht, hierzu beigetragen zu haben. Wer will, nennt dies hinterhältig, korrekt oder geschmeidig. Nett sagt man's auch in der Schweiz, die bekannt ist für ihre zum Teil liebkosend klingenden Beschreibungen. Man verwickelt jemanden in ein Ränkespiel, heißt es als Erläuterung von Intrige. Der Rank wiederum ist ursprünglich eine Wegkrümmung, heute eine List. Man findet den Rank, wendet den Dreh an, nutzt die Krümmung des Weges.

Genug, finden wir den Dreh, kommen wir hervor hinter der Wegkrümmung der Wortspiele, gehen wir gerade voraus und kümmern uns unverblümt um die Aufstellung der Kennzeichen der Intrige. Damit Sie in Zukunft besser wissen, ob hinter den Vorgängen im Betrieb eine Intrige steckt oder nicht. Fünf Kennzeichen sind es.

Das erste unabdingbare Kennzeichen: das Hinterhältige oder Hintergründige. Eine Intrige ist eine hinterhältige Machenschaft, aus der Deckung heraus, ein taktischer Angriff. Also: keine Intrige ohne Taktik. Keine Intrige ohne Deckung, ohne Hinterhalt. Ein offener Angriff, »einfach so«, ist keine Intrige. Damit fallen viele Spielchen des Alltags von vornherein weg: all die kleinen Gemeinheiten des Tages, die entwendeten Handouts und unterschlagenen Termine, die bösen Blicke und die gehässigen Bemerkungen, das Tuscheln, wenn man den Raum verlässt. Sie sind enttäuscht oder erleichtert? Brauchen Sie nicht zu sein. Denn all diese Gemeinheiten tauchen wieder auf, als Teil einer Intrige. Wir vergessen sie nicht. Wir können sie gebrauchen. Als Teil des Plans, ohne den es keine Intrige gibt.

Denn zweitens braucht eine Intrige einen Plan. Etwas Spontanes, Unüberlegtes ist keine Intrige. Diese braucht ein Ziel. Auch etwas Zufälliges kann keine Intrige sein. Aber natürlich kann der Zufall wichtige Hilfestellung geben; der Intrigant kann ihn nutzen, um seinen zielgerichteten Plan zu verfolgen.

Hinter jedem Ziel und damit hinter jeder Intrige steht drittens ein Motiv, also wörtlich etwas, das bewegt. Dieses Etwas kann vieles sein; eigentlich ist alles als Motiv möglich. Verbreitet ist die Auffassung, das Motiv müsse auf jeden Fall sein, jemandem zu schaden. Andere akzeptieren bereits den Zweck des eigenen Vorteils, und Dritte wiederum sehen allein den »bestimmten Zweck« als ausreichend an für das Vorliegen einer Intrige. Hier spielen meist individuelle Wertevorstellungen eine Rolle: Wer Intrigen für absolut verwerflich hält, wird in jedem Fall davon ausgehen, dass der Intrigant Schaden bewirken will. Wer das taktische, planerische

Element im Vordergrund sieht, wird den Zweck neutraler sehen. Klar aber ist: ohne Zweck keine Intrige.

Gehen wir also davon aus, ein Ziel, ein Motiv ist da, dann muss die Handlung, um eine Intrige zu sein, viertens folgerichtig durchgeführt werden. Für einen Mord, selbst sogar für einen Mordversuch reicht es ja auch noch nicht aus, einen genauen Mordplan zu haben und sogenannte niedrige Beweggründe, das Gift zu besorgen und die Dosierungsanleitung zu studieren. Die strafbare Handlung beginnt erst, wenn das Gift verabreicht wird, eine Intrige erst dann, wenn der Plan zumindest ansatzweise umgesetzt wurde. Mit welcher Handlung allerdings die Umsetzung beginnt, ist häufig bei der Intrige schwer festzustellen. Zumal es nicht der Intrigant selbst sein muss, der das Gift unter die Nachspeise rührt.

Eine Intrige – so das fünfte Kennzeichen – hat nämlich immer mindestens drei Akteure: neben Täter oder Täterin, einem oder mehreren Opfern gibt es als dritte einen oder mehrere Verbündete und zusätzlich häufig noch eine vierte Akteursgruppe, sogenannte Stakeholder, also Mitinteressentinnen oder Mitprofiteure. Ohne Opfer keine Intrige, ohne Verbündete auch nicht. Diese Verbündeten können Mitwisser, Handlanger oder Vollstreckerinnen werden. Mitprofiteure wiederum tragen meist nichts aktiv bei und haben dennoch etwas von der Intrige, teilweise ohne es überhaupt bewusst zu wollen.

Da ist sie wieder, die Verstrickung der verschiedenen Personenbeziehungen, ohne die eine Intrige nicht sein kann. Sie ist eine soziale Beziehung, eine Kette zielgerichteter Handlungen mit verschiedensten Akteuren. Intrigen sind keine Taten für Einzelgänger. Sie erfordern soziale Beziehungen und soziale Kompetenz.

Da liegt sie auf dem Tisch, die Intrige, in ihre Kennzeichen zerlegt. Was im wahren Leben mit der wahren Intrige nicht immer einfach ist: zu schauen, ob wirklich alle Kennzeichen für eine Intrige vorliegen. Da hilft es auch nicht, wenn die Intrige bereits beendet ist. Was war der Plan, der unter Umständen erst mit der Handlung entsteht? Was, wenn kein Motiv zu entdecken ist, wenn die Verbündeten sich scheinbar einfach so verbünden, ohne etwas davon zu haben, vielleicht weil sie solidarisch sind mit dem Täter? Auch Solidarität zählt als Motiv. Und auch Intrigantinnen brauchen Erfahrung, gehen »learning by doing« in einer Intrige voran, stoßen Pläne um. Was, wenn die heimtückischen Handlungen ziemlich offensichtlich sind? Auch dies spricht nicht unbedingt gegen das Vorliegen einer Intrige, sondern möglicherweise für den geübten Blick des Beobachters.

Der aber hat es nicht einfach, auch wenn er noch so geübt ist, der Beobachter im wahren Leben.

Vielleicht aber hilft uns der wissenschaftliche Beobachter weiter. Quasi zuständig für das Betrachten von Alltagshandlungen, damit auch für die beobachtende Begleitung von Intrigen, ist die Soziologie; doch hier sind Intrigen, wie bereits erwähnt, leider kaum ein Thema. Ist es ihr zu schwer, weil Intrigen »nahezu ausschließlich retrospektiv beobachtbar« sind – und, »wenn sie perfekt durchgeführt werden, noch nicht einmal das«, wie der Soziologe Ulrich Lutz erklärt? Täter stehen selten zu ihren Intrigen und auch Opfer ungern, aus Angst, das Geschehene wieder ins Gedächtnis zu holen. Wer steht schon gern als Opfer da? Wer erinnert sich schon gern an Unangenehmes?

Nun sollte die Schwierigkeit keine Rechtfertigung sein, sich nicht mit dem Thema zu beschäftigen. Zumindest nicht für die Wissenschaft. Liegt es an mangelnder Relevanz? Aber weder sind Intrigen irrelevant noch wäre dies für die Wissenschaft ein Grund, sich nicht damit zu beschäftigen.

Ein Fehler der Soziologie? Aber in der Psychologie ist es auch kein Thema. So bleiben Intrigen in der Wissenschaft das, was sie sind: hintergründig.

Und mir bleibt nichts anderes übrig, als mit dieser bisherigen Definition voranzugehen, mit den fünf Merkmalen, die in der alltäglichen Praxis gute Anhaltspunkte für Sie liefern, ob eine Intrige vorliegt: hinterhältig, nach Plan und mit Motiv, folgerichtig mit Opfer, Verbündeten und eventuell Stakeholdern.

## Variationen von »I«: Eine Gattung und ihre Arten

Was tun, wenn man herausfinden will, ob etwas das ist, was man vermutet, von dem man aber nicht genau weiß, was es ist? Es hilft, zu wissen, was es nicht ist und was es alles Unterschiedliches sein kann. Eine Herangehensweise, die auch für Intrigenopfer praktikabel ist.

Gustav Adolf Pourroy, ein Soziologe und Intrigenexperte, beschreibt drei Gattungen, drei unterschiedliche Grundformen von Intrigen. Die erste, den direkten Angriff auf das Opfer, nennt er Billardstoß; so kann beispielsweise eine Kündigung – die an sich ja noch keine Intrige ist – eingebettet sein in eine geplante Vielfalt von Angriffen wie Verleumdungen, Demütigungen, dem Erteilen nicht lösbarer Aufgaben etc. und so ein Glied in der Kette einer Intrige sein. Wie geübte Billardspieler eine Kugel treffen, damit sie eine zweite und diese wiederum eine dritte anstößt, bevor sie über die Bande ins Loch fällt, so gibt es in der Kunst der Intrige die gezielte Kettenreaktion, die im optimalen Fall für den Intriganten so abläuft, wie er sie berechnet hat.

Hier ein fiktives Beispiel, das so an verschiedensten Orten abgelaufen ist und weiter ablaufen wird, wie ich immer wieder in meinen Seminaren zu Intrigen feststelle: Ein Erster möchte einmal so richtig aufräumen in seiner Abteilung; besonders der Dritte, die Vierte und der Fünfte sind ihm ein Dorn im Auge. Er kann aber nicht alle entlassen; das würde sein oberster Chef nicht mitmachen. Wie kann er den Prozess anstoßen? Er sucht sich ein passendes Opfer aus, den Zweiten, dem er kündigt. Wie geplant tickt die Kugel den Dritten an, der sich mit dem Zweiten solidarisiert und daraufhin vom Ersten abgemahnt werden kann. Das macht die Vierte aufmerksam; sie sieht die Chance, den Dritten loszuwerden, der sie schon länger stört. Sie verbündet sich mit dem Fünften, um diesen auf die Stelle des Dritten setzen zu können. Also gehen die Vierte und der Fünfte gemeinsam direkt zum obersten Chef, dem Sechsten, und beschweren sich über den Dritten. Der Chef ist die Querelen leid und besetzt die Stelle des Zweiten durch einen externen Siebten, der die Abteilung umstrukturiert und den Dritten, die Vierte und den Fünften entlässt. Der Erste hat sein Ziel erreicht.

Für die Beteiligten und Beobachterinnen ist es häufig schwer, zu ergründen, wo die Kettenreaktion, der Billardstoß ansetzte und wer ihn so gekonnt gesetzt hat. Man sieht nur die Folgen. Doch wer sich fragt, »Wo hätte ich hingezielt, als die Kugeln noch so lagen wie vor dem Billardstoß?«, kann die Kettenreaktion zurückverfolgen – vorausgesetzt, er oder sie nimmt sich die Zeit, verschiedene Möglichkeiten durchzuspielen. So, wie viele Billard nur zum Zeitvertreib spielen und wenige die hohe Kunst beherrschen, so gibt es viele Intriganten, die zwar den Billardstoß planen, dabei aber eine Kettenreaktion auslösen, die sie so nicht vorausgesehen haben. Auch wenn jede Kugel gleich, der Tisch plan und das Tuch glatt ist, sitzt nicht jeder Stoß so, wie er sollte; und im

Beruf stellt jede angespielte Person in ihrer Individualität eine unsichere Größe dar.

Auf diese Individualität zielt die zweite Grundform der Intrige, der Schuss auf die Achillesferse, eine Variante, bei der bewusst eine Schwachstelle genutzt wird. Diese kann eine ganze Figur sein – wie im Schach der Bauer, der den Angriff auf Königin und König nur kurz abhalten kann – oder eine Eigenschaft der Figur, des Opfers, wie die Ferse des Achilles. Bei Brettspielen sieht man mit etwas Übung und guter Regelkenntnis die ungeschützten Figuren schnell und kann sich entscheiden, ob man sie opfert. Im beruflichen Alltag ist das meist schwerer, weil weder die Zahl der Spielfiguren noch die Regeln, wie diese sich auf dem Spielbrett bewegen können, eindeutig festgelegt sind. Wer ist auf meinem beruflichen Spielbrett, in Firma oder Netzwerk ungeschützt und ermöglicht damit als mögliche Folge den Angriff auf mich? In Frage kommen Personen aus dem Berufs- wie dem Privatleben: die Sekretärin oder der Assistent, die kleptomanische Ehefrau oder der drogengefährdete Sohn.

Achillesfersen als Merkmale des Opfers sind meist wunde Punkte dieser Person; hier gibt es freie Auswahl zwischen Vergangenheit und Gegenwart, Beruflichem und Privatem: von Alkohol über Ehe, Sex bis Zwangscharakter oder Auftrittsangst, unzureichenden Englischkenntnissen und fachlichen Lücken bis zu Zuneigungen zu einem bestimmten Kollegen oder Vorgesetzten; je nach Intrigenumfeld ist fast alles geeignet.

Bleibt noch das Komplott als dritte Grundform nach Gustav Adolf Pourroy: also das Bündnis von mehreren, um jemandem zu schaden. Beispielsweise wenn sich der direkte Vorgesetzte mit der Sekretärin und dem Mitarbeiter der Personalabteilung zusammentut, um einen Mitarbeiter loszuwerden. Dies ist aber wohl eher eine allgemeine Intrigentaktik, nämlich die Suche nach Verbündeten, mit denen dann die Intrige geführt wird – in welcher Grundform auch immer.

Die besagten drei Grundformen sind also eher Teilaspekte von Intrigen, sie beschreiben verschiedene mögliche Handlungsmuster von Intriganten: Was als direkter Angriff begann, kann durch gezieltes Nutzen von Schwächen verstärkt und mit Hilfe eines Komplotts vollendet werden. Die Bemühungen des Wissenschaftlers in Ehren; in der Praxis scheint es meist wenig hilfreich, Intrigen nach Grundformen zu unterscheiden. Aber nehmen wir doch die theoretischen Überlegungen als eine anregende Ideensammlung, was alles als Intrige möglich ist.

### Beispiel: Ein Komplott, ein Billardstoß und eine Achillesferse

»Ja, das wäre möglich, aber ich glaube es nicht«, sagte der Ex-Politiker, nennen wir ihn Herrn Albert, der vor einigen Jahren von seinem Ministerposten gestürzt wurde. Ja, es könnte theoretisch eine Intrige gewesen sein, aber nein, er sieht die gesellschaftlichen Rahmenbedingungen, die politischen Ereignisse als Ursache für seinen Sturz und die Kettenreaktion, die er auslöste. Verfolgt er aber den Billardstoß quasi rückwärts, so entdeckt er einen Nutznießer am Ende, der das Queue genommen und jemand anderem weitergereicht haben könnte, damit dieser den Stoß ausführt. Albert wurde gestürzt; damit kommt Frau Bertheim in sein Amt, was sie schon lange wollte. Bertheims alten Posten bekommt Frau Cedir. Darauf hat Herr Dietrich nur gewartet, der Amtskollege von Bertheim. Endlich ist er Bertheim los, die schon immer eine Konkurrenz für ihn war. Sie stört ihn nicht mehr in seiner Karriere. Mit Cedir, der Nachfolgerin, wird er schon fertig. B, C und D profitieren: B wird Ministerin, D ihre Nachfolgerin in ihrem alten Amt und C ist B los und damit seine Konkurrenz. Keiner von ihnen hat direkt den Stoß auf A durchgeführt; aber keiner hat sich bemüht, ihn zu verhindern. Insofern waren sie am Komplott beteiligt; geplant haben es andere: eine Gruppe aus der Konkurrenzpartei; diese mussten Albert stürzen, um im gleichen Zug ihre eigene Ministerin, Frau E, auswechseln zu können.

Natürlich hat A recht, wenn er von einem politischen Auslöser spricht, der ihn hat stürzen lassen. Es war ein politischer Skandal, den er nicht verschuldet hatte. Die Verantwortung lag eher im finanzpolitischen Ressort – dem Ressort, das die Ministerin von der Konkurrenzpartei in der Koalition verantwortet. Sie wollte man loswerden, aber ihr allein die Schuld zu geben hätte schlecht ausgesehen im Koalitionsgefüge. So taten sich die Drahtzieher beider Parteien zusammen und nutzten den Anlass, beide Minister loszuwerden, die Ressorts neu zu schneiden und neu zu besetzen. Die Nachfolger scharrten schon lange mit den Hufen. Herr Albert war das Bauernopfer. Seine Achillesferse? Er hatte keine Lobby, aber dafür eine starke Gruppe, die davon profitierte, wenn er ginge.

»Ja, so wäre es möglich«, sagte Herr Albert Jahre später. In Zukunft wird er mehr Energien in die eigene Lobby stecken, auch wenn er nicht mehr in der Politik arbeitet. Den Kontakt zu den Tätern hat er schon lange abgebrochen. Vielleicht wird er sie einmal mit der Intrigenhypothese konfrontieren, am besten in der Öffentlichkeit. Ja, das könnte ihm Spaß machen.

Warum überhaupt sollten wir Intrigen einteilen in Kategorien und Arten? Wenn verschiedene Arten von Intrigen verschiedene Methoden der Gegenwehr erforderten, so könnte eine solche Kategorisierung sinnvoll sein. In der Praxis scheint es aber eher der Grad der Heimtücke und Hinterhältigkeit wie die Komplexität von Intrigen zu sein, die bestimmen, welches Vorgehen angebracht ist. Je hinterhältiger eine Intrige, desto schwieriger, sie aufzudecken. Je komplexer die Intrigenhandlung, desto schwieriger die Gegenstrategie. Intrigenforschung könnte demnach auf einer imaginären x-Achse den Grad der Hinterhältigkeit abtragen und auf der y-Achse die Komplexität; je größer die beiden Werte, umso schwieriger, einer Intrige zu begegnen. Zugegeben: ein bisher nicht erprobtes Modell, bei dem Objektivität schier unmöglich ist. Aber für ein mögliches Intrigenopfer ist dies ja auch nicht nötig. Ihm hilft es, die beiden Faktoren subjektiv und relativ zu bestimmen – sozusagen den gefühlten Grad der Hinterhältigkeit und den gefühlten Grad der Komplexität. Hat das Opfer bereits einiges an Intrigenwissen, so kann es vergleichen: Ist die jetzige Intrige mehr oder weniger hinterhältig, mehr oder weniger komplex als die vorige? Das Intrigenopfer oder die Chefin, die mit einer Intrige befasst ist, kann dann je nach gefühltem Schwierigkeitsgrad entscheiden, ob sie sich mehr oder weniger Unterstützung, mehr oder weniger praktischen oder professionellen Beistand holt. Denn je geringer die Intrigenerfahrung, umso mehr sollte man sich unterstützen lassen: von betriebsinternen oder -externen Stellen oder Personen wie Konfliktbeauftragten, Konfliktcoaches oder Intrigenberaterinnen.

Sinnvoll kann es auch sein, Intrigen nach ihrem potentiellen Schaden zu unterteilen: Je schädigender eine Intrige, desto konsequenter muss ich gegen sie vorgehen. Schaden ist dabei der wirtschaftliche wie der moralische, der persönliche wie der betriebliche und auch der gesellschaftliche. Auch hier ist die Messung eine subjektive und sind die Maßeinheiten sehr unterschiedlich: Euro und Energieeinsatz, Dollar oder Depressionen, Image- oder Inventarschaden werden gemessen und addiert, Äpfel und Buschbohnen zusammengezählt und auf eine Waage gelegt. Etwas, was man beim Gemüsehändler nicht akzeptiert, was aber für die individuelle Schadensbewertung o. k. sein kann.

Dabei sollte man über den kurzfristigen Schaden hinausschauen, auch wenn alle längerfristigen Schäden besonders schwer abzuschätzen sind: der Imageverlust beispielsweise für eine Firma, in der Intrigen passieren, die dann an die Betriebsöffentlichkeit und die weitere Öffentlichkeit dringen, kann immens sein. Gerade Branchen, die sehr stark mit dem Charakteristikum »sozial« arbeiten, wie der Wohlfahrtsbereich, der politiknahe Bereich etc., müssen in eine konsequente Intrigenabwehr (und natürlich -prävention) investieren, aber auch in allen anderen Bereichen ist das Image ökonomisch relevant. Was bei Mobbing inzwischen gang und gäbe ist – es gibt Mobbingbeauftragte, Mobbingberatungsstellen etc. –, ist bei Intrigen noch unvorstellbar. Dabei können Intrigen ungleich gefährlicher werden, da sie weniger offensichtlich geschehen und das Wissen um sie leider noch deutlich weniger verbreitet ist.

Apropos Wissen: Ist es nun eine Intrige, oder was läuft da eigentlich? – das wollten Sie wohl wissen, als Sie sich in das Kapitel der Definitionen stürzten. Möglicherweise blieb die Frage für Sie nicht restlos beantwortet. Denn es gibt zwar einen Merkmalskatalog, orientiert an der Definition. Aber der Übergang von Intrigenvorformen, intrigenähnlichen Angriffen zu »richtigen« Intrigen ist ein fließender, ein Kontinuum. Und die Schwierigkeit und das Schwergewicht einer Intrige einzuschätzen ist auch keine klare Sache. Letztlich bleibt Ihnen nur die individuelle Kosten-Nutzen-Analyse: Wie groß ist der potentielle Schaden, wenn dieser Vorgang, der möglicherweise eine Intrige ist, erfolgreich zu Ende gebracht wird? Welcher Einsatz lohnt sich, um dieses Vorgehen so stoppen, zu verhindern oder im Nachhinein aufzudecken? Und wie groß wäre – einmal abgesehen vom verhinderten Schaden – der Nutzen, dies zu tun?

Dies sind Fragen, die Sie sich stellen sollten – egal ob es nun eine richtige Intrige ist oder nur ein intrigenähnliches Vorkommen.

## Intrigenanstöße: Motive, Anlässe und Gelegenheiten

Schaden und Nutzen sind auch die Bewertungskategorien der Täter. In vielen Fällen ist es beides: anderen schaden und sich selbst oder anderen nutzen. Wobei der eigene Nutzen häufig der Schaden der anderen ist.

Viele Menschen erkennen Intrigen nicht, weil sie kein Motiv sehen für das, was passiert. Sie können sich einfach nicht vorstellen, wer etwas davon haben könnte, dass er oder sie so viel Energie in dieses Vorhaben steckt. Dabei braucht man nur etwas Phantasie, um sich vorzustellen, warum jemand »das« tut.

Gründe und Anlässe für Intrigen gibt es viele – letztlich kommt alles dafür in Frage. Motive im ursprünglichen Sinne des Wortes, also das, was letztlich bewegt, sind schon weniger zahlreich. Worum geht es aber letztlich, verfolgt man die Motive zurück? Nähern wir uns auch hier den hässlichen Abgründen der niederen Motive ein wenig schöner, höher und vornehmer; nennen wir es wie der Intrigentheoretiker der Literaturgeschichte, Peter von Matt, wohlklingend das »primum movens«, das entscheidende bewegende Moment hinter jeder Intrige, das Grundlegende noch hinter dem augenscheinlichen Motiv.

Warum also intrigieren Menschen? Worum geht es letztlich? Peter von Matt lässt als primum movens nur drei zu: Geld, Liebe oder Macht. Diese drei Grundmotive sind es, die sich ineinander verschränken können. Ist es die Macht, aus der die Liebe zum Geld erwächst? Oder die Liebe, auf Grund derer man Macht über den Geliebten haben will, die man dann mit Geld erkauft? Eine philosophische Frage. Praktisch lässt sich eine breite Palette an Motiven aus dem primum movens ableiten: Intriganten bewegt das Streben nach Erfolg wie die Enttäuschung bei Misserfolg, der Wunsch nach Anerkennung wie die Rache bei Demütigung. Bei den einen ist es die Lust auf Veränderungen, bei den andern die Furcht vor Veränderungen, die sie intrigieren lassen, das Gefühl von Überlegenheit und Allmacht wie das von Unsicherheit und Minderwertigkeit.

Schauen wir uns einige der Spielarten an, klassische wie moderne. Geld oder Liebe – zwei grundlegende Motive in unendlichen Abwandlungen bewegen die Menschen und bewegen sie zu Intrigen. Schon lange, schon immer und vermutlich überall. Moderne Ratgeber und alte Märchen, aktuelle Vorabendserien wie antike Tragödien, billige Groschenromane und klassische Dramen bieten hier Anschauungsmaterial. Besonders attraktiv werden sie, wenn das Alltägliche verboten ist: ›Verbotene Liebe‹ beispielsweise. Die zwei Motive werden noch wirksamer im Doppelpack – Geld UND Liebe –, steigerungsfähig nur noch durch die Dritte im Bunde, die Macht. Geld, Macht, Liebe – das ist nicht nur der Titel einer Fernsehserie, sondern das sind auch die Ingredienzien zahlreicher anderer soap operas, die man an jedem beliebigen Abend der Woche auf dem Sofa verfolgen kann.

Primum movens ist somit das Grundmotiv, und es kommt häufig im Doppelpack daher, auch im wirklichen Leben »Du willst nur mein Geld und liebst mich nicht wirklich«, schluchzt die eine und bekommt die Antwort: »Stimmt nicht! Ich will doch beides.« Geld, Macht oder Liebe – wer mag dann noch kleinlich streiten, ob der Ruhm sich diesem Dreierbund als Vierter zugesellt oder ob er bereits in den anderen dreien enthalten ist.

## Der Patriarch wird alt

Ein Patriarch hat seine Tochter verstoßen, liest man in der Zeitung. Das kommt vor, häufiger sogar. Trotzdem steht diese Geschichte auf Seite eins. Denn der Patriarch ist berühmt und leitet ein Wirtschaftsunternehmen. Warum er damals seine Tochter namens Eva verstoßen hat, steht hier nicht. Ist es Liebe? Oder geht es um Macht? Auf jeden Fall ist er verletzt und sie auch. Der Patriarch wird älter und die Tochter auch. Er beginnt, über seine Nachfolge im alteingesessenen Familienunternehmen nachzudenken. Denn das Familienunternehmen wirft Geld ab und Reputation. Es hat einen guten Namen: »Bayreuther Festspiele«, und er selbst heißt Wagner. Ein Konzept soll her, wie es nach der Ära des Patriarchen weitergeht. Die Stakeholder und Miteigentümer des Unternehmens, das Bundesland Baden-Württemberg, müssen handeln. Nike Wagner, Cousine der verstoßenen Tochter Eva, schreibt ein Konzept und reicht es ein, zusammen mit Eva, die auch aus dem Metier ist. Das Konzept interessiert aber gar nicht; es bleibt liegen; sie hören nichts darüber, was davon gehalten wird.

Inzwischen stirbt die Ehefrau des Patriarchen, Evas Mutter. Ein Anlass zur Versöhnung, heißt es später. War es nicht ein Anlass zur Intrige? Der Tod der Mutter habe Eva und ihren Vater wieder zusammengebracht, ist zu lesen. Sie redeten wieder miteinander. Auch das passiert. Aber worum geht's eigentlich, im Falle normaler Familien wie im Falle der Wagners? Ist es Liebe? Sind es Familienbande? Das ideelle Familienerbe oder

28

der schlichte Mammon? Worüber sie wirklich miteinander geredet haben, was ihr Motiv dazu war und ob es aus freiem Antrieb geschah, wird wohl immer geheim bleiben.

Ein Stakeholder, der bayerische Staatsminister Goppel, wittert die Chance und greift ein – war es vor oder nach der Unterredung von Vater und Tochter? Hat er sie gar initiiert? Er sieht Handlungsbedarf und fordert Eva auf, ein Konzept einzureichen, und zwar zusammen mit Katharina, der Halbschwester. Sein Motiv bleibt unklar: Wollte er die Reputation der Festspiele retten, damit den wirtschaftlichen Erfolg auch für das Land, oder seine eigene Reputation stärken, sich selbst als »Retter« profilieren? Wahrscheinlich ging es um all das. Auf jeden Fall gelingt sein Vorhaben; das Konzept wird angenommen. Eva und Katharina übernehmen die Festspiele.

Kurz darauf stirbt der Patriarch. Auf der Beerdigung fehlt Nike, ebenso wie ihre Geschwister. Man habe ihnen keinen angemessenen Platz angeboten. Warum hat man sie nur in die Mittelloge gesetzt und nicht neben ihre Cousinen, die Festspielbetreiberinnen? War es Berechnung oder war dort einfach kein Platz mehr? Auf jeden Fall ist das Ergebnis klar: Nike zieht sich zurück, ob beleidigt oder verletzt oder weil sie endgültig eingesehen hat, dass sie strategisch raus ist aus dem Spiel. Nie wird man erfahren, was genau sich abgespielt hat und was die Motive waren, auch nicht, wenn sich alle wieder versöhnen, am nächsten Sterbebett. Bis dahin gilt: Und wenn sie nicht gestorben sind, dann streiten sie noch heute.

Geld, Macht und Liebe scheinen Antriebe mit ewiger Gültigkeit zu sein, über Jahrhunderte, ja Jahrtausende hinweg. Das erweckt den Eindruck, sie lägen einfach tief innen in einer Person selbst, seien im innersten Wesen begründet. Dies mag stimmen. Zusätzlich aber sind diese Antriebe auch gesellschaftlich mitbegründet: Wenn Geld und Macht keine Rolle spielten in einer Gesellschaft, so wären sie nicht tauglich als Intrigenmotive. So sind sie zugleich ewig und absolut wie vergänglich und relativ. Bedeutet Geld für die einen das bloße Auskommen für sich und die ihren, so ist es für andere der wie auch immer geartete Luxus oder das bloße »Mehr«: mehr als bisher, mehr als der Kollege, mehr als der Bruder, mehr als die Frau, mehr als das Übliche in dieser Branche oder im Betrieb. Und dieses Mehr bestimmt sich aus subjektiven und persönlichen Kriterien und misst sich an der näheren oder ferneren Umgebung.

Ebenso relativ ist das Motiv nach Macht: Macht über Menschen oder Macht über Maschinen, Personal- oder Budgetgewalt, Entscheidungsbefugnis und Unterzeichnungsrechte. Macht ist subjektiv und stark symbolisch, eng verkoppelt mit Titel und Funktionsbezeichnung, mit Visitenkarte und Bürogröße, mit Bekanntheit und Bekanntenkreis, mit dem, was früher Ruhm und Ehre genannt wurde. Auch Ehre und Ruhm messen sich am Umfeld: Soll mein Käsekuchen als der beste weit und breit gelten, ich der erfolgreichste Vertriebler im Konzern sein oder muss ich einen literarischen Bestseller landen? All dies misst sich an meinen persönlichen Kriterien, die durch meine gesellschaftlichen Umstände geprägt sind.

Auch Liebe als primum movens ist weder objektiv bestimmbar noch rein subjektiv definiert. Die Frage, was ist Liebe und wie lässt sie sich (er)messen, hat sich wohl jede und jeder schon einmal gestellt. Auch die Abgrenzung zwischen klassisch-vornehmem »Eros« oder banal-brachialem »Sex« ist schwierig und irrelevant, zumindest für die Motivsuche. Was auch immer es ist: Nur stark genug muss es sein, das primum movens. Egal ob es Geld und Macht, Ruhm und Ehre, Liebe und Eros, etwas anderes oder alles zusammen ist.

Ein primum movens mündet in ein konkretes Motiv: den Nebenbuhler in der Liebe ausstechen oder den Konkurrenten im Job aufs Abstellgleis setzen, das materielle Erbe oder die geistige Urheberschaft für die innovative Produktionsmethode beanspruchen.

Intrigen und ihre Motive entstehen nicht einfach so aus einem Menschen heraus; sie entwickeln sich in und durch ein bestimmtes soziales und betriebliches Umfeld, unter bestimmten strukturellen Bedingungen. Besonders da, wo sie schwer anders wirksam werden können, greifen Menschen zur Intrige: wo Mitarbeiter nicht wissen, wie sie ihre Position verbessern können, wo weder Geld und Macht noch Ruhm und Ehre zu erlangen sind, wo Aufstiegs- und Entlohnungskriterien intransparent sind, Hierarchien und Entscheidungsstrukturen unklar oder starr, rein formal oder nicht nachvollziehbar.

Auch größere, unüberschaubare Veränderungen gehören hierzu: Während und nach Fusionen und Umstrukturierungen steigt die Intrigengefahr. Ressourcen spielen eine große Rolle: Ist ein wichtiges Gut unsicher oder knapp, so steigt die Konkurrenz darum, egal ob es um Arbeitsmaterial geht oder um Anerkennung. Entscheidend ist dabei nicht, ob die Ressource objektiv knapp oder wertvoll ist, sondern nur, ob es so erscheint. Anerkennung ist häufig eine solche begehrte Mangelware. Wenn sie durch Managementfehler als knapp gehandelt wird, in ihrer verbalen, formalen oder materiellen Form, steigt die Anfälligkeit für Intrigen. Wer also nach Intrigenmotiven sucht, sollte die objektiven wie die subjektiven Faktoren im Blick haben, die individuellen wie die strukturellen innerbetrieblichen.

Intrigenförderlich sind natürlich auch die gesellschaftlichen Rahmenbedingungen: der unsicherer werdende Arbeitsmarkt, die dynamisch steigende Staatsverschuldung, die Debatte um die fallenden Renten, alles das lässt die Angst wachsen um den Job und den Betrieb, das Ersparte und die Rente, das Heute und das Morgen. Auch diese allgemeine Unsicherheit fördert Intrigen. Wenn es für die Arbeitnehmerinnen eines Betriebes unklar erscheint, ob sie auf einem sicheren Arbeitsplatz sitzen oder auf einem Schleuderstuhl, müssen sie ihre Situation zumindest klären können oder aktiv und akzeptabel beeinflussen; sonst steigt die Wahrscheinlichkeit, dass jemand intrigante Mittel einsetzt.

Zusätzlich zu den Motiven und Rahmenbedingungen gibt es meist einen konkreten, letzten Anlass zur Intrige: meist ein »noch mehr« und damit »zu viel« – der sprichwörtliche Tropfen, der das Fass überlaufen ließ und den Intriganten handeln lässt. Häufig dient auch ein »neu«, oder »anders«, eine radikale Veränderung, eine Neubesetzung oder Umstrukturierung dazu, das Motiv zum Tragen und die Intrige ins Laufen bringen. Anlässe sind das Moment, das den Intriganten dazu bringt, loszulegen, einen konkreten Plan zu entwerfen oder seinen Plan aus der Schublade zu ziehen, zu aktualisieren und nun endlich zu verfolgen.

Idealerweise kommt zum Anlass noch die gute Gelegenheit: der Augenblick, wo alle mit etwas anderem beschäftigt sind, sowieso niemand durchblickt oder es gerade um Wichtigeres geht. Gelegenheit macht Diebe, sagt man so schnell. Ein Satz, der Intrigen erklärt, aber nicht rechtfertigt. Das Verwerfliche hinter dem Diebstahl bleibt, auch wenn das Motiv vielleicht nicht Geldgier, sondern schlichtweg Armut ist.

Genauso ist die Suche nach primum movens und Motiv, strukturellen Bedingungen, Anlass und Gelegenheit einer Intrige keine Rechtfertigung, sondern eine Hilfe, Intrigen auf die Spur zu kommen. Sind Intrigen wirklich per se schlecht? Einer, der durchaus gute Intrigen sah, war Molière; er unterschied weiße und schwarze Intrigen, je nach moralischer Bewertung; grau gab es bei ihm nicht. Was schwarz oder weiß ist, richtig oder falsch, muss letztlich jeder selbst entscheiden – sofern nicht das Strafrecht tangiert ist. Selbst das Alte Testament lässt uns in der moralischen Bewertung im Unklaren, beispielsweise in der Parabel von Josef und seinen Söhnen Esau und Jakob, ein klassisches Beispiel einer Intrige. Ist es richtig, dass ein Vater den einen der beiden Zwillinge, Esau, eklatant vorzieht? Ist es richtig, dass der benachteiligte Jakob daraufhin den Vater täuscht und sich das Erbe erschleicht auf Kosten des Bruders? Und darf die Mutter, Rebekka, Jakob dabei helfen, weil sie ihn mehr liebt als Esau? Eigentlich doch nicht, würde man sagen. Aber ändert es etwas daran, dass eine höhere Instanz, Gott, angeblich von vornherein gesagt hat, dass Jakob das Erstgeborenenrecht bekommen solle? Wird dadurch wieder alles gut und richtig?

Was für den einen moralisch keine Frage ist, ist für den anderen eine philosophische Herausforderung. Im beruflichen Alltag stellt sich diese Frage möglicherweise eher selten. Aber darf ein Geschäftsführer, dessen Firma durch die Korruptheit eines Miteigentümers viel Geld verlor, nun mit einer Intrige den Betrieb vorm Konkurs retten?

Bei politischen Intrigen stellt sich die moralische Frage häufiger, beispielsweise wenn es um das Verhindern oder Stürzen eines Diktators geht. Der Historiker Richard Utz hat drei Geschehnisse im Kontext des Nationalsozialismus als Intrigen benannt und analysiert. Die Motive der verschiedenen Intrigen und Gegenintrigen, der Intriganten, Stakeholder und Intrigenvollstrecker waren unterschiedlich und sicher auch moralisch unterschiedlich zu bewerten: Es ging um persönliche Macht wie um Neid, aber auch um unterschiedliche politische Vorstellungen. Die Intrigen liefen teilweise gleichzeitig und auch gegeneinander; und keine war direkt »schuld« an der Machtergreifung oder Machtkonsolidierung; aber keine würde man aus heutiger Sicht im Ergebnis oder von der Absicht her als »gut« bewerten. Was wäre gewesen, wenn ein solches Intrigengeflecht die Machtkonsolidierung frühzeitig verhindert hätte? Die Bewertung wäre sicher eine andere.

Also egal ob es für Sie schwarze, weiße und graue Intrigen gibt oder nur schwarze: Die Kennzeichen bleiben die gleichen, und die Kriterien, welche Intrigenfarbe nun vorliegt, müssen Sie schon selbst entwickeln. Unabhängig von der Intrigenfarbe ist es in den meisten Intrigenfällen ein Netzwerk von persönlichen Gründen, Gründen der Organisation wie gesellschaftlichen Rahmenbedingungen, die das Intrigengeschehen beeinflussen. Diese komplexen Intrigenfälle lassen sich gut in der Zeitung verfolgen – wenn man sich die Mühe macht, die Presse über Monate zu verfolgen. Nehmen wir ein Beispiel aus der Politik.

Ver-rückt: von Machtwechseln und Millionen

Eine Regierung wird ausgewechselt – demokratisch, korrekt und nichts Ungewöhnliches. Eine Veränderung, die wie in Wirtschaftsunternehmen ein möglicher Anlass ist, um ein langfristiges Organisationsziel – hier eine Umorientierung in der Steuer- und Wirtschaftspolitik in Hessen – umzusetzen. Nehmen wir es als Hypothese, nicht als Behauptung, die Wahrheit wird wohl nie erwiesen werden.

Die hessische Steuerfahndung war in den 90ern sehr erfolgreich. So gelingt ihr zum Beispiel 1999 die Überführung der Commerzbank. 200 Millionen Euro Steuern und 60 Millionen Euro Verzugszinsen muss die Bank nachzahlen. Die Steuer-

fahndung Frankfurt und der Abteilungsleiter der Fahndungs-
gruppe, Frank Wehrheim, werden gefeiert.

Zwei Jahre später, ein Regierungswechsel. Wieder gibt es einen spektakulären Fall: eine CD mit Daten von Steuersündern,
die ihr Geld in Liechtenstein geparkt haben, taucht auf. Wehrheim holt sich die Daten, die seinen Einzugsbereich betreffen,
und wird zurückgepfiffen. Ohne Begründung. Als er im Fall von
Schwarzgeldern der herrschenden Partei ermitteln will, muss
er den Fall abgeben. Als er und seine Mitarbeiter protestieren,
werden sie nicht gefeiert, sondern gefeuert: versetzt und rausgedrängt. Einer von ihnen, Marco Wehner, wird zur Hilfskraft
im Innendienst degradiert. Seine Stelle, die angeblich gestri-
chen werden sollte, wird anderweitig besetzt. Er wird von Kollegen gemobbt, bekommt gesundheitliche Probleme, wird über
Jahre schikaniert. So sitzt er beispielsweise in einem kleinen
Zimmer, das nicht mehr gereinigt wird, und ohne Computer.
Als er länger krank wird, schickt man ihn zu einem Psychiater.
Dieser schreibt ihn dauerhaft dienstunfähig; eine Nachunter-
suchung sei nicht notwendig. Also: ein endgültiges Urteil, ungewöhnlich in solchen Fällen, befindet später die Ärztekammer.
Für den Psychiater nichts Ungewöhnliches. Er hat schon einige hessische Steuerfahnder so begutachtet. Obwohl zu diesem
Zeitpunkt bereits ein Verfahren gegen ihn läuft und er zu einer
Geldbuße verurteilt wird, wird Wehner auf Grund dieses Gut-
achtens zwangspensioniert. Warum handelt der Arzt so? Ist
er einfach nur inkompetent? Das Gericht befindet, er habe
vorsätzlich falsche Gutachten erstellt. Warum aber schicken
Finanzministerium und verschiedene Finanzämter weiterhin
immer wieder Steuerfahnder zu ihm?

Dieses Beispiel lässt sich wie viele über Jahre verfolgen. In
diesem Fall hat ein Untersuchungsausschuss die Geschehnisse bereits drei Jahre lang untersucht. Seit 2010 gibt es wieder
einen. Dabei geht es nicht um die Rolle der ›Oberen‹, des Mi-

nisterpräsidenten, des Finanzministers, es geht auch um das Vorgehen von Behörden wie der Oberfinanzdirektion, einzelner Finanzämter sowie das Verhalten von Abteilungsleitern und Kollegen der Gemobbten und Psychiatrisierten.

Nicht alle Beteiligten hatten Intrigenpläne, nicht alle Strategien; auch die Motive waren sicher unterschiedlich, ebenso die Anlässe und Gelegenheiten. Es war etwas grundsätzlich ver-rückt in der hessischen Steuerlandschaft. Und wenn es nicht gerade gerückt wird, dann geht es noch weiter so.

Der Katalog an Motiven und Bedingungen, Anlässen und Gelegenheiten hilft, Intrigen zu erkennen. Opfer und Täter sind damit noch längst nicht eindeutig identifiziert. Denn so wie aus Tätern Opfer werden, werden Opfer zu Tätern, nicht nur in einer Gegenintrige.


## Wer spielt alles mit?
## Das Who's who in der Intrige

Eine wunderbare Datenbank hatte ich mir gebaut, in die ich alle Intrigen eintragen wollte. Den Titel, das Opfer, Täter eins und Täter zwei, die Verbündeten eins, zwei, drei, vielleicht noch ein bis zwei Stakeholder. Wirklich sehr übersichtlich. Mir war klar, dass es nicht immer einfach sein würde, alles in dieses Schema zu pressen. Also begann ich, Spalten zu erweitern: Ich schuf Platz für Bemerkungen, für weitere Opfer, weitere Täter, weitere Stakeholder. Systematisch trug ich ein und bemerkte, dass ich immer wieder unter einer Intrige in der Opferspalte den Namen aus der Täterspalte eintrug und in der Stakeholderspalte den Namen des Opfers. Da stutzte ich. Tatsächlich. Es war meist nicht möglich, Opfer und Täter,

Stakeholder und Verbündete zu unterscheiden. Zumindest nicht im Laufe der Geschichte. Wer als Täter begann, wurde zum Opfer; das Opfer schlug zurück. Die Stakeholder übernahmen die Täterrolle und landeten schließlich vor Gericht, aber als Opfer; dort wurde das ursprüngliche Opfer plötzlich als Täter angeklagt.

Ein prominentes Beispiel ist Dominique de Villepin, der französische Expremier, angeklagt als Intrigentäter. Er habe eine Verleumdungskampagne gegen Sarkozy gestartet. Villepin wurde 2009 vor Gericht beschuldigt, gefälschte Listen einer Luxemburger Bank weitergegeben zu haben. In diesen Listen tauchten Konten auf, über die Schmiergeld für Rüstungsgeschäfte gezahlt wurde. Angeblicher Profiteur dieser Geschäfte: Nicolas Sarkozy, der derzeitige Premierminister. Erst galt Villepin als der Fälscher dieser Listen, dann nur noch als der, der sie weitergegeben hatte, dann als der, der davon wusste und nichts unternahm. Schließlich wurde er freigesprochen, und Sarkozy selbst, das ursprüngliche Opfer, stand im Verdacht, mit dem Prozess Rache an einem Rivalen üben zu wollen. Eine Intrigengeschichte mit Potential für viele Fortsetzungen, mindestens bis 2012; denn dann wird der Staatspräsident neu gewählt.

Einige Folgen scheinen bereits gedreht zu sein, die erste im privaten Bereich: die Affäre um die vermeintlichen außerehelichen Aktivitäten des Ehepaars Sarkozy-Bruni. Die Ex-Justizministerin Rachida Dati, eine ehemalige Freundin der Familie, ist in Ungnade gefallen; ihr wurden alle Privilegien entzogen: Dienstwagen, Diensthandy etc. Angeblich steckt sie hinter den Gerüchten, die Ehe des Präsidenten sei zerrüttet, er und seine Ehefrau hätten Geliebte. Ist sie selbst die Täterin? Oder mit welchem Täter hat sie sich verbündet? Spielt hier Villepin eine Rolle, der noch längst nicht aufgibt, sondern inzwischen seine eigene Partei gegründet hat? Oder ist Dati »nur« Opfer, Opfer von Sarkozy, der sie loswerden wollte? Unwahrscheinlich, dass es jemals aufgeklärt wird. Auch die Geschehnisse rund um das Imperium L'Oréal – Steuerhinterziehung, illegale Parteispenden und bedrohtes Tochtererbe – taugen als neue Folge einer Intrigenstory. Was daran wahr ist und was erfunden, wird man wohl nie erfahren – trotz aller Untersuchungen von Staatsanwaltschaft und Öffentlichkeit.

Sie glauben, solche Verstrickungen und Verwirrungen zwischen Täter, Opfer und Verbündeten gebe es nur in der hohen Politik? Keinesfalls. Ein Beispiel aus dem sozialen Bereich soll Sie überzeugen.

### Intrige im Kindergarten

Die ehemalige Vorsitzende des Elternbeirats einer Kindertagesstätte, Frau Weining, kam zu mir wegen eines Konflikts in der Kindertagesstätte ihrer Tochter. Eltern und Erzieherinnen stritten sich um pädagogische Prinzipien und verwaltungstechnische Regularien. Der Elternbeirat sollte und wollte regeln und schlichten, war aber selbst befangen. Schließlich hatten sie alle selbst ein Kind in der Einrichtung. »Wir überlegten uns, wie wir die umstrittenste Erzieherin und den nervigsten Vater loswerden könnten, oder zumindest kaltstellen«, sagte Frau Weining. Es war ja für einen guten Zweck: den Frieden in der Kita und die Ruhe in den Elternhäusern. Und es gab ja auch eine Person, die den Streit angestoßen hatte: die Erzieherin Angelika Bauer, die zuweilen deutliche Worte über einzelne Kinder geäußert hatte, öffentlich, in der Elternversammlung. Damit trat sie einigen Eltern empfindlich auf ihre pädagogischen Hühneraugen, weshalb diese nun im Gegenzug die Erzieherin in ihrer Qualifikation angriffen.

In der Leiterin der Einrichtung fanden die Eltern eine Verbündete, die schon seit längerem für eine Verjüngung der Mitarbeiterinnenschaft kämpfte. So wurde Frau Bauer, schon seit 30 Jahren Erzieherin, von der wesentlich jüngeren Kitaleiterin intern kaltgestellt und ständig kritisiert. Frau Bauer wehrte sich, indem sie bei der Aufsichtsbehörde Interna über die in ihren Augen überforderte Leiterin vortrug. Der Elternbeirat wollte vor allem Ruhe und kalkulierte mit begrenzter und gezielter Eskalation: Sie griffen die Erzieherin öffentlich an und polemisierten gegen die in ihren Augen aufmüpfigsten Eltern. Frau Bauer bewarb sich daraufhin an anderer Stelle; einer der aufmüpfigen Väter meldete seine Tochter ab – zusammen mit drei weiteren Elternpaaren, die er auf seine Seite gezogen hatte; und die Leiterin der Einrichtung wurde krank. Da trat der Elternbeirat geschlossen zurück, auf Initiative von Frau Weining, der Vorsitzenden, die nun in der Beratung ihre Verantwortung im Konflikt im Nachhinein klären wollte. »Waren wir nicht auch mitschuldig?«, fragt sie sich. Wer war Täter, wer Opfer? »Der hat angefangen«, sagen die beiden Kinder, die sich heftig streiten. Eine nebensächliche Frage, wenn beide heulen, am Knie bluten und die Mutter schreit.

Zu unterscheiden, wer Täter und wer Opfer ist, wer »nur« Verbündeter und wer Initiatorin, dient dem Bedürfnis nach moralischer Bewertung und Entlastung. »Ich war nicht die Antreiberin«, sagt sich Frau Weining. Wichtiger ist das Entwirren, um wirksame Gegenmaßnahmen zu entwickeln. Denn nur den vermeintlichen Täter zu bestrafen hilft nicht wirklich und vor allem nicht nachhaltig. Der Kita-Beirat wählte die Maßnahme »Täterin verurteilen« – in seinen Augen die Erzieherin. Diese konnte zwar nicht mehr entlassen werden, weil sie bereits selbst gekündigt hatte. Aber sie wurde überall als die Schuldige dargestellt. »Gut, dass sie gegangen ist«, hieß es erleichtert; und damit wurde die

Sache ad acta gelegt, die Ursachenforschung eingestellt. Der neue Elternbeirat dankte dem alten und versprach, alles besser zu machen; die Kitaleiterin setzte auf eine »bessere« jüngere Erzieherin und war sich sicher, dass sie auf Grund ihrer längeren Krankheit in Zukunft eher schonend behandelt werden würde. Und wenn sie nicht gestorben sind, dann geht es heute noch weiter so.

Eine klare Analyse über Täter und Mittäter, Opfer und Verbündete, verbunden mit einem Eingeständnis der eigenen Beteiligung, hätte möglicherweise zu strukturellen Veränderungen geführt. Ein ganzheitliches Vorgehen hätte bedeutet, alle Stakeholder einzubeziehen und die Strukturen zu betrachten. Klarere Regeln für die Verantwortung von Beirat und Leitung, ein Verhaltenskodex für Erzieherinnen, bessere Beteiligungsmöglichkeit für Eltern könnten adäquate Maßnahmen sein. Diese Chance wurde erst mal vertan. Hoffentlich nur bis zur nächsten Intrige.

## Typisch: Intrigentäter und Intrigenopfer

»Der Mörder ist immer der Gärtner«, so hieß es mal in einem Schlager; das wäre schön einfach, aber so war es noch nie. Auch bei Intrigen gibt es keinen eindeutigen Tätertyp oder ein typisches Täterprofil. Intriganten sehen weder fies aus noch sind sie per se unsympathisch. Sie sind nicht die Underdogs und nicht die Überflieger. Sie sind nicht die Leitenden Angestellten und nicht die kleinen Hilfskräfte. Intriganten können Chefs sein wie Mitarbeiter und natürlich Chefinnen und Mitarbeiterinnen. Auf allen Ebenen, in allen Berufszweigen, in allen Branchen. Intriganten sind normale Menschen. Und Intriganten sind überall. Eine Statistik hierüber wurde allerdings bisher noch nicht erstellt und wird auch so schnell nicht erstellt werden. Denn die wenigsten Intrigen werden erkannt. Man vermutet meist erst im Nachhinein, dass es eine Intrige war. Beweisen lässt es sich in den wenigsten Fällen.

Gleichwohl lassen sich einige Faktoren aufzeigen, die es wahrscheinlicher machen, dass das Geschehen eine Intrige ist, Faktoren der Orte wie Faktoren der Personen, Faktoren der Unternehmensstruktur und -kultur sowie Faktoren der Akteurinnen und Beteiligten. Aber Achtung! Wie bei einer Statistik geht es nicht um Ursachen, sondern um Wahrscheinlichkeiten.

Beginnen wir mit dem einfachsten und klarsten Faktor, dem Geschlecht. Ist der Akteur männlich, so ist es wahrscheinlicher, dass er Intrigentäter ist, als wenn er ein weibliches Geschlecht hätte. Das Geschlecht ist – noch mal gesagt – nicht die Ursache, aber statistisch ist die Intrigenkompetenz im Großen und Ganzen bei Frauen geringer. Leider, muss ich sagen, denn Frauen sind weniger geneigt, strategisch vorzugehen; sie spekulieren weniger auf einen zukünftigen Nutzen, sondern orientieren sich mehr am unmittelbaren Sinn für den einzelnen Menschen, meist den anderen. Außerdem haben Frauen mehr moralische Skrupel, was ihre Lust, Intrigen zu spinnen, stark eindämmt.

Nicht, dass Frauen die besseren Menschen sind. Ihre Machtstrategien sind meist andere als die von Männern: Machtstrategien, die weniger Planung benötigen, aber mehr Emotionen. *Listen der Ohnmacht* nannten Claudia Honegger und Bettina Heintz ihr Buch und die Strategien der Frauen, nichts Neues, sondern über Jahrhunderte erworben und erprobt; vermutlich wird sich dies im Laufe der nächsten Jahrhunderte ändern. Bis dahin aber führen Männer die Statistiken an auf Seiten der Intrigentäter. Wie dies bei den Opfern ist, lässt sich schwer prophezeien. Möglicherweise gelten Frauen als die leichteren Opfer; denn wer weniger geübt ist, strategisch zu planen, wird nicht nur als Täter, sondern auch in der Gegenwehr Nachteile haben. Anderseits wird Opfer auch vor allem, wer etwas zu bieten hat, was der Intrigentäter gern möchte: den guten Job oder das große Geld, die Macht oder das florierende Unternehmen. Da diese Ressourcen immer noch ungleich verteilt sind zwischen den Geschlechtern, ist zu vermuten, dass Frauen als Intrigenopfer weniger attraktiv sind als Männer. Wenn sie aber Ressourcen haben, und zwar mehr Ressourcen als Männer in ihrem Umfeld, dann werden sie wiederum genau von diesen Männern als Opfer ausgesucht, da diese es nicht ertragen, weniger zu bieten zu haben. Also Vorsicht, liebe ressourcenreiche Leserinnen!

Die weiteren möglichen Faktoren, wer Opfer oder Täter ist und wer eher nicht, sind weniger eindeutig zu fassen: Intrigentäter sind eher strategisch denkende Menschen; denn Intrigen erfordern einen Plan, eine komplexe Strategie. Intriganten schauen dabei nicht nur auf die rein sachliche Faktenebene, sondern auch auf die emotionale Seite. Sie haben eine hohe soziale Kompetenz, das heißt, sie beherrschen die entsprechenden Techniken. Denn um Intrigen zu schmieden, muss man sich in andere hineinversetzen können, ihre möglichen Motive, Gefühle und Gedanken entschlüsseln, die der Opfer wie die der möglichen Verbündeten. Und Letztere muss man überzeugen, dass sie mitmachen sollen. Verhandlungsgeschick ist hier gefragt.

Nicht zuletzt haben Intrigentäter Macht – genug, um andere zum mitmachen zu bewegen, aber nicht genug, um ihre Zwecke offen und direkt zu erlangen.

Zugegeben: Diese Kriterien taugen nicht, um quasi präventiv auszumachen, wer eher eine Täterpersönlichkeit ist und wer Opfer. Wer hiernach seinen Bekanntenkreis zusammenstellt, wird sich selbst eine Falle stellen. Bei aller Angst vor Intrigen: Strategische Persönlichkeiten mit sozialer Kompetenz und Macht sollte man auf keinen Fall meiden, im Gegenteil. Auch wenn man selbst nicht vorhat, eine Intrige zu schmieden: Spätestens wenn man selbst in einer drinsteckt, kann man auf diese Persönlichkeiten zurückgreifen, als Verbündete.

Nehmen wir an, Sie suchen aktuell nach einem möglichen Täter in einer laufenden Intrige und um Sie herum gibt es viele Persönlichkeiten mit strategischer und sozialer Kompetenz. Welcher ist es nun? Wenn Tatortkommissarinnen nicht mehr weiterwissen, versuchen sie es mit Ausschluss: Wer kommt als Täter NICHT in Frage? Folgen wir doch den bekannten fünf Kennzeichen einer Intrige und überlegen wir, welcher Personenkreis als Täter eher nicht in Frage kommt.

- **Erstens** die Hinterhältigkeit: Wer nicht hinterhältig sein kann, weil er oder sie Ehrlichkeit, Offenheit und Direktheit als das höchste Gut ansieht, wird nicht Intrigentäter werden. Dies heißt nicht, dass Menschen, die eine direkte Art zu reden haben, ausscheiden. Manchmal kann die Wahrheit die beste Lüge sein, weil sie so unglaublich klingt. Aber Menschen, denen das Herz auf der Zunge liegt und die dies auch als Wert ansehen, werden mehr Schwierigkeiten haben, Intrigen zu verfolgen.
- **Zweitens** der Plan: Wer immer und überall spontan ist und spontan handelt, wird Schwierigkeiten haben, einen Plan zu entwerfen und umzusetzen.
- **Drittens** das Motiv: Wer alles hat im Leben – Geld, Liebe, Anerkennung, Abwechslung – braucht nichts und hat damit kein Motiv. Allerdings sind solche Menschen äußerst selten. Und es gibt meistens einen, der noch mehr hat als sie. Das reicht als Motiv aus – besonders wenn dieser andere es anscheinend »nicht verdient« hat.

- **Viertens:** Wer nicht strategisch denkt und kein Durchhaltevermögen hat, wird nicht zum Intrigentäter. Denn folgerichtiges Durchführen ist ein Intrigenkennzeichen.
- **Fünftens:** Absolute Einzelgänger, soziale Analphabeten sind für Intrigen untauglich. Zwar lassen sich viele Aktionen delegieren; aber auch zum Delegieren braucht man soziale Kompetenz: sich in andere hineinversetzen, sie durchschauen, ihre Schwächen analysieren und dann Verbündete suchen, die den eigenen Plan unterstützen oder vollstrecken.

Der Intrigant wie die Intrigantin ist von daher ein Mensch mit sozialer wie mit analytischer Kompetenz.

Analog zum Schachspiel kann er Bauer sein und Dame, Springer und Läuferin. Intrigen lassen sich aus allen Positionen heraus schmieden; Intriganten finden sich im hohen wie im mittleren Management, unter Chefinnen wie unter Angestellten. Hierzu braucht man keine Hochschulausbildung und keinen Meisterbrief; denn Intrigen lernt man im Berufsalltag und im privaten Leben.

Auch gibt es keine typische Intrigenbranche. Viele Menschen vermuten ja, es sei vor allem die Politik. Jawohl: Ich bestätige, dass es in der Politik viele Intrigen gibt. Dass dies aber relativ mehr sind als in der Wirtschaft oder Wohlfahrt, in der Kirche oder in der Küche, möchte ich bezweifeln. So wenig wie der Mörder immer der Gärtner ist, ist der Intrigant der Politiker. Und der Ort der Intrige ist keinesfalls nur die Partei oder das Büro, die Behörde oder der Handwerksbetrieb. Dieses Buch befasst sich hauptsächlich mit Intrigen im betrieblichen Bereich, bezieht aber die Erfahrungen ein mit Intrigen aus der Familie, dem Freundeskreis und dem Fußball, der Kirche, der Kita und dem Karnevalsverein, der Hochschule, der Volkshochschule und der Rückenschule. Allein eine Gärtnerei ist nicht dabei.

## Typisch: Gehilfen und Verbündete

Intriganten sind also normale Menschen mit vielen verschiedenen Berufen. Das Einzige, was sie heraushebt gegenüber andern Zeitgenossen, ist ihre Kunst und Fähigkeit, strategisch zu planen und andere Menschen zu ihren Unterstützerinnen und Gehilfen zu machen. Intrigantinnen haben eine besonders ausgeprägte Fähigkeit, die Figuren in ihrem Spiel klug auszuwählen, die Rolle des Opfers und der Verbündeten optimal zu besetzen. Sie müssen diejenigen finden, die zum Gesamtunternehmen Intrige passen, zum Intrigenziel, zu den sonstigen Akteurinnen, zum Umfeld und zu ihnen selbst, den Tätern. Und dann müssen sie diese nur noch überzeugen, einzusteigen ins Unternehmen.

Jeder Gärtner braucht einen Gehilfen – der anpackt, wenn das Absägen des Baums zu schwer oder die Arbeit zu unangenehm ist. Kein Mafiaboss macht die dreckige Arbeit selbst, auch der Graf von Monte Christo griff nicht selbst zum Dolch. Und kein Intrigant nimmt alle Werkzeuge selbst in die Hand, so ist er als Verursacher weniger gut zu identifizieren. Zwar sind Auftragskiller bei Intrigen selten, aber Aufträge werden durchaus vergeben – an Verbündete, an Menschen, die mit am selben Strang ziehen. Die sind verlässlicher, weil es ihnen nicht nur um das Geld geht und sie im Zweifelsfall nicht untertauchen können. Beim Gärtner und Gärtnergehilfen sind die Hierarchien eindeutig, zwischen dem Täter und seinem Verbündeten gibt es unterschiedliche Verhältnisse. Fernab jeder Funktion treffen sich hier häufig Menschen auf Augenhöhe, mit dem einzigen Unterschied, dass einer der Antreibende, der ursprünglich Anzettelnde, der Bewegende ist. Berechtigt, letztlich über das Weiter der Intrige zu entscheiden.

Vielfältig wie die Motive der Intriganten sind die Motive

der Verbündeten. Geld oder Liebe, Leben oder Tod, Du oder ich, das sind die klassischen Dichotomien mit ihren modernen Variationen von Gehaltserhöhung oder Anerkennung, Abwechslung oder Abstellgleis, Titel oder Nichttitel, wobei das Motiv des Täters wie das des Verbündeten meist nicht das gleiche ist. Dies muss berücksichtigt werden, wenn Sie die Intrigengehilfen identifizieren wollen.

Auch sollte man nicht allein in der unmittelbaren Nähe des Intriganten suchen. Verbündete können sich auch weiter entfernt aufhalten. Es ist nicht unbedingt die Kollegin im gleichen Raum, der Partner im Projektteam. Intrigenbündnisse überschreiten Distanzen und Hierarchien: der Chef mit der Sekretärin, der Assistent mit der Direktorin, die Aufsichtsrätin mit dem Hausmeister können sich in Intrigen verbünden. Und der Chef der Intrige ist nicht unbedingt die Chefin im Betrieb. Mit etwas Übung werden Sie die Verbündeten schon ausmachen. Wobei als Übung nicht nur die Intrigen zählen, an denen Sie selbst in irgendeiner Form beteiligt waren; auch wenn Sie Intrigen passiv verfolgen – live oder playback, in Büchern, Filmen, Theaterstücken oder Zeitungsartikeln – machen Sie sich auf Dauer zur Expertin. Manchmal erkennen Sie den Inhalt schon im Titel: »Kabale und Liebe« oder »Geld oder Liebe«, manchmal ist dieser aber auch verfänglich wie bei der Schlagzeile »Große Mehrheit für Gesetz«. Und seien Sie geduldig: Lesen Sie den Artikel genau und mehrmals, auch zwischen den Zeilen, und verfolgen Sie die Geschichten über Monate oder sogar Jahre. Erst dann entpuppen sich scheinbar normale Vorfälle als Intrige.

### Büroleiter leben gefährlich

»Ministerpräsident entlässt seinen Büroleiter« – eine Schlagzeile, die häufiger in der Zeitung steht. Büroleiter leben offensichtlich gefährlich. Denn gern schicken Chefs ihre leitenden Angestellten vor, wenn es um unangenehme Dinge geht. Die machen dann nicht nur die Drecksarbeit, sondern sind auch im Zweifelsfall die Täter, die zum Opfer werden, zum sogenannten Bauernopfer, wenn die Sache auffliegt. So entließ der Bayerische Ministerpräsident seinen Büroleiter, weil dieser versucht haben soll, illegal auf ein E-Mail-Postfach der Parteiführung zuzugreifen. Der Büroleiter habe versucht, den Landesgeschäftsführer zu bespitzeln. Ein Vorwurf mit Geschichte. Schon der Vorgänger dieses Ministerpräsidenten hatte seinen Büroleiter rausgeschmissen, weil dieser angeblich gespitzelt habe. In dem Fall ging es um eine Landrätin, bei der der Büroleiter angeblich rufschädigende Details finden wollte. Die Landrätin, Frau Pauli, war nämlich dabei, der Partei des Ministerpräsidenten Konkurrenz zu machen und ihn selbst anzugreifen – was ihr übrigens gelang; der Ministerpräsident trat zurück. Was aber hatte der Büroleiter davon? Wer war der Auftraggeber und wer hatte ein Interesse an der Auftragserfüllung? Schwer zu glauben, dass es die Eigeninitiative eines Büroleiters war. Auch wenn dieser nach seinem Rauswurf auf einer besseren Stelle landete. Es klingt eher so, als sei der Gehilfe in einer Intrige nachträglich belohnt und sein Schaden wiedergutgemacht worden.

Scheinbar übereifrige Mitarbeiterinnen gibt es in jeder Branche; und so muss man sich überall fragen, ob es sich in Intrigen um die Täter handelt, oder ob es nicht »nur« Gehilfen sind, vorgeschoben von Intrigentätern und zur Not geopfert. Nehmen wir die Medienbranche, ein Beispiel, das ebenfalls länger durch die Presse ging und viele Diskussionen auslöste.

## Die bunten Fotos

Hier ging es um bunte Fotos, um sogenannte Abschüsse. Auftraggeberin: die Bunte, nein, Moment! Nicht Auftraggeberin, sondern nur Bezahlerin, wie die Bunte nachher klarstellte. Die Gehilfen der Bunten, oder vorsichtiger gesagt diejenigen, die für ihre Arbeit Geld bekamen, arbeiteten in einer Fotoagentur. Diese bespitzelte über Wochen Prominente, um eine Story zu erhalten. Wolfgang Tiefensee, Günther Oettinger, Christian Wulf waren dabei und auch Oskar Lafontaine, also Prominente verschiedener Parteien. Es ging anscheinend also nicht um Politik, sondern um potentielle Skandale, die die Auflage erhöhen und somit Geld in die Verlagskassen fließen lassen könnten. Die Bunte-Chefin besteht darauf, nicht sie selbst habe den Auftrag zur Recherche erteilt und auch nicht ihre Angestellten; die Agentur habe ihnen die Fotos ungefragt angeboten; und sie hätten nur bezahlt. Die Zahlende versucht also, die Verantwortung auf die Ausführenden abzuschieben – etwa die Auftraggeberin auf die Gehilfen? Wäre dies ein wesentlicher Unterschied? Für die Bunte anscheinend; sie klagt jedenfalls noch Monate später gegen den STERN auf Unterlassung der Behauptung, die Bunte habe den Auftrag erteilt.

Die wahre Geschichte ist aber noch nicht zu Ende. Die bunten Fotos werden nicht nur der Presse, sondern auch der Wirtschaft angeboten, und zwar Wendelin von Boch-Gahlau, Gesellschafter und Aufsichtsrat des Porzellanherstellers Villeroy&Boch. Der Unternehmer aus dem Saarland ist ein erklärter Gegner Lafontaines und hatte gedroht, seine Firma aus dem Saarland abzuziehen, sollte die Linke an die Macht kommen. Grund genug für die Fotoagentur, ihn nach Berlin einzuladen. Hier präsentieren sie ihm bereits geschossene und anderweitig verkaufte Fotos von Lafontaine und bieten an, weiter in dessen Privatleben zu recherchieren; mögliche diskreditierende Ergebnisse könnten sie dann kurz vor der Landtagswahl in der

Öffentlichkeit präsentieren. Hierfür solle dann der Unternehmer zahlen. Der Unternehmer lehnt ab, sagt er, als die Sache Monate später auffliegt. Und der Chef der Fotofirma beteuert, die Initiative sei von seinen Mitarbeitern ausgegangen. Er, der Chef, habe nur an dem Gespräch teilgenommen.

Schön, wenn man so übereifrige Mitarbeiter hat, die man im Zweifelsfall feuern kann, wenn die krumme Sache rauskommt. Schlecht, wenn man selbst dieser Mitarbeiter ist, der sich als Gehilfe hat anheuern lassen – und sich dabei doch anfangs eigentlich gar nichts gedacht hat und erst recht nichts Böses. Also: Wer »nur« Gehilfe ist und wer Täter, ist manchmal schwer zu entdecken. Besonders wenn noch weitere Akteursgruppen dazukommen.

## Typisch: Parteigänger und Profiteure

Haben Sie erst einmal Gärtner und Gärtnergehilfen ausgemacht, so gilt es, die Profiteurinnen zu suchen, diejenigen, die durch den schönen Garten flanieren, ohne etwas zu seiner Gestaltung beigetragen zu haben. Diese sogenannten Stakeholder sind besonders schwer auszumachen, weil sie nicht direkt beteiligt sind, nicht in Aktion treten und häufig auch gar nichts zu der Intrige beitragen. Wie die Bestatter an der Pest verdienen – sofern sie sich nicht selbst anstecken –, profitieren Stakeholder von Intrigen. Oft liegt dies gar nicht in der Absicht des Intriganten. Da wird der Angestellte A wie Adam gekündigt, auf Grund des Gerüchts, er sei süchtig, kombiniert mit einem tatsächlichen kleineren beruflichen Fehler. Sein direkter Nachfolger Bauer freut sich über die Beförderung, Adams ehemalige Sekretärin, Frau Caesar, wird zur Chefsekretärin und der Controller Dauer freut sich, weil der Neue preiswerter ist als der Alte und so seine Zahlen gut aussehen. Niemand von ihnen war an der Intrige beteiligt – der Täter Xaver, ein Konkurrent des Opfers Adam, sitzt an anderer Stelle im Unternehmen und streitet mit ihm um Ansehen, im Betrieb wie in der Fachwelt. Aber hätten nicht B, C und D etwas dagegen tun können? Ja, wenn sie die Intrige erstens durchschaut hätten und zweitens ihr Interesse an der Verhinderung größer gewesen wäre als das eigene Interesse. Und schon zum Bemerken und Durchschauen muss ein eigenes Interesse vorliegen; sonst guckt man weg statt genau hin.

Genau hingucken ist anstrengend und nicht angenehm; deshalb lege ich in meinen Intrigenseminaren viel Wert darauf, seinen Nutzen zu verdeutlichen. Die oben beschriebenen A, B, C und D kann es in jedem Betrieb geben, egal ob groß oder klein, in der Industrie oder im Dienstleistungsbereich, auf dem Land oder in der Stadt. »Überlegen Sie sich, wer in Ihrer Organisation diese Rollen einnehmen könnte«, ist von daher eine meiner Instruktionen für ein gedankliches Rollenspiel. »Das ist doch Science-Fiction«, wehrte sich mal ein Teilnehmer gegen die Anweisung. Möglicherweise ja, aber war 1984 nicht auch schon 1970 überholt, zumindest als »fiction« wie von George Orwell konzipiert? Also schauen Sie hin, auch wenn Ihnen der genaue Blick nicht in den Schoß fällt; sonst fällt Ihnen irgendwann die Realität auf die Füße.

Stakeholder in Intrigen sind nicht einfach nur lästige Schmarotzer; sie können die Intrige und die Intrigantin enorm stärken; denn sie werden leicht zu Verbündeten (des Täters), auch wenn sie überhaupt nicht gefragt wurden, ob sie mitmachen. Die schweigende Zustimmung als Beobachter, der vielsagende Blick, die kleine, aber wirksame und wiederholte Geste können dazu beitragen, den Täter oder seine Verbündeten zu unterstützen oder das Opfer und seine Unterstützerinnen zu verunsichern.

Warum sollten Sie als Intrigenopfer Stakeholder ausmachen? Ärgert man sich nicht nur über die, die alle mitmachen? Ja, möglicherweise. Aber es hilft, das Geschehen zu verstehen und sich gegen ihre stillschweigende Unterstützung der Intrige abzugrenzen; ihre Blicke, Gesten und Taten sind keine planvolle Tat, sondern unbewusste Unterstützung. Hiergegen muss man nicht kämpfen. Aber man sollte ihnen nicht auf den Leim gehen. Denn manchmal kommt es vor, dass Opfer versehentlich Stakeholder des Täters anwerben wollen – als ihre eigenen Unterstützer.

Ihnen wird das nun alles zu kompliziert? Das klingt nach Geheimdiensten, Thriller und Doppelagenten, aber nicht nach einer Handlung, die in Ihren Betrieb passen könnte? Ich kenne Ihren Betrieb nicht. Aber ich kenne viele Intrigenopfer; und die Mehrheit von ihnen sagte zu mir: »Das hätte ich mir nie so vorgestellt, dass das bei uns passieren könnte.« Und die Intrige passierte doch. Warum sollte Ihr Betrieb also anders sein?

Um Intrigenlogik zu verstehen und Ihre Phantasie anzuregen, hilft es, sich fiktive Beispiele anzuschauen, »fiction« aus Kunst, Kultur oder Kommerz. Egal ob Sie gern in die Oper gehen, ins Theater oder ob Sie sich lieber Vorabendserien auf der Couch angucken, Sie haben in allen Fällen einem großen Repertoire an Intrigen beigewohnt. Ob die Händel-Oper *Agrippina* oder die öffentlich-rechtliche Krankenhaus-Schmonzette *In aller Freundschaft*, ob *Die Räuber* von Schiller oder Roman Polanskis Polit-Intrige *Der Ghostwriter*. Egal welchem Genre Sie sich verschrieben haben, Intrigen werden täglich auf allen Kanälen aufgeführt. Teilweise sind sie sehr einfach gestrickt, teilweise kann man sie erst ab der hundertsten Folge oder der zehnten Inszenierung verstehen. Die Geschmäcker sind verschieden; deshalb greife ich hier zum Modell »Klassik«, einem Prototypen der Intrige, der klar und bekannt, ausführlich analysiert und auch noch kunstvoll konstruiert ist; hieran möchte ich die typische Intrigenkonstruktion deutlich machen.

## Intrigenmodell »Klassik«: Das Trojanische Pferd

Eine Intrige, die fast alle kennen, ist die des Trojanischen Pferdes. Wahrscheinlich haben Sie es abgespeichert unter »Kriegslist«. Aber es ist eine klassische Erfolgsstory für eine Intrige und ein anschauliches Beispiel für ihre fünf zentralen Kennzeichen. Verschiedene Intrigenwerkzeuge werden hier erfolgreich angewandt, unterschiedliche Verbündete und Stakeholder eingesetzt und verschiedenste Hindernisse erfolgreich gemeistert. So ergibt sich »best practice« einer Intrige, an der sich lernen lässt. Nicht nur, wie man Intrigen plant, sondern auch, wie man sie abwehrt. Sie finden hier nicht nur die bereits beschriebenen Kennzeichen von Intrigen und die verschiedenen Typen von Akteuren, quasi als Wiederholung; Sie finden auch eine Vorschau auf alle Schritte der Abwehr, die Thema des nächsten Kapitels sind.

Ausgangspunkt der Intrige um das Trojanische Pferd ist ein attraktives Ziel und eine Not: Die Griechen können Troja nicht erstürmen. Sie sind ratlos. Einer, der nicht in Hektik verfällt und nicht in Depression, ist Kalchas – ein guter Beobachter. Er sieht, wie ein Raubvogel eine Taube verfolgt, die in einer Felsspalte verschwindet. Er wartet, bis der Raubvogel abzieht, und denkt sich: »Aha. Wir brauchen eine List.« Gut beobachtet; aber das reicht nicht; es braucht den Strategen, Odysseus. Einige meinen, es war eigentlich Athene – die Täterschaft wurde bis heute nicht aufgeklärt. Gut, nehmen wir an, es war Odysseus, der sich nicht von der Wut und Verzweiflung um ihn herum hinreißen lässt. Er bleibt seinem Ziel treu – Troja stürmen – und entwirft einen Plan. Dafür denkt er sich in die Trojaner hinein: Was ist ihnen überaus wichtig? Die Götter und die Gaben für sie. Hier ist ihre Achillesferse. Die gilt es zu treffen. Odysseus hat den Einfall, eine scheinbare Göttergabe zu bauen, ein hölzernes Pferd, in dem sich die griechischen Krieger verstecken und unerkannt in die Stadt Troja gelangen können.

Eine gute Idee ohne Kritiker gibt es nicht – Odysseus ergeht es wie im wahren Leben. Er nimmt die Kritik aus den eigenen Reihen auf, nimmt die Vorbehalte ernst und überzeugt die Mitstreiter durch sein rhetorisches Geschick.

Keine Intrige ohne Arbeit: Bäume müssen geschlagen werden, neue Konstruktionen erfunden wie Klappen im Pferd, Türen, die sich nur einseitig öffnen lassen, Rollen, um es zu bewegen– alles Aufgaben, die die Handwerker Griechenlands herausfordern. Odysseus hat seine Spezialisten, seine Handlanger. Er selbst kümmert sich um die Hintergründe, darum, dass die Intrige überzeugend und glaubwürdig ist. Die Trojaner sind nämlich berechtigterweise misstrauisch; sie befinden sich ja im Krieg. Wer kann sie überzeugen, auf den Trick hereinzufallen? Odysseus selbst nicht; er ist ihnen bekannt. So sucht er sich einen weiteren Verbündeten, einen Spezialisten in Sachen Täuschung und Überzeugen, Sinon, einen guten Schauspieler.

In einer kleinen Gruppe von Strategen wird der Plan weiterentwickelt, während die Handlanger weiter bauen und basteln. Der Intrigenplan: Die Griechen sollen sich scheinbar völlig von Troja zurückziehen und nur das hölzerne Pferd und Sinon zurücklassen, als angebliches menschliches Opfer. Sinon soll dies überzeugend spielen: zitternd seine Geschichte erzählen und die Trojaner in der Meinung bestätigen, dass die Griechen äußerst brutal sind und Menschenopfer bringen. Eine gefährliche Rolle für Sinon. Was, wenn die Trojaner ihm nicht glauben? Aber wenn es klappt, sind ihm Ruhm und Belohnung sicher.

Er macht es gut. Die Trojaner haben Mitleid mit ihm und rollen die scheinbare Göttergabe, das Pferd, hinter die Stadtmauern, direkt auf den zentralen Platz. Fast wäre die Intrige noch geplatzt, weil Emotionen ins Spiel kommen. Helena ahnt etwas und ruft, vor dem hölzernen Pferd stehend, die Namen einiger ihr bekannter griechischer Soldaten, unter anderem den ihres Exmannes. Dem gehen die Emotionen durch; er will zurückrufen, wird aber von Odysseus brutal daran gehindert. Der Rest ist fast ein Kinderspiel: Die Griechen entsteigen in der Dunkelheit dem Pferd und Troja fällt.

Hätte diese Intrige verhindert werden können? Und wenn ja, wie? Überlegen Sie schon mal. Wir kommen hierzu im zweiten Kapitel, in dem es um Abwehr geht.

Der Fall Trojas ist eine typische Intrige, an der nur außergewöhnlich ist, dass Odysseus gleich ein ganzes Volk hinter sich wusste, ein Phänomen, von dem viele Intrigentäter nur träumen. Im Alltag sind es statt eines Volkes aber häufig ganze Gruppen, die hinter dem Täter stehen. Meist hat dann zwar nur eine Person die Intrige initiiert, aber sie entspringt dem Motiv einer ganzen Gruppe und richtet sich auch gegen eine ganze Gruppe. Insbesondere wenn das Motiv Macht ist, sind häufig ganze Gremien das Opfer und die Täter andere Gruppen, die ihnen diese Macht streitig machen wollen. Ein aktuelles Beispiel einer solchen Gruppenintrige, die Intrige vom Hochgelobten und Strippenzieher, finden Sie im nächsten Abschnitt.

Das Intrigenmodell »Klassik« gibt es in verschiedensten Ausführungen: mal bunt, mal düster, mal lustig, mal dramatisch, gesungen, gesprochen oder geschrieben: Falstaff oder Fidelio, Agrippina oder Othello, die Geschichten ähneln sich alle, die Motive wiederholen sich: Geld oder Liebe, häufig auch beides, Sex and Crime oder Sex and Crime and Rock 'n' Roll. Und dennoch werden sie dem Publikum nicht langweilig. Wie Kinder die Geschichte vom kleinen Monster immer wieder hören wollen, so wird der Fidelio immer wieder inszeniert, und die Vorabendserie »Verbotene Liebe« geht in die zehnte Staffel, bevor sie noch fünfmal wiederholt wird. Langweilig werden sie anscheinend dennoch nicht.

Was ein bisschen Abwechslung bringt in die Intrigengeschichten, sind die Werkzeuge; denn derer gibt es viele.

## Intrigenwerkzeuge: Nehm ich den Dolch oder doch lieber Gift?

Nicht alle Intrigenwerkzeuge kann ich hier erläutern; eine Enzyklopädie war nicht vorgesehen vom Verlag. Aber vier Kategorien von Intrigenwerkzeugen und die Breitbandmethode der Tarnung stelle ich Ihnen vor.

Denn wenn Sie versuchen, eine Intrige zu entdecken, sollten Sie eine möglichst große Bandbreite an Werkzeugen im Kopf parat haben. Die klassischen wie Dolch, Schwert und Gift sind tendenziell vom Aussterben bedroht, von einigen regionalen und kulturellen Nischen einmal abgesehen. So spielt das Schwert in Japan noch eine Rolle – Harakiri als Methode, sich der beruflichen Verantwortung zu entziehen; Gift wurde in der Ukraine vor wenigen Jahren noch im Kampf um die politische Macht eingesetzt, der damalige Präsidentschaftskandidat Viktor Juschtschenko ist noch heute von diesem Anschlag gezeichnet. Aber über Jahrhunderte hinweg hat sich doch die Wahl der Tatwerkzeuge verändert, im realen Intrigenleben wie in der E- und U-Kultur. Gleich geblieben sind aber noch die zur Verfügung stehenden Kategorien an Werkzeugen.

Physische Gewalt, die erste Kategorie an Intrigenwerkzeugen, gibt es immer noch; das potentielle Strafregister für Täter umfasst den Giftanschlag, Körperverletzung, Entführung, Sachbeschädigung und Diebstahl. Nur bedingt strafrechtlich relevant, aber dennoch gewalttätig ist es, wenn böswillig Heizung oder Wasser abgestellt werden, Müll vor die Tür gekippt oder virtuelle Viren und Würmer in den Computer eingeschleust werden. Der Trojaner ist hier immer noch aktuell, nicht nur zu Pferde. Physische Gewalt ist zwar seltener geworden; aber man findet sie immer noch, unter Miethaien und Immobilienmaklern, in Eigentümergemeinschaften und auch in manchen Betrieben. Angst und Schrecken werden erzeugt durch »versehentliches« Einsperren des Opfers im Betrieb oder im Keller, durch Ekel oder Angst auslösende Dinge wie Spinnen oder Geräusche etc., alles um Mitarbeiter zu zermürben. Gängiger und moderner sind subtilere und unsichtbarere Methoden; der moderne Dolch ist nicht mehr aus Metall, das moderne Gift nicht aus der Apotheke. Noch relativ unbekannte, für das Opfer neue Methoden sind äußerst wirksam, wie beispielsweise Cybergewalt, Gewalt durch elektronische Werkzeuge. Sie liegt im Übergang zur zweiten Kategorie:

In der zweiten Kategorie, der psychischen Gewalt, finden wir immer noch die alten Klassiker: den anonymen Brief wie die Erpressung, Schikane und Sabotage, lächerlich machen und Druck ausüben. Manches wird heutzutage moderner bezeichnet, gern englisch, so wie die Face Threatening Acts (FTA), also wenn Opfer das Gesicht verlieren; und es gibt einige Trendvariationen wie Mobbing oder Stalking, noch moderner auf dem elektronischen Weg. So findet Stalking inzwischen auch per Internet statt, genauso wie Verunglimpfung, Drohung, Erpressung, Nötigung etc.

Gerade bei Stalking zeigt sich, wie schwer sich physische und psychische Gewalt voneinander abgrenzen lassen: Wenn der Stalker unvermutet direkt vor der Gestalkten steht, nachts im Hausflur, auf der Straße oder allein im Betrieb, so ist zumindest die empfundene Bedrohung auch eine physische, auch wenn der Stalker »nur« dasteht.

Allgemein geht der Trend zu Werkzeugen, die gut wirken, aber möglichst wenig Spuren hinterlassen am Tatort. Das ist besonders bei der dritten Werkzeugkategorie der Fall, den (scheinbaren) Belohnungen: Lob und Preise, Anerkennung und Auszeichnungen können Intrigenwerkzeuge sein, wenn sie falsch sind, von der falschen Seite kommen oder zur falschen Zeit. Der als unfähig angesehene sogenannte Fachmann schreibt einen Empfehlungsbrief, die Politikerin, deren Anträge noch nie angenommen wurden, tritt auf der Versammlung öffentlich für einen Kandidaten ein, die Soziologin wird zum Vorwort in einer Festschrift für den umstrittenen Professor gebeten, der Konkurrent wird rechtzeitig weggelobt. Wer diese Werkzeuge gezielt, geplant und gekonnt einzusetzen vermag, ist schon fortgeschritten in der Kunst der Intrige. Zur Basiskompetenz gehört bereits das »Tot-Loben« – also eine demonstrative, vermeintlich positive Sonderbehandlung, die im Rahmen von Mobbing bekannt und beliebt ist und in Intrigen als ein Werkzeug eingesetzt wird. Hier wird die vom Chef Gelobte Opfer von Neid, Kritik und Spott ihrer Kollegen.

Lob engt Freiheit ein. »Gegen Kritik kann man sich wehren, gegen Lob ist man machtlos«, meinte schon Sigmund Freud. Es ist ein hervorragendes Intrigenwerkzeug, »tückisch, weil es so unschuldig daherkommt«.

## Der Hochgelobte und der Strippenzieher

Ein politisches Amt ist zu besetzen – ein Amt, das in der Öffentlichkeit steht. Es ist schwer, einen Kandidaten zu finden. Seit Monaten ist klar, dass es ein Problem geben wird. Das sieht nicht gut aus in der Öffentlichkeit. Das beschädigt das Amt. Die Strategen im Hintergrund denken und suchen fieberhaft. Kurz vor der Wahl meldet die seriöse Presse, jemand sei gefunden, ein bekannter Mann solle dieses Amt übernehmen, nennen wir ihn Gerd Gelob. Man ist erfreut – in der Öffentlichkeit wie in den internen Zirkeln. Die Presse veröffentlicht Loblieder auf ihn, gesungen von wichtigen Menschen. Nur er selbst weiß gar nichts davon, dass er überhaupt kandidieren wollte. Nun aber kann Gerd Gelob nicht mehr anders; ob er nun eigentlich wollte oder nicht wollte – er kandidiert. Denn ablehnen kann er das Angebot schlecht, hatte er sich doch vorher für ein anderes Amt beworben. Hier wurde er nicht gewählt. Besser gesagt verhindert. Damit er frei bleibt für den andern Posten? Gerd Gelob erinnert sich: Die Unterstützer und Lobpreiser von heute haben ihn damals nicht unterstützt. Sie wurden sogar gesehen, wie sie gegen ihn argumentierten, öffentlich. Damals hatte er einen Verdacht, wer der Strippenzieher seiner Nichtwahl war; und er hat Indizien, dass dieser auch hinter den Lobpreisungen steckt. Der Strippenzieher hat gute Pressekontakte und bleibt absolut im Hintergrund. Einer der wenigen, die sich mit jedem Kommentar zurückhalten. Ein Profi in der Taktik. Der Strippenzieher hat es nicht nötig, in der Presse zu stehen. Und es würde sein Vorhaben gefährden.

Wenn der Kandidat nun ablehnt, beschädigt er das Amt und die Organisation. Das will er nicht. Gerd Gelob kandidiert und wird gewählt.

Ist dies eine Intrige? Wurde jemand geschädigt? Wer hatte einen Vorteil? Es ging doch um »das Gute«, das Ansehen der Organisation und des Amtes. Und das Image des Kandidaten hat nicht nur nicht gelitten, sondern wurde sogar verbessert. Die Lobeshymnen über ihn wird man noch einige Zeit in der Presse finden; auch wenn die Lobpreiser und Strippenzieher nie so richtig von ihm überzeugt waren. Er hat seine Aufgabe erfüllt: Das Image der Organisation ist mal wieder gerettet.

Auch wenn niemand zu schaden kommt, kann es sich um eine Intrige handeln. Das definierende Kriterium einer Intrige ist »zum Schaden oder Nutzen«, egal wie groß dieser ist. Auch die weiteren Kennzeichen sind erfüllt: eine Not der Organisation, ein Plan des Intriganten und ganz viel Hinterhältigkeit. Der Schaden für das Opfer war klein – er ist zu etwas gedrängt worden, wozu er sich möglicherweise ohne Intrige nicht entschlossen hätte. Der Nutzen des Täters ist ebenfalls gering; nur wenige wissen, wer dahintersteht; er kann damit nicht prahlen. Es ist der Stakeholder, der den Nutzen hat, die Organisation; ihr Image ist gerettet und der Kandidat macht sich auch später noch gut. Ein Beispiel, dass auch Lob ein effektives Werkzeug ist und dass man Intrigen nicht von der Größe ihres Schadens oder Nutzens her definieren sollte.

Die vierte Kategorie der Intrigenwerkzeuge ist und bleibt eine wahre Wunderwaffe: die Information. Dazu gehört vor allem falsche, fehlerhafte und Nichtinformation. Die Ausprägungen Filtern, Färben und Verschleiern bieten unzählige Variationsmöglichkeiten, die besonders effektiv sind, wenn elektronische Transportwege benutzt werden wie Mails, SMS, Blogs oder Soziale Netze. Da Information immer noch DIE Intrigenwaffe ist, ist ihr ein eigenes Kapitel gewidmet.

Sie merken, die Kategorien sind schwer sauber voneinander zu trennen; aber die Einteilung hilft, sich klarzumachen, was alles als Waffe wirken kann.

Eine Begleitmethode der vier Kategorien möchte ich noch erwähnen: Verstellung und Verkleidung, Tarnung. Sie dienen dazu, die verschiedenen Intrigenwerkzeuge einzusetzen, ohne dass der Täter erkannt wird. Der gesamte altbekannte Fundus aus Theater und Opernhaus steht Intriganten auch bei modernen Intrigen zur Verfügung: Da findet sich die Intrigenstimme und Intrigenschrift aus Shakespeares »Falstaff« oder die Annahme einer komplett anderen Identität wie bei Beethovens »Fidelio«. Wenn's schnell gehen muss mit der Verstellung, wirft man sich kurz den Tarnmantel über, schlüpft hinter den Paravent oder unter den Tisch und platziert vorher noch schnell ein Intrigenrequisit: ein Taschentuch, einen Brief oder ein Goldstück, scheinbar zufällig verloren.

Alles nicht mehr modern? Das passt nur in Sage und Oper? Keinesfalls. Das passt auch in Großkonzerne, den Mittelstand und den Non-Profit-Sektor. In einer modernen Geschichte um Softwarediebstahl in einem Großkonzern platzierte der Manager einen Brandsatz, warf sich einen Trenchcoat über, der dem des Intrigenopfers ähnelte, und verließ am Pförtner vorbei unerkannt das Unternehmen. Der Verdacht fiel so auf das Opfer, das angeblich versucht haben soll, durch den Brand die Spuren seines angeblichen Diebstahls zu vernichten. In einem mittelständischen Betrieb verstellte die intrigante Angestellte ihre Stimme, als sie den Geschäftsführer anonym beschuldigte, Geld veruntreut zu haben; der Telefonanruf ging natürlich von einem fremden Telefon aus. In einer Umweltorganisation ließ der stehlende Mitarbeiter die Indizien auf einen andern zeigen. Und Edeka Süd tarnte Detektive als Praktikanten, um Mitarbeiter auszuspionieren und dabei Kündigungsgründe zu finden. Der moderne Intrigant tarnt sich auch elektronisch durch Anonymisierungsdienste und ausländische Provider oder durch Fälschungen elektronischer Signaturen, von Mail- und www-Adressen; häufig benutzt er auch reale Identitäten von anderen und verschickt beispielsweise Mails von fremden Accounts. Dies kann bis zum Identitätsdiebstahl gehen. Keine Angst, als Intrigenwerkzeug ist das eher selten; dafür dient er aber in Betrugsfällen dazu, mit Ihren Bankdaten Geschäfte zu tätigen oder unter Ihrem Namen Verbrechen zu begehen.

Auch Heuchelei ist eine Tarnung, hinter der manchmal eine Intrige steckt. Interesse an der Befindlichkeit der Ehefrau oder den Schulerfolgen der Kinder? »Ach, das tut mir aber sehr, sehr leid«, wird dann geheuchelt, wenn der Kollege die Scheidung oder den Schulabbruch gesteht, dabei freut man sich über den entstandenen Schaden und benutzt ihn systematisch. Auch Journalisten, professionelle Informationsbeschaffer, spielen gern das Heuchelspiel: Nach dem offiziellen Interview, vertraulich, am Biertisch, teilen sie die Einschätzung über die Unfähigkeit des parteiinternen Konkurrenten, um ihm dann genau dieses ein paar Tage später zu berichten – natürlich wieder vertraulich und mit Bezug auf eine »vertrauliche Quelle«.

Wo hier Mitgefühl oder Informationsbedürfnis und wo bewusste Schädigungsabsicht im Spiel sind, ist schwer zu entscheiden – auch im Nachhinein. So wurde der Geschäftsführer der Partei Die Linke, Dietmar Bartsch, zitiert, wie er über die Nachfolge des an Krebs erkrankten Parteivorsitzenden Lafontaine spekulierte. War dies eine Falle eines übelwollenden Journalisten? Oder eine wahre, weitblickende Überlegung des Zitierten selbst? Unbeabsichtigt und wohlwollend oder bewusst und zielgerichtet mit Schädigungsabsicht platziert? Oder war dies eine böswillige Unterstellung eines parteiinternen Konkurrenten? Auf jeden Fall war es in der Öffentlichkeit und es half nichts, es klarzustellen oder zu dementieren.

Schauspielerisches Verstellungstalent kommt in Büros tagtäglich zum Zuge: »Glauben Sie mir, das habe ich aber nun wirklich nicht gewusst, was das Board in Chicago vorhat« oder »Das tut mir herzlich leid für Sie, aber ich habe nun mal strikte Anweisung«. Täuschungen, Heucheleien und Lügen sind, als Kette geplant und systematisch angewandt, intrigentauglich.

Sie sind beliebig kombinierbar, die vier Kategorien von Intrigenwerkzeugen, gut zu verbinden mit der Begleitmethode »Tarnung«. Knüpft man sie intelligent und planvoll zusammen, als Kette von kleinen und größeren Listen und Gewalttätigkeiten, und führt sie dann geschickt durch, so bilden sie eine Intrige und haben große Chance auf Erfolg, wie das folgende Beispiel aus einem Softwareunternehmen zeigt.

### Aus drei mach zwei

Gerd Brohler, das Intrigenopfer, ist einer von drei Geschäftsführern in einem Unternehmen der Internet-Branche. War es Schrieber oder Miller: einer seiner beiden Mitgeschäftsführer ist seiner Meinung nach der Intrigentäter, vielleicht waren es auch beide. Der Täter benutzte eine breite Werkzeugpalette. Zunächst wurden Brohler gezielt Informationen entzogen. Deshalb war er nicht mehr so handlungsfähig wie vorher, machte Fehler und wurde unsicher, was seine Mitarbeiter von ihm nicht gewohnt waren. Einer von ihnen, dem Brohler von den Schwierigkeiten im Frankreichprojekt berichtete, interpretierte dies als generelle Überforderung. »Brohler ist momentan total neben der Spur. Wie kommt das bloß?«, erzählte er. Die scheinbare Frage war ein willkommener Anlass für Spekulationen in der Belegschaft. Dann erzählte Brohlers Frau, auf der Betriebsfeier habe eine seiner Mitarbeiterinnen ihr gegenüber Verständnis geäußert; auch ihr Schwager habe »das Problem mit dem Alkohol«. Brohler wird aufmerksam und hört, dass sich die Andeutungen häufen: montags morgens Bemerkungen über »feuchte Wochenenden«, eine Nichteinladung zum Abschiedssekt für eine scheidende Kollegin. Er kann sich nicht erklären, woher dieses Gerücht kommt.

Eines Tages steht die Altglastonne der Brohlers »versehentlich« direkt vor ihrem Garagentor und kippt um. Miller, der in der gleichen Anlage wohnt, bemerkt gegenüber Brohler etwas von »Jungen beim Fußballspielen«. In der Belegschaft wird aber gemunkelt, Brohler habe die eigene Tonne angefahren. Nun verdächtigt Brohler seinen Mitgeschäftsführer Miller, das Gerücht »vertraulich« in die Welt gesetzt zu haben, und stellt ihn zur Rede. Dieser bestreitet das. Die Belegschaft redet weiter. Brohler ist zusehends genervt und weiß nicht mehr, was er tun soll. Trinkt er keinen Alkohol, wird es als Beweis gewertet, er sei alkoholkrank, trinkt er, so erntet er besorgte Blicke. Der Vorstand erfährt davon. Brohler rechnet mit Vorwürfen und Auflagen und wappnet sich, zum Gespräch zitiert zu werden. Nichts passiert. Ein unangenehmer Schwebezustand. Auf der nächsten Vorstandssitzung wird er ausdrücklich und ausführlich für seine Arbeit gelobt, im Beisein seiner Co-Geschäftsführer. »Ich konnte mir gar nicht erklären, warum meine Kollegen das so gelassen hinnahmen«, meint Brohler im Nachhinein. Er freut sich über die Anerkennung, vermutet aber, seine Kollegen würden nun zurückschlagen.

Der Schlag kommt – aber ganz anders als erwartet. Der Vorstand macht ihm bald nach der Lobeshymne das Angebot, in die Dependance nach Hamburg zu wechseln. Auf seine Nachfrage hin, warum nicht Miller oder Schrieber das übernähmen, wird ihm gesagt, er sei besser geeignet; man habe schon mit den beiden geredet. Er entschließt sich, nach Hamburg zu wechseln. Seine Familie ist nicht erfreut, aber er hofft, die Pendelphase zwischen Berlin und Hamburg zu überstehen, bis seine Frau in Hamburg eine Stelle gefunden hat und sie umziehen können. Ende gut, alles gut, könnte man meinen. Aber gewollt hat Brohler dies alles nicht.

So weit ein Überblick über die vier Kategorien von Werkzeugen und die Methode der Tarnung. Was gerade aktuell gängig ist auf dem Intrigenmarkt, erfährt man auch durch aufmerksames Zeitunglesen; auf der Politikseite suche man nach Untersuchungsausschüssen, auf den Wirtschaftsseiten nach Fusionierungen, feindlichen Übernahmen und Insolvenzen. Schlagen Sie nur eine Zeitung der letzten Wochen auf und nehmen Sie einen der gerade aktuellen Skandale. Wenn ich hier einen nenne, so ist er bei Erscheinen des Buches schon wieder überholt von mehreren neuen.

Nicht alle Werkzeuge werden in Ihrem Umfeld relevant sein. Am beliebtesten sind die verschiedenen Varianten aus der Kategorie Information; sie sind weit verbreitet und vielseitig anwendbar; deshalb werde ich mich im Folgenden ausführlicher mit ihr beschäftigten.

Die Übergänge zur psychischen Gewalt sind fließend: Schon das Gerücht, eine besondere Form der Information, kann äußerst zerstörerisch sein; auch dieses ist Gegenstand eines eigenen Kapitels, da es als Intrigenwerkzeug ebenfalls weit verbreitet ist. Und ein Kapitel widme ich einer dritten Form, einer modernen Form psychischer Gewalt, dem Mobbing, das häufig mit der Intrige verwechselt wird, aber letztlich nur ein Werkzeug ist, das in Intrigen gern zum Einsatz kommt.

»Aber das sind doch alles Machttechniken«, meinte mein

Lektor, nachdem er das Manuskript gelesen hatte. Ja, er hat recht. »Dann werfen Sie doch die Machttechniken und die Intrigenwerkzeuge zusammen«, nein, das tue ich nicht. Denn jede Intrige hat zwar mit Macht zu tun, aber nicht jede Machttechnik ist eine Intrige. Und schließlich will ich ja nicht die Macht verleumden, verunglimpfen oder ihr übel nachreden.

### Information: Der Leatherman der Intrige

Es ist immer und überall einsetzbar – EIN Werkzeug mit den verschiedensten Funktionen, praktisch und kompakt, nicht zu schwer und nicht zu teuer: der sogenannte Leatherman ist eine Art erweitertes Schweizer Offiziersmesser mit Schraubendreher, Minisäge und Korkenzieher. Information ist genau so ein »Multitool«: Man kann sie geben oder bewusst nicht geben, dem Falschen geben oder falsche Informationen geben, und man kann richtige Informationen an falscher Stelle platzieren oder zur falschen Zeit. All das kann eine gute Basis für eine Intrige werden. Die Grenzen hin zur psychischen Gewalt sind fließend: Gezielt desinformieren, verleumden, verunglimpfen und sogar bereits das Ausschließen von jeder Information, das sogenannte Kaltstellen, kann wahrhaft tödlich sein, mindestens für die Karriere.

Das anonyme »Billet« aus der Oper gibt es noch heute – ein Brief ohne Absender, der zunehmend elektronisch zugestellt wird und nicht mehr per Kammerdiener oder Post. Das geht erstens schneller, und außerdem lässt sich die Absenderin noch besser verbergen. Man muss Informationen auch gar nicht mal unterdrücken, um sie vorzuenthalten. Es reicht, sie in großen Paketen zu verschicken oder sie irgendwo liegenzulassen, wo sie nicht hingehören. Wenn die Atmosphäre intrigenschwanger ist, häufen sich »zufällig gefundene Schreiben« oder Einladungen in der falschen Ablage. So findet der eigentliche, richtige Empfänger die Information nicht, aber der scheinbar falsche entdeckt sie und kann von der exklusiven Information profitieren.

Informationsentzug wirkt nachhaltig. Wer nicht Bescheid weiß, kann seine Aufgaben nicht erfüllen, steht dumm da, wird verunsichert, macht Fehler, wird abgemahnt, vorgeführt oder kann sich nicht mehr profilieren.

### Die Frau im Hintergrund

In einer Non-Profit-Organisation ging die Geschäftsführerin von heute auf morgen; es entstand ein Machtvakuum, das ihre zwei Stellvertreter nicht ausfüllen wollten. Die Assistentin der Ex-Geschäftsführerin, Frau Helferich, erkannte ihre Chance und nahm sich einen der beiden, Herrn Gernlich, zum heimlichen Verbündeten. Sie sprachen alles miteinander ab, bezogen den zweiten, Herrn Konter, nicht ein. Termine wurden nicht mitgeteilt, wichtige Anfragen nicht kommuniziert, Besprechungen fanden ohne ihn statt. Zuerst freute er sich über die Entlastung; schließlich gab es ja eine Aufgabenteilung zwischen den beiden Geschäftsführern. Dabei waren allerdings die Schnittstellen nicht klar definiert worden; es ging ja nur um den Übergang und in dem kleinen Betrieb konnte man leicht und spontan miteinander kommunizieren. Man konnte, wenn man wollte.

Die Assistentin der Geschäftsführung wollte es nicht, sie wollte Macht. Und Information ist ein Mittel dazu. Ihr gefiel es, im Hintergrund Strippen zu ziehen; Herrn Gernlich hätte sie gern zum neuen Geschäftsführer gemacht. Deshalb versorgte sie ihn und nur ihn mit Informationen. Herr Konter wurde mehr und mehr ausgebootet, war nicht auf dem Laufenden und wirkte dadurch unbeteiligt und uninformiert. Dies fiel auch der Belegschaft auf, die sich deshalb zunehmend nicht mehr an ihn wandte, sondern an Herrn Gernlich oder gleich an Frau Helferich. Schleichend geriet Konter ins Abseits. Er ging zum Vorstand, um sich über das Duo »an der Spitze« zu beklagen. Der fand seine lange Liste der Fakten kleinlich und witterte bloßen Konkurrenzkampf. Als Herr Konter aus dem Urlaub wiederkam, waren Fakten geschaffen: Der Vorstand hatte sich bei der Assistentin als scheinbar »neutraler« Person informiert und beschlossen, Herrn Gernlich zu bitten, die Nachfolge anzutreten. Herr Konter sah, dass er keine Chance hatte, erst recht nicht unter Gernlich und gegen Frau Helferich, und bat um einen Aufhebungsvertrag.

Informationen sind ein wichtiger Machthebel und damit ein Intrigenwerkzeug. Diejenigen, die sie haben und verteilen, sind in einer Machtposition. Insbesondere Sekretärinnen oder Assistenten sind hier wichtige Akteurinnen, obwohl sie formal wenig Macht haben. Sie sind damit prädestiniert als Verbündete wie auch als Intrigentäter.

Anstatt Informationen vorzuenthalten, kann man sie auch bewusst weiterverbreiten, an einen größeren Kreis oder an eine höhere Instanz als notwendig: Eine Beschwerde, die nicht an den direkten Vorgesetzen, nicht an die zuständige Stelle geschickt, sondern gleich ganz oben platziert wird, entfaltet ihre Wirkung in einem größeren Kreis – auch wenn sie nicht berechtigt ist. »Da war doch mal was«, wird den entsprechenden Personen einmal wieder einfallen, im späteren Intrigengeschehen. Anfänglich unschuldig Beschuldigte werden so zu angeblich nur nicht überstellten Tätern und damit zu Intrigenopfern.

Wird gleich der gesamte Betrieb mit einbezogen, so wächst der Kreis der Informationsempfänger sprunghaft:

Das geht ganz einfach: via Mail, elektronischem oder physischem Anschlagbrett, per Betriebszeitung. Die Übergänge zur allgemeinen Öffentlichkeit sind durchlässig – das kann man ungefährdet und unerkannt nutzen; denn die Information verbreitet sich ja scheinbar automatisch nach draußen. So landet der Artikel aus der Betriebszeitung in der Lokalzeitung und von da über Suchmaschinen oder Artikeldatenbanken in den überregionalen Medien.

Mit dem Web 2.0 – den Methoden von Social Networks, Wiki, Blogs etc. – ist die Methode, falsche Informationen zu verbreiten, effektiver geworden. Schon die Informationen, die man freiwillig selbst ins Internet gestellt hat, bekommt man schwer wieder weg. Professionelle Dienstleister wie die »web 2.0 suicide machine« beschäftigen sich damit, diese Spuren zu löschen. Viel schwerer ist es noch, sich gegen Informationen zu wehren, die jemand anderes über einen verbreitet hat. Unwichtig ist es dabei, ob die Rufbeschädigung in internen betrieblichen und Freundes-Netzen oder in externen, öffentlichen und ungeschützten geschehen ist; die Durchlässigkeit zwischen beiden ist enorm. Die Grenzen zwischen intern und extern verschwimmen ebenso wie die zwischen real und digital, face to face oder virtuell. Für alle, die sich in diesem Feld nicht auskennen, ist deshalb Weiterbildung angesagt – im eigenen Interesse der Intrigenabwehr. Im Ernstfall sollte man Profis beauftragen, sogenannte online-reputation defender oder reputation manager; das sind prosperierende Firmen, die davon leben, sich um den Ruf ihrer Klientinnen im Internet zu kümmern.

Effektiv kann es sein, Informationen unter dem Siegel der Verschwiegenheit weiterzugeben: Gut ausgewählt, sind diese Vertrauten, denen man etwas Geheimes mitteilt mit der strikten Aufforderung, es bloß nicht weiterzuerzählen, die besten Informationsbeschleuniger. Sofern sie schwatzsüchtig sind oder ein Interesse haben, die Nachricht weiter-zuverbreiten – sei es, weil sie sich damit interessant machen oder weil sie einen direkten Nutzen davon haben.

Zwischen unterdrücken und gezielt verbreiten gibt es unzählige Variationen, beispielsweise Informationen durchsickern lassen. Das ist manchmal effektiver, weil es die Quelle verschleiert und dafür sorgt, dass die Information nicht einfach unbemerkt durchfließt wie das Gießwasser bei einer zu trockenen Topfpflanze.

Erfahrene Intrigentäter wissen, was in der jeweiligen Situation das Beste ist. Genau so wichtig kann der Zeitpunkt der Veröffentlichung sein: Längst bekannte Details aus dem Privatleben von Politikern, die nicht nur in der Partei, sondern auch Journalisten allgemein bekannt sind, werden häufig gezielt vor Wahlen öffentlich gemacht. Was vorher uninteressant war, wird dann ein wirksames Machtmittel.

Der Klassiker in der Werkzeugkategorie Information ist die klassische Lüge; allerdings nimmt sie ab. Wenn gelogen wird, dann systematisch in einer eng geknüpften Lügenkette. Strafrechtlich relevant wird es bei Verleumdung und Verunglimpfung, Diffamierung und Beleidigung. Schwer zu belangen ist, wer Gerüchte streut, Informationen vorenthält, Fakten unterdrückt oder verschleiert. Diese Tatbestände sind auch schwer zu verhindern.

Doch es gibt auch hehre Motive. Böswillige Denunziation und öffentliche Bekanntmachung zwecks Aufklärung sind zwei Seiten des öffentlich Aussprechens. Wikileaks, das Internet-Projekt, das Dokumente veröffentlicht, die der Öffentlichkeit bisher vorenthalten wurden, zählt sich zu den Guten, den Aufklärern. Zum Beispiel stellten die Aktivisten ein authentisches Video, das die Bombardierungen in Afghanistan zeigte, ins Netz. Aber auch die Wikileaks-Macher sind nicht davor geschützt, enttarnt zu werden, verunglimpft oder denunziert. Ob einer ihrer Gründer sich der sexuellen Nötigung schuldig gemacht hat oder nicht: Die Anzeige aus dem Jahr 2010 wird auf jeden Fall Spuren hinterlassen, egal ob die Frau nun recht hatte und Recht wollte oder ob die Anzeige politisch motiviert war. Transparenz ist ein hohes Gut. Dennoch ist die Arbeit von Wikileaks eine ständige Gratwanderung: Was sind Geheimnisse, geheime Dokumente, die veröffentlicht werden müssen, und was unterliegt dem Persönlichkeitsschutz und gefährdet möglicherweise die in den veröffentlichten Dokumenten genannten Akteure? Auch eine scheinbar neutrale, auf Aufklärung zielende Informationspolitik entzieht sich somit nicht der moralischen Bewertung.

## Das Gerücht: Der Klassiker zwischen Information und Gewalt

Ein Gerücht ist noch keine Intrige. Allerdings sind Gerüchte hervorragende und beliebte Werkzeuge in Intrigen, denn ihre Materialien sind recht einfach und die Handhabung auch – wenn man ein paar Grundregeln kennt und beachtet. Ein weiterer Vorteil: Alle lieben Klatsch und Tratsch. Kaum jemand verschließt die Ohren, wenn ein Gerücht die Runde macht, wenn auch der individuelle Genuss am Konsum unterschiedlich ist.

Ein Gerücht ist zunächst einmal nur eine Mitteilung, schriftlich oder mündlich übergeben. Diese Mitteilung hat einen Kern: eine Tatsachenbehauptung, also keine Tatsache, sondern die Behauptung einer Tatsache, versehen mit einem angedeuteten Fragezeichen: »Ich habe gehört«, »man sagt«, oder »könnte es nicht sein, dass ...?«. Die Unsicherheit und Spekulation sind also zentral; mit ihnen wird gespielt. Damit das Spiel weiterläuft, müssen Mitspieler gefunden werden, die ein Interesse am Spiel haben und das Gerücht verbreiten. Dazu muss das Gerücht selbst ein Interesse wecken, einen Wunsch befriedigen. Dies muss kein böswilliger sein, zum Beispiel jemandem zu schaden. Es reicht, teilhaben zu wollen an der Kommunikation, zu imponieren oder einfach etwas Interessantes beizutragen, etwas voranzutreiben oder auch, die eigenen Vorurteile zu bestätigen. Nicht immer werden Gerüchte durch die Intriganten selbst in die Welt gesetzt. Aber wie Jaques Baumel, ein französischer Politiker, sagte: »Ein Intrigant glaubt nicht alle Gerüchte, aber er erzählt alle weiter«, sofern sie ihm nutzen.

Wie unterschiedlich auch die Gründe für die Beteiligung an Gerüchten sein mögen: mit ihnen sind fast immer Emotionen verbunden. Sie helfen, einen psychischen Konflikt zu bewältigen, indem sie Befürchtungen thematisieren. Das kann zum Beispiel die Angst vor dem Jobverlust sein oder die Angst vor schwerer Krankheit. Diese sogenannten Angstgerüchte kommen bei aggressiven Gefühlen ins Spiel, etwa bei Neid, verletzter Ehre oder verletztem Stolz. Psychologen sprechen auch von einer reinigenden kathartischen Wirkung. Das gilt jedenfalls für diejenigen, die sie weiterverbreiten. Die Quelle, der Informant, der- oder diejenige, die das Gerücht in die Welt gesetzt hat, kann etwas ganz anderes damit vorhaben. So machte in der Firma wie im Wohnumfeld von Frau Keller das Gerücht den Umlauf, sie sei an Bauchspeicheldrüsenkrebs erkrankt, eine Krankheit mit geringen Heilungschancen. Es war kein Zufall, dass es gerade sie traf: die rundum Erfolgreiche, bei der alles klappte, die in ihrem strengen Führungsstil zwar nicht geliebt, aber geachtet war und alle Ehrenämter zusätzlich zu ihren beruflichen und Mutterpflichten auch noch hundertprozentig zu managen schien.

Wichtig ist, dass das Gerücht auch im Kommunikationsprozess noch Emotionen bedient. Frau Kellers Kolleginnen konnten nicht nur den Neid auf sie, sondern ihre eigene Krebsangst ausdrücken. Die Plausibilität eines Gerüchts ist weniger wichtig, Klar, es muss »passen«, irgendwie glaubwürdig sein – genau wie der Aprilscherz, der zwar absurd ist, aber doch irgendwie sein kann. Gerade Tageszeitungen machen sich oft einen Spaß daraus, ihre Leser alljährlich am 1. April hinters Licht zu führen. Und profitieren beim Ausdenken des Scherzes nicht nur von der Absurdität der Welt, sondern auch von ihrem guten Ruf: Je seriöser die angegebene Quelle ist oder scheint, umso glaubwürdiger ist oder scheint das Gerücht. Seriöse Verbreitungsorgane wie etwa überregionale Zeitungen oder öffentliche Institutionen erhöhen die Glaubwürdigkeit. Spätestens jetzt weiß man schon nicht mehr, wo und wer die Quelle ist: Habe ich es aus der Zeitung oder hat es mir mein Kollege erzählt? Hat mir mein Kollege erzählt, dass es in der Zeitung steht oder steht es in der Zeitung, weil mein Kollege es der Zeitung gesteckt hat? Je häufiger ein Gerücht dann noch öffentlich und scheinbar seriös zitiert wird, umso plausibler erscheint es, und umso weiter wird es verbreitet und wieder zitiert.

Ob jemand imponieren will oder sensationslüstern ist, nur mitreden will oder bewussten Schaden anrichten will mit einem Gerücht: Unabhängig davon, wie boshaft die Motive sind, kann der Schaden immens sein. Einer, der es aus eigener Erfahrung weiß, ist Michael Scheele – ein Wirtschaftsanwalt, der unter anderem Opfer von Gerüchten vertritt und selbst fast an einem Gerücht wirtschaftlich zugrunde gegangen wäre. Seine Erfahrungen hat er in dem Buch *Das jüngste Gerücht* verarbeitet. Darin beschreibt er, wie Gerüchte eingesetzt werden und was man gegen sie tun kann. Wenig leider. Denn auch wenn man die Fakten widerlegt hat, bleiben die Gefühle und Eindrücke bestehen – mit den entsprechenden Konsequenzen. »Gerüchte sind der Wellenschlag unterdrückter Information«, meinte der Regisseur Roman Polanski. Sie haben besonders gute Chancen, wo der Bedarf an Informationen groß ist und das Angebot klein. Dann schließt man die Lücken durch Spekulationen und baut sich seine Gerüchte selbst zusammen. Gegen ein gerüchtefreundliches Klima hilft vor allem Transparenz: Wenn vorausschauend und offen kommuniziert und informiert wird, haben es Gerüchte schwer.

Besonders beliebt sind personenbezogene Gerüchte – hier ist der Übergang zum Phänomen Klatsch und Tratsch fließend: Dazu gehören nichteheliche Kinder und außereheliche Affären, ungewöhnliche Süchte und Leidenschaften, also alles, was in der sogenannten Regenbogenpresse steht. Sie werden häufig ohne ein gezieltes Schadensinteresse verbreitet – einfach aus Lust am Klatsch und aus der Befriedigung voyeuristischer Gelüste. Die Medien lassen sich hier gerne vor den Karren spannen, machen gerne mit, es bringt ja auch Auflage bzw. Quote. Möglicherweise hat der personenbezogene Klatsch aber auch eine gute Funktion, meint zumindest Robin Dunbar von der Uni Liverpool. Tratschen sei der Kitt, der die Gesellschaft zusammenhält. Während Affen sich gegenseitig zärtlich lausen und so Vertrauen und Bindung schaffen, ersetze der Mensch dieses durch Tratschen.

Nicht alle Motive sind gut, einige sind zumindest widersprüchlich und nicht gleich durchschaubar. Das Gerücht, einer der Kollegen habe ein äußerst lukratives Jobangebot, kann sowohl schaden als auch nutzen – indem es entweder jemanden zur »lame duck« macht oder seinen internen Marktwert im Betrieb heraufsetzt. Hier hilft erst die Kenntnis der Quelle oder des Auftraggebers der Quelle. Denn diese sind häufig nicht identisch. Und manchmal ist es vielleicht der Zufall.

### Zufällig oder auch nicht

»Wer steckt dahinter«, fragte sich Frau Preis, Referatsleiterin in einer Berliner Behörde, als über sie erzählt wurde, sie hätte massive Probleme. Der wahre Kern: Ihre private Situation war nach einer Scheidung tatsächlich schwierig. Aber als ihr zu Ohren kam, sie sei depressiv, war sie alarmiert. Was steckte dahinter? Eine anscheinend harmlose Mail. Eine Kollegin, Frau Weiler, schickte das Protokoll einer Sitzung an den hierfür vorgesehenen Verteiler, einschließlich an Frau Preis, die Referatsleiterin. So weit, so korrekt. Allerdings übersah Frau Weiler, dass sie ihre Mail quasi als Antwort auf eine alte Mail geschrieben hatte, die nicht völlig gelöscht war. Und hierin fand sich der Hinweis auf die Adresse einer Psychologin, in einem andern Zusammenhang geschickt von einer dritten Person. Der Beweis schien gegeben: Frau Preis ging es so schlecht, dass sie professionelle Hilfe brauchte.

Sie selbst erfuhr davon erst viel später, wunderte sich nur, dass sie so oft gefragt wurde, wie es ihr denn ginge. Sie ist überzeugt: Man wollte sie nicht bewusst ausbooten. Aber das Gerücht bediente Emotionen: Schon lange störte es die Mitarbeiterinnen, dass sie häufig so schlecht gelaunt schien, kurz angebunden war. Eine Führungskraft mit einem solchen Kommunikationsverhalten – das ging doch nicht. Selbst bei Betriebsfeiern war sie mundfaul, erschien zu spät und ging zu früh – nicht ohne zu bemerken, es sei doch so viel zu tun in der Behörde. Nie trank sie ein Glas Sekt mit. Eine, die so freudlos erschien, musste doch ein Problem haben. Das Gerücht bestätigte die eigenen Vermutungen der Kollegen, bediente Vorurteile und Wünsche. Da passte die E-Mail doch dazu – zufällig oder auch nicht. Frau Preis weiß es nicht.

Zufall ist es selten, wenn sogenannte objektbezogene Gerüchte verbreitet werden – die angeblich desaströsen Absatzzahlen, die vermeintlich mittels Kinderarbeit hergestellten Produkte oder die nachgewiesene Schädlichkeit einer teuren Schönheitscreme. Sie richten sich meist gegen ganze Unternehmen; diese Gerüchte sollen schaden und tun dies auch. Meist sind die Täter unter den Konkurrenten am Markt zu finden. Dann ist das Interesse klar.

In jedem Fall sollten Sie prüfen, ob hinter dem Gerücht nicht doch statt Zufall ein Interesse stehen könnte, und sich fragen: Wer steckt dahinter? Was steckt dahinter? Und warum? Das hilft zu entscheiden, ob und wie man versucht, sich zu wehren. Doch Vorsicht! Manchmal wirkt Gegenwehr sogar noch verstärkend – dazu später mehr im Abschnitt »Abwehrmaßnahmen«.

Mobbing: Eine moderne Form psychischer Gewalt

Eine Neuigkeit im bundesdeutschen Gerichtswesen: Auf zwei Millionen Euro Schadensersatz klagt Sedika Weingärtner mit ihren Anwälten vorm Arbeitsgericht Nürnberg wegen Mobbing. Die Einkaufsmanagerin klagt ihren Arbeitgeber Siemens an, sie systematisch vom Aufstieg im Unternehmen ausgeschlossen zu haben: zielgerichtet, hintergründig, mit Plan, Verbündeten und Stakeholdern. Das riecht nach Intrige. Aber Intrigen sind (noch) nicht justiziabel, im Gegensatz zum Mobbing. Der Prozess ist noch nicht abgeschlossen, hat aber Aussicht auf Erfolg, da ist sich die Öffentlichkeit weitgehend einig. Neu am Prozess ist die Höhe der Forderung:

Es geht um Millionen. Ja, es müsse wehtun, sagen die Anwälte, sonst ändere sich nichts. Die bisherige Orientierung an den Monatsgehältern der Klagenden bringe nichts.

Häufig ist von Intrige die Rede, wenn es sich eigentlich um Mobbing handelt. Und noch häufiger von Mobbing, wenn es um Diskriminierung geht. Mobbing ist systematische Diskriminierung: persönliche Angriffe, Demütigungen und Ausschlussversuche über einen längeren Zeitraum, nicht durch einen Einzelnen, sondern von einer Gruppe. Mobbing ist meist gefühlsdominierter als eine Intrige, nicht strategisch durchgeplant. Doch Mobbing eignet sich hervorragend als Teil einer Intrige – als ein Werkzeug und Versatzstück einer umfangreicheren Strategie. In diesem Rahmen wird es dann kombiniert mit anderen Werkzeugen wie Verunglimpfung und Bedrohung, Versetzung und Kaltstellen, Denunziation und möglicherweise auch mit physischer Gewalt.

Mobbingklagen sind häufiger geworden, seit im August 2006 das Allgemeine Gleichbehandlungsgesetz in Kraft getreten ist. Allerdings scheint trotz dieses Gesetzes Mobbing zugenommen zu haben; insbesondere im Zusammenhang mit wirtschaftlichen Krisen sehen Mobbingberatungsstellen die Zahl der Fälle ansteigen. Dies mag wahr sein; wahr ist aber auch, dass der Begriff zum Teil recht inflationär gebraucht wird. Da es viel Literatur und Ratgeber zu diesem Thema gibt, möchte ich es nur im Zusammenhang mit und in Abgrenzung zu Intrigen erwähnen.

Mobbing bezieht sich normalerweise auf Kommunikation am Arbeitsplatz, und zwar zwischen Kollegen und/oder Vorgesetzten aus einer mehr oder weniger großen Arbeitseinheit. Intrigen dagegen geschehen nicht nur innerhalb einer gemeinsamen Organisation; sie können organisationsübergreifend geplant und durchgeführt werden; die an einer Intrige Beteiligten müssen nicht unbedingt zusammen arbeiten. Es können vielmehr Vertreterinnen verschiedener Systeme sein, beispielsweise Presse und Unternehmen, Unternehmen und Verein, Verein und Berufswelt, Beruf und Privatbereich.

Mobbing ist immer eine direkte interaktive Beziehung; Intrigen dagegen können durchgeführt werden, ohne dass sich Opfer und Täter jemals begegnen – Sie erinnern sich an die Billard-Taktik, das Über-Bande-Spielen. Die Aktion läuft dann über Verbündete und Stakeholder, andere Organisationen und Unternehmen, Institutionen, die Presse etc.

Ziel von Mobbing ist der Ausschluss beziehungsweise Ausstoß aus dem Arbeitsverhältnis; das Ziel bei Intrigen ist meist weiter gefasst und bezieht sich nicht nur auf das einzelne Arbeitsverhältnis, sondern beispielsweise auf die wirtschaftliche Existenz, die gesellschaftliche Stellung, die Position am Markt etc.

Beim Mobbing sehen die meisten Definitionen eine der Beteiligten als unterlegen an; sie oder er kann sich nicht effektiv wehren, aus physischen, psychischen oder strukturellen Gründen. Das isolierte kontaktscheue Mitglied in einem Team voller Macher, die »Neue« im Betrieb, die die Strukturen nicht durchschaut, der Mann nach einem Karrierebruch, der Angst hat, rausgeworfen zu werden. Intrigen dagegen finden durchaus zwischen Gleichberechtigten statt.

Bei beiden Varianten handelt es sich nicht um ein einmaliges, singuläres Vorgehen, sondern es herrscht Wiederholung. Dabei kennzeichnet die Intrige aber nicht eine einzige Verhaltensweise, die über einen längeren Zeitraum wiederholt wird, sondern es wird eine Kette von verschiedenen Intrigenwerkzeugen eingesetzt, über einen kürzeren oder längeren Zeitraum, je nach Strategie und Ziel der Intrige.

Beim Mobbing und bei der Intrige gibt es neben dem Opfer und dem Täter weitere Beteiligte: Während die Mitmacher beim Mobbing meist nicht explizit in den Plan einbezogen wurden, sind die Verbündeten bei der Intrige in das Vorgehen eingeweiht. Eine Intrige ist strategisch, bewusst geplant, während Mobbing meist stärker »aus dem Bauch heraus« durchgeführt wird.

Selten steckt hinter Mobbing eine Intrige; aber in einer Intrige wird häufig auch gemobbt. Mobbing ist ein wichtiges Intrigenwerkzeug, wie das Beispiel der hessischen Steuerfahndung (»Von Machtwechseln und Millionen«) im Kapitel über Intrigenmotive gezeigt hat. Dies gilt auch für weitere Variationen des Mobbings, die sich nur dadurch unterscheiden, von wem und gegen wen die Handlung ausgeführt wird: Beim Bossing mobbt der Chef, Staffing geht vom Kollegen aus. Beim Chairing ist der Mitchef der Täter, während Schüler per Bashing ihre Mitschüler in die Pfanne hauen oder ihre Lehrer fertigmachen; alles das wird auf neudeutsch auch »Bullying« genannt.

Auch Stalking kann im Übrigen als Teil einer Intrige eingesetzt werden; es ist das gezielte Nachstellen und Verfolgung einer Person, die man angeblich bewundert oder liebt. Dabei verfolgt der Stalker aber nicht wie die Intrigantin einen gezielten komplexen Plan, außer vielleicht, die Gestalkte für sich zu gewinnen. Stalker lassen sich aber in Intrigen gut einsetzen, um das Opfer zu zermürben. So wurde eine politisch engagierte Frau jahrelang in einer Umweltorganisation gestalkt; das Motiv des Stalkers war vermeintliche Liebe. Die Stakeholder, Konkurrenten des Opfers, bestärkten ihn noch in seinen Vorstellungen und beobachteten so zufrieden, dass das Opfer schließlich entnervt die Organisation verließ und ihnen nicht mehr in die Quere kam. Damit wurden sie zu Intrigentätern. Inzwischen ist Stalking auch schon in der modernen Variante von Cyber-Stalking eingeführt, also mittels Mails oder Blogeinträgen, durch Senden von (montierten) Fotos oder Bestellung von Waren auf den Namen der Gestalkten etc.

Mobbing wird inzwischen auch in Auftrag gegeben: Beispielsweise von Führungskräften an die mittlere Managementebene; auch Betriebsräte können in Mobbingfälle verstrickt sein, durch bloße Untätigkeit, aus eigenem Antrieb oder auf offiziellen Auftrag, Vorwürfe, die Institutionen wie die Mobbingberatungsstelle Berlin-Brandenburg und Betroffene erheben, die aber schwer zu beweisen sind. Frau Mehler, eine gemobbte IT-Expertin, hatte den Eindruck, dass der Betriebsrat ihr nicht helfen wollte, da sie bekannt war als diejenige, »die schon wieder nervt«. Und auch im Fall Sedika Weingärtner, die gegen Siemens klagt, hat der Betriebsrat letztendlich ihre Kündigung unterschrieben. Mobbingbetroffene sollten generell vorsichtig sein, wen sie ins Vertrauen ziehen, auch gegenüber den Arbeitnehmervertretungen.

Mobbing ist in den letzten Jahren populär geworden: als Problem für Arbeitgeber, Gewerkschaften, Betriebsärztinnen und Frauenbeauftragte; Intrigen dagegen sind noch exotischer und scheinen für die Welt der Reichen und Mächtigen reserviert – ein Image, das nicht der Realität entspricht.

Was ist an der Unterscheidung »Mobbing oder Intrige« wichtig für die Betroffenen?

Das eine ist nicht grundsätzlich schlimmer als das andere, es kommt darauf an. Allerdings sind Intrigen schwerer zu erkennen, da sie hintergründiger geschehen. Dies macht sie gefährlicher. Egal ob Mobbing oder Intrige – ist das Geschehen erkannt, empfiehlt es sich auf jeden Fall, jemanden einzuschalten: die Mobbingbeauftragte oder den Coach, die Führungskraft oder die Anwältin. Aber man sollte vorher genau prüfen, wen man einbezieht. Das können zuständige Stellen sein wie auch Einzelpersonen. Vertrauen ist die erste

Voraussetzung, gesicherte Vertraulichkeit die zweite. Mobbing- wie Intrigenopfer müssen selbst entscheiden können, was die nächsten Schritte sind, ob und wie die offiziellen Stellen reagieren sollen. Die dritte Voraussetzung klingt zunächst ein wenig unlogisch: Die Vertrauensperson braucht eine gewisse Distanz. Direkt Beteiligte sind in ihrem Blick zumeist gefangen; möglicherweise haben sie eigene Interessen, die denen der Betroffenen entgegenstehen können. Das muss nicht böswillig sein – auch das Interesse an schonungsloser und sofortiger Aufklärung kann dem des Opfers an geräuschloser, möglichst schmerzfreier Lösung entgegenstehen.

Damit haben Sie nun einen Überblick über die Konstruktion von Intrigen, über die verschiedenen Werkzeuge und die Rollen im Stück. Diese sind Teil einer Inszenierung: Es gibt einen Gesamtplan, eine Strategie, einen Einsatzplan für die Werkzeuge und die Akteure – bei »guten« Intrigen jedenfalls, also gut durchdachten und ausgeführten. Gut ist eine Intrige auch nur, wenn der Intrigant geduldig ist, auf die passende Gelegenheit wartet, bis er den Plan aus der Schublade holt. Zum Schluss hilft ein Quäntchen Glück – dem Intriganten oder auch dem Opfer. »Noch mal entkommen!«, sagt man sich dann, wenn man es merkt. Aber gute Intrigen werden selten entdeckt. Nicht mal von denen, die dabei waren in einer der vielen Rollen.

## Achtung: Das Publikum spielt mit

Sie haben bisher noch keine Rolle für sich entdeckt im Intrigenstück? Völlig unbeteiligt schauen Sie zu? So mancher läuft unvorbereitet in die versteckte Kamera oder das Mitmachtheater. Was läuft da eigentlich? Und ist es gespielt oder echt? Erst zum Ende – da kommt die Enthüllung. Intrigen werden meist nicht enthüllt. Sie laufen geheim, aber doch mit Publikum. Das weiß zwar meist nicht, was gespielt wird, genießt es aber dennoch, mehr oder weniger intensiv, mehr oder weniger beteiligt.

Da gibt es diejenigen, die einfach nur zuschauen und danach so schnell wie möglich den Theatersaal verlassen wollen, um ihren Mantel zu holen. Und es gibt die, die gar nicht genug »bravo« rufen und Beifall klatschen können, bis ihnen die Hände wehtun und der Beleuchter das Licht abschaltet. Warum? Weil es ihnen gefallen hat? Weil es etwas in ihnen anspricht? Weil sie so viel für die Karte bezahlt haben oder weil die Kritik etwas von »standing ovations« schrieb, bei denen sie nicht außen vor bleiben wollen?

Über Geschmack lässt sich streiten, und im Streitfall gewinnt die Masse: Es setzt sich die publizierte Meinung durch oder die Stimmung, die im Saale herrscht.

So ist es auch draußen, im Betrieb: Ob mehr oder weniger heimlich Beifall geklatscht wird zu einer Intrige oder nicht, liegt maßgeblich am Betriebsklima und der Unternehmenskultur, bestimmt sich aus dem, was man gewohnt ist und sehen will. Die Grenzen des Erträglichen und die Grenze des guten Geschmacks variieren von daher von Branche zu Branche, von Unternehmen zu Unternehmen, teilweise von Abteilung zu Abteilung.

### Das Klima im Vertrieb

»Was hier im Vertrieb läuft, hätte ich vorher, in der zentralen Buchhaltung, nie für möglich gehalten«, klagt Frau Schneider, eine Bürokauffrau, und schüttelt noch Jahre später den Kopf – über ihre Kollegen, aber auch über sich selbst, die die Szene über Jahre beobachtete. Raus aus der eher abgeschlossenen Zelle der Zahlen und Belege wechselte sie in die Vertriebsabteilung, in einen Bereich, der von Publikum und Außenbeziehungen lebt, bei dem Selbstdarstellung eine unabdingbare Grundkompetenz ist und bei dem es besonders deutlich und persönlich um harte Verkaufszahlen geht – um die Zahlen, die sie vorher in der Buchhaltung staubtrocken und eher unbeteiligt bearbeitete. Ein intrigenförderliches Klima herrscht hier im Vertrieb, auch wenn es noch keine Intrige gibt.

Erst staunt Frau Schneider über die Inszenierung, dann genießt sie: die kleinen und großen Attacken, die Szenen von Selbstbehauptung und Selbstbeweihräucherung, die vielfältigen Inszenierungen des ewigen Themas »Ich bin der Größte, Beste und Erfolgreichste«. Später spürt sie den Druck, der dahintersteckt: die Zahlen, der Umsatz, die persönliche Verkaufsbilanz. Sie selbst ist eher frei davon, hat ihre feste, nicht gut, aber unabhängig von Provision bezahlte Stelle. Sie klatscht verhalten und schaut zuweilen gelangweilt, sehnt sich nach der Pause und nach mehr Beinfreiheit. Die Gags wiederholen sich, gefallen ihr nicht mehr. Aber aufstehen? Sich mitten in der Aufführung durch die Sitzreihe nach draußen drängeln? Das fällt ja auf. Das stört. So bleibt sie sitzen, bis das Stück vorbei ist, obwohl sie inzwischen vehemente Magenprobleme bekommen hat. Das Stück wird weitergespielt; der Titel: »Wir sind super, aber ich bin besser«; Untertitel: »Wie bereite ich ein intrigenförderliches Klima«.

Nach einem Jahr ist es so weit: »In dieses Theater gehe ich erst mal nicht mehr«, sagt sie sich und lässt sich krankschreiben. Im Coaching artikuliert sie dann ihre Schuldgefühle, fragt sich, ob sie etwas hätte ändern können.

Wer Intrigen inszenieren will, sollte sich ein Publikum schaffen. Denn Intrigen leben vom Publikum. Auch wenn es das Spiel nicht durchschaut, trägt es dazu bei, dass es läuft.

Man klatscht, wenn andere klatschen und wenn der Vorhang fällt – zwischen den Auf- und Abtritten und am Ende. Wie viele Vorhänge bekam das Stück? Wie oft wurde die Tür geknallt? Wie oft der Kollege beim Gang zum Chef begleitet, mit spitzen Bemerkungen und vielsagenden Blicken? Auf- und Abtritte sind wichtig für die Dynamik des Stücks wie für das Publikum. Damit es weiß, wo in der Handlung es sich befindet. Wer nun dran ist und wann der nächste Schritt stattfindet. Damit es beteiligt ist und beteiligt bleibt. Zwischen Heimlichkeit und Öffentlichkeit wird klug gewechselt. Und während alle gebannt auf den kleinen Gauner im Rampenlicht blicken, schleicht sich hinter der Bühne der Bösewicht von dannen. Während der Schelm oder Moderator vor den Vorhang tritt und das Geschehen kommentiert, wird hinter dem Vorhang die Szene umgebaut. Es muss etwas passieren auf der Bühne, es muss etwas geboten werden fürs Kommen und Bleiben. Und wer eigentlich gar nicht bleiben will, dient im Zweifelsfall als Zeuge.

Intrigenstücke im Betrieb werden so lange nicht abgesetzt, wie das Publikum nicht völlig wegbleibt oder lauthals protestiert. Bis dahin kann es recht passiv bleiben. Es sei denn, das Theater wird zum Mitmachtheater – was einigen Spaß macht und andern furchtbar peinlich ist. So wie bei Frau Kriegel, einer Werbefachfrau.

 ### Kabale und Personalpolitik
In Frau Kriegels PR-Betrieb wurde aus dem intrigenförderlichen Klima eine Intrige, und sie war beteiligt. Selbstdarstellung und Imponiergehabe waren alltäglich, hinterhältige Botschaften auch. Dass Intrigen aber Teil der Personalpolitik sein sollten,

merkte sie erst, als sie direkt einbezogen wurde. »Eines Tages rief mich der Chef und fragte mich, wie ich denn so auskäme mit Frau Meyer. Dass es ja Klagen gebe über sie. Ob ich das nicht mal in der Teamsitzung ansprechen wolle.« Frau Kriegel denkt sich erst mal nichts dabei.

»Ich blöde Kuh fühlte mich geschmeichelt«, gesteht Frau Kriegel, »und habe natürlich dann in der Teamsitzung gemeckert, erst ein paar Spitzen, über das Älterwerden, die Medienkompetenz und so, dann ganz konkret über die Performance bei der letzten Präsentation, den Auftritt von Frau Meyer auf der Konferenz.« Es war ja auch was Wahres dran; und es machte zunehmend Spaß, gesteht Frau Kriegel. »Der Chef schaute mich wohlwollend an, und die Kollegen waren froh, selbst aus der Schusslinie zu sein.« Heute ist es ihr peinlich; in der Situation selbst merkte sie nicht, dass sie Teil des Stücks war, das »Kabale und Personalpolitik« hieß.

Mitmachtheater ist meistens harmlos: eine kleine Peinlichkeit für den einen auf der Bühne, dafür aber ein großer Applaus vom Rest des Publikums, das mal wieder davongekommen ist. Wird das Theater aber zur Arena, das Schauspiel zum gefährlichen Kampf, so muss man sich entscheiden: gehen oder bleiben, aufstehen oder protestieren. Nach jedem Akt kommt ein Schnitt: Man kann sich kurz räuspern, zurechtsetzen, die Brille absetzen und Augen reiben. Die Gelegenheit, sich klarzumachen, was der Inhalt des letzten Aktes war und ob man nicht doch in der Pause geht, dann, wenn das Licht angeht und alle kurz den Saal verlassen.

»Als er mich dann bat, doch eine Protokollnotiz zu schreiben, über die Sitzung, die Kritik an meiner Kollegin, da stutzte ich, sagte ›jaja‹. Und in meinem Büro war ich dann irritiert.« Man geht an die Bar, stellt sich in die Schlange und hat Zeit zum

Nachdenken, bis man den Pausensekt in der Hand hat. Die Gelegenheit, mit der Begleitung über die Eindrücke zu reden. »Ich dachte, darüber musst du jetzt mal sprechen. Und ich fragte meinen Kollegen, was er denn meine dazu.« Der Kollege fand nichts dabei, meinte, Frau Meyer sei ja wirklich ›suboptimal‹. Aber durch das Gespräch war ihr klargeworden, welche Rolle sie spielte im Stück. Frau Kriegel ignorierte die Aufforderung zur Aktennotiz und beschloss, mit der Kollegin Meyer zu reden, passte sie ab in der U-Bahn, allein, ohne andere Kollegen. Nicht alle sind so mutig; warum auch? Man erntet ja nicht unbedingt Beifall, wenn man die Kollegen darauf aufmerksam macht, dass sie möglicherweise in der Schusslinie stehen. Zuweilen wird einem sogar unterstellt, selbst beteiligt zu sein, ein Eigeninteresse zu haben. So auch bei Frau Kriegel und ihrer Kollegin, Frau Meyer. »Sie reagierte konsterniert, was ich denn wolle, das passe mir ja sehr gut, ich hätte doch auch mitgemacht, neulich bei der Sitzung.« Frau Kriegel erntete keinen Dank, aber sie war erleichtert. Zumindest hatte sie versucht, Frau Meyer zu warnen, was ihr auch gelang. Frau Meyer kündigte bald darauf und entzog sich so weiteren personalpolitischen Taktiken. Das Betriebsklima und den Chef allerdings konnte Frau Kriegel damit nicht ändern. Die nächste Intrige wird sicher kommen.

Wenn Intrigen Teil der Personalpolitik sind, ist es schwer, als Mitarbeiter etwas dagegen zu tun, aber häufig wird es erst gar nicht versucht. Dann wissen alle davon, schauen zu oder machen sogar mit, aber reden noch nicht einmal drüber. Auch wenn mehrere Mitarbeiter gleichzeitig betroffen sind, tauschen sich ihre zuschauenden Kolleginnen selten untereinander aus in solchen Intrigenstücken. »Ich weiß gar nicht, ob meine Kollegen heute wissen, wie ich rauskatapultiert wurde, auch die nicht, denen es ähnlich ging«, fragt

sich Brigitte Ehlert, ehemalige Referentin einer Bildungs-
einrichtung, die in einem Prozess von zwei Jahren systematisch kritisiert, verunsichert und schließlich verabschiedet
wurde. Es ging nicht um sie, es ging um strukturelle Per-
sonalentscheidungen. Aber die persönliche Verletzung, die
Fragen an sich selbst, was man selbst falsch gemacht hat,
hindern die Betroffenen, das System dahinter zu sehen, sich
auszutauschen und zu solidarisieren.

Spätestens wenn das Zeichen zum Pausenende kommt,
muss man entscheiden, ob man den Mantel holt oder weiter
das Stück verfolgt. Und wenn man nicht allein gehen will,
muss man vorher mit andern darüber reden.

Das Publikum ist nicht schuld an der schlechten Aufführung. Und wer Intrigen beobachtet, kann sie noch längst
nicht verhindern. Aber obwohl Intrigen hintergründig sind
und im Verborgenen spielen, geschehen sie häufig im vollen
Rampenlicht und vor ausverkauftem Saal. Auch wer meint,
nie an einer Intrige beteiligt gewesen zu sein, kommt möglicherweise zu der Einschätzung, eine Intrige unterstützt
zu haben, im Publikum. Deshalb reden Menschen häufig
ungern über Intrigen – weil sie eine diffuse Ahnung ihrer
Mittäterschaft haben.

Frau Schneider, die Mitarbeiterin aus dem Vertrieb, tat es,
im Coaching. »Ich wollte nicht mehr reingezogen werden«,
sagte sie, reingezogen in ein intrigenförderliches Klima,
wenn auch noch nicht in eine Intrige. Nach längerer Krankheit kam sie zurück und wechselte wieder vom Vertrieb in
die Buchhaltung; nun hat sie eine Vereinbarung mit dem
Arbeitgeber, dass sie an drei Tagen von zu Hause aus arbeiten kann. So glaubt sie sich sicher davor, wieder Teil zu
werden des intriganten Betriebsklimas.

Branchen und Abteilungen, in denen Selbstdarstellung
zum Alltag, zum Geschäft gehört, sind eher anfällig für

Publikumsbeteiligung in Intrigen, solche, bei denen es um nackte Stückzahlen, hartes Material geht, weniger. Allerdings werden diese Branchen und Betriebe immer seltener. Denn auch wenn Selbstdarstellung nach außen nicht zum Job gehört – beispielsweise in der Fertigung –, dann doch nach innen; und wer sich nicht selbst darstellt, ist eben Publikum. Auch wer allein arbeitet, möglicherweise vom Homeoffice aus, kann zum Publikum werden. Dann wird das Stück schriftlich gegeben, z. B. über E-Mail-Dialoge, in Protokollen, Exposés oder PR in eigener Sache, modernem »personal branding«, Autorinnen und Leser bespielen die Bühnen und besetzen Parkett und Logen.

Auch Frau Schneider muss sich hüten, nicht wieder ins Intrigentheater reingezogen zu werden. Denn zu Hause, allein vor ihrem PC, wo der reale Büroklatsch fehlt, kann der Sog, sich am elektronischen Klatsch zu beteiligen, groß werden.

Es geht mir hier nicht um Anklage, es geht um Bewusstmachung. Keine Intrige ohne Publikum – aber nicht Publikumsbeschimpfung verbessert das Stück, sondern Publikumsbefragung. In meinen Interviews habe ich auch mit Menschen geredet, die sich genau das selbst fragten: War das bereits eine Intrige, der ich zugeschaut habe? Oder war ich nur Teil eines intrigenförderlichen Klimas? Selbst wenn sich klar sagen lässt, nein, es war keine Intrige, vielleicht nur eine Vorstufe oder die Vorbereitung einer entsprechenden Intrigenwetterlage, bleibt immer noch die Frage: War es Zuschauen oder Mitmachen? Und welche Alternativen hätte es gegeben? Darüber reden kann diese Fragen klären und mögliche Verhaltensweisen für zukünftige Situationen entwickeln helfen.

## Der Preis der Intrige: Was dich nicht kaputt macht, macht dich krank

Reden ist ein einfaches Mittel: wenn es vorbei ist, aber ebenso wenn es läuft, das belastende Geschehen. Reden ist eine Möglichkeit, sich vor den Folgen von intrigenähnlichen Erscheinungen zu schützen. Jedoch sollte man bei wirklichen Intrigen vorsichtig sein, mit wem man wie und wann redet.

Reden ist eine Form von Gesundheitsprävention, wirksam und preiswert, vielseitig anwendbar, in allen Arten von Konfliktsituationen, also auch bei Intrigen. Konflikte sind nichts Schlimmes; sie sind sogar gut, da sie Unterschiede deutlich machen, Interessen und Widersprüche klären helfen und Entwicklungen voranbringen. Konflikte aber machen krank, wenn man ihnen hilflos ausgeliefert ist. Wenn Stress und Druck zu groß erscheinen, greifen immer mehr Arbeitnehmerinnen zu Medikamenten. Mehr als jeder fünfte Arbeitnehmer gibt zu, es ab und an zu tun, um am Arbeitsplatz leistungsfähiger zu sein. Täglich greifen 400 000 bis 800 000 der erwerbstätigen Deutschen zu verschreibungspflichtigen Psychopharmaka, ohne medizinischen Grund, wie die Deutsche Angestellten-Krankenkasse in ihrem Gesundheitsreport 2009 berichtet. Dabei nehmen Männer eher Aufputsch-, Frauen dagegen Beruhigungsmittel.

Doping ist vom Sport in den Beruf gekommen. Im Sport ist es ein Skandal, im Job gilt es als Engagement. Bereit zu mehr Engagement und zu Doping sind noch wesentlich mehr: 20 Millionen Deutsche, also mehr als die Hälfte aller Arbeitnehmer, sind bereit, für den Job Medikamente zu nehmen. Und auch wenn sie selbst nicht dazu greifen: Sie empfehlen ihren Bekannten und Freunden, dies zu tun. Mehr als die Hälfte der Erwerbstätigen, die sich selbst dopen, geben an, die Empfehlung sei aus ihrem Bekannten- und Freundeskreis gekommen. Ritalin – bekannt vor allem für die Therapie von Kindern mit dem »Aufmerksamkeits- defizitsyndrom« ADHS – ist zunehmend das verordnete Kokain für Erwachsene. Andere schalten mittels Neuroen- hancern oder Antidementiva störende Affekte aus, fand die DAK in ihrer Studie heraus. Die Mittel sind die gleichen, die bei psychischen Krankheiten eingesetzt werden. Die Wir- kungen und Nebenwirkungen auf ein prinzipiell gesundes Gehirn sind aber bisher wenig untersucht. So können Psy- chopharmaka, eingenommen, um Leistungen zu steigern, zu den psychischen Krankheitsphänomenen führen, gegen die die Tabletten eigentlich entwickelt wurden. Krank und krankmachend ist die Situation – der zugrunde liegende Leistungsdruck und Leistungsanspruch. Und dieser Zu- stand fördert nicht nur Tablettenkonsum und Krankheiten, sondern auch Intrigen.

»Bevor die mich kaputt macht, mach' ich sie doch kaputt«, sagte sich Frau Wolf, eine Bankmanagerin, und meinte damit ihre Arbeit und ihre Arbeitgeberin. Nach Jahren physischen und psychischen Drucks – der Forderung nach permanen- ter und völliger Verfügbarkeit, totaler Kontrolle ihres Auftre- tens und Erscheinens, fehlenden Erholungsmöglichkeiten und immer wieder der subtilen Androhung, man könne ja auch auf sie verzichten zu Gunsten einer jüngeren Kollegin – überlegte sie, ihren Arbeitgeber, die Bank, anonym an- zuzeigen. Irgendetwas würde sich doch finden lassen. Sie recherchiert systematisch in Richtung Insider-Geschäfte, wird fündig und informiert die Staatsanwaltschaft.

Sie, eine Frau mit einem hohen Anspruch an sich selbst, ihre Arbeit und ihre Moral, konnte irgendwann ihre eigenen Ansprüche nicht mehr erfüllen. Die beruflichen Veränder- ungen waren zu groß. »Vor 20 Jahren war es Beratung, was ich machen sollte, heute heißt es knallhart Vertrieb.« Sie muss verkaufen, nicht beraten. Daran wird sie gemessen. Um den täglichen Umsatz zu schaffen, nimmt sie täglich Psychopharmaka, und zwar ohne korrekte ärztliche Verordnung.

Ob sie damit den Umsatz der Firma steigert, ist fraglich; zumindest aber steigert sie den Umsatz der Pharmaindustrie. Burn-out und Depression, Angstzustände und posttraumatisches Syndrom, alles das sind mögliche Krankheitsfolgen von jahrelangen systematischen Stresssituationen, neben den weniger dramatischen wie Schlafstörungen, Verdauungsstörungen, Rückenschmerzen, Kreislaufproblemen. Der TÜV Süd befragte im Jahr 2009 Arbeitsmedizinerinnen, was denn am Arbeitsplatz krank mache. An erster Stelle stand der Zeitdruck, dicht gefolgt von Konflikten mit Führungskräften und Kollegen, Mobbing und der Nichtanerkennung von Leistungen. Mobbing als Krankheitsursache ist inzwischen recht gut erforscht; dennoch lassen sich die Symptome noch immer schwer als direkte Folgen zuordnen. Ist es die jahrelange Belastung durch den Job oder sind es die akuten Mobbingangriffe des Kollegen? Was ist auf ungesunde Lebensführung zurückzuführen oder auf den Stress mit dem Ehemann? Bei Intrigen ist es noch schwieriger, die gesundheitlichen Folgen ursächlich auf sie zurückzuführen; denn hier kommt doch meist eine ganze Reihe konflikthafter Auseinandersetzungen zusammen, Mobbing eingeschlossen.

Man muss davon ausgehen, dass die Folgen ähnliche sind, die psychischen und physischen wie die ökonomischen. Sie variieren je nach Ausmaß der Intrige, Brutalität und Dauer, nach Zustand des Opfers und nach seiner Position. Finanziell berechnen kann man sie noch schwerer als bei Mobbing, für die Einzelperson, für den Betrieb oder gar die Gesellschaft. Konflikte kosten nach Schätzung von Unternehmensberaterinnen circa ein Jahresgehalt pro Fall – so weit allein die unmittelbaren Personalkosten für die gemobbte Person. Wird ein Konflikt als Intrige ausgetragen, so muss man allein schon bei den Krankheitskosten mit dem Vielfachen rechnen, da meist mehr Menschen darin einbezogen sind: als Mitwisser und Mittäter oder als Mitbetroffene. Mal ganz abgesehen von den Kosten eines zerstörten Betriebsklimas, des Imageverlustes nach innen wie außen.

Nicht nur Arbeitgeber sind ökonomisch durch Konfliktkosten belastet, sondern auch das staatliche Sozialsystem und damit jede einzelne Steuerzahlerin. 26,7 Milliarden Euro waren es schätzungsweise 2006 in Deutschland. Fast 40 Prozent aller Frühverrentungen gehen auf psychische Erkrankungen zurück. Auch wenn diese nicht alle Folge der Situation am Arbeitsplatz sind, ist hier eine entscheidende Ursache zu sehen.

Wen kann man haftbar machen? Wer ist schuld an der schwierigen Situation, beispielsweise der oben zitierten Bankmanagerin: der Filialleiter, der Vorstand oder der Aufsichtsrat? Das Bankenwesen, die Gesellschaft oder die Finanzkrise? Hier stehen nicht Opfer Tätern gegenüber; alle sitzen in einem Boot, nicht immer im gleichen, aber auf dem gleichen Ozean, unter gleichen globalen Wetterverhältnissen, Arbeiter wie Angestellte, Manager und Aufsichtsrätinnen. Sie greifen zu Pillen und landen in der Krankschreibung. Andere Betroffene kündigen und steigen aus, wehren sich oder schlagen selbst aktiv zu, durch anonyme Anzeigen, kriminelle Angriffe oder Intrigen. Zu selten werden strukturelle Maßnahmen ergriffen. Hierzu später und ausführlich – im Kapitel Prävention.

# In aller Kürze: Was ist nun »I«?

Intrigen sind heimtückische Machenschaften, bei denen der oder die Täter planvoll vorgehen und damit ein Ziel verfolgen: den eigenen Nutzen und/oder den Schaden eines anderen. Ein brisantes Thema, eines mit schwerwiegenden Auswirkungen für die Betroffenen. Etwas, an dem man zu kauen und zu verdauen hat. Ein Thema, das viele Emotionen auslöst.

Das habe ich selbst bemerkt während des Schreibens. »Sie schreiben über Intrigen?«, lautete die Frage, wenn ich genau dies gesagt hatte. »Ja, ich schreibe über Intrigen«, war dann meine Antwort, die kaum jemand als bloße sachliche Information nahm. »Das ist ja furchtbar!«, war häufig die Reaktion oder auch »Das ist ja spannend!«. Desinteresse kam mir nie entgegen, dafür Entsetzen oder Neugier, häufig auch ein misstrauischer Blick, begleitet von dem Satz »Sie kennen sich wohl damit aus«. Ja, ich kenne mich aus. Deshalb weiß ich, welch ungutes Thema es für viele ist, ein schweres, wäre da nicht auch gleichzeitig die Neugier, ein unbestimmtes Kribbeln im Kopf.

»Was wird denn da gespielt?« ist eine gängige Formulierung, wenn es um Intrigen geht, weniger eine Frage, eher ein Ausruf, und man hört die Empörung und Ratlosigkeit gleich mit. Intrigen sind kein Spiel – dafür sind sie zu ernst. Und sie sind es doch; ein Strategiespiel mit Gewinnern und Verlierern, bei dem es böse zugehen kann. Spiele im soziologischen Verständnis sind keinesfalls per se harmlos und unernst. Wettkampf und Glück, Illusion und Rausch – klassisch Agon und Alea, Mimicry und Illinx genannt – sind die Kategorien von Spielen in Organisationen, sagt die Organisationstheorie. Intrigen vereinen alle vier: das Sich-

Messen an anderen, das Spiel mit dem Glück, die Lust auf Verstellung und die Lust auf Rausch. Intrigen befriedigen damit gleichzeitig ganz unterschiedliche Bedürfnisse des Menschen. Das macht Intrigen nicht besser, nur attraktiver.

Spiele laufen nach mehr oder weniger festen Regeln ab. Wer ein Spiel einmal in seinen Grundregeln und Strategien durchschaut hat, wird beim nächsten Mal mehr Chancen haben, zu gewinnen oder zumindest nicht Letzte zu sein. Die Spielregeln werden zwar variiert – je nachdem, mit wem man spielt und wo –, aber jedes Spielen übt die Grundideen des Spiels ein. Also verzweifeln Sie nicht, wenn Sie ein Spiel nicht durchschauen. Beobachten Sie die anderen und üben Sie. Am besten mit Gegnern, gegen die Sie eine Chance haben.

Nein, dies ist kein Aufruf zu realen Intrigen. Denn Spiele sind nicht immer nur Spaß. Sie können blutiger Ernst sein. Gerade deshalb aber hilft es, Intrigen auch als Spiel anzusehen. So wird man ihrem wahren Charakter gerechter und kann sie besser durchschauen – eine Voraussetzung, um sie abzuwehren.

# TEIL II. INTRIGEN ABWEHREN

»Sagen Sie mir, was man tun soll bei Intrigen, was schnell wirkt und in jeder Branche, in jedem Fall«, bat mich ein Journalist für eine Karriereseite. Ich musste ihn enttäuschen. Es gibt nicht die eine immer erfolgreiche Strategie, sich gegen Intrigen zur Wehr zu setzen. Aber es gibt EINE Systematik, die immer sinnvoll ist. Wenn man sie Schritt für Schritt begeht, auch wenn's manchmal wehtut, schon zu Beginn.

Denn der Beginn liegt im eigenen Kopf.

## Das Zehn-Punkte-Programm: So klappt die Intrigen-Abwehr

»Erkenntnis ist der erste Schritt zur Besserung«, hieß es früher in der Erziehung wie in beruflichen Ratgebern. Heute lautet es moderner »Der Sieg beginnt im Kopf«; einfacher ist es dadurch nicht geworden. Denn die Voraussetzung für gelingende Intrigenabwehr ist, die gedankliche Möglichkeit zu akzeptieren, dass eine Intrige gespielt wird.

### Schritt eins: Kopfbarrieren wegräumen

Erste Kopfbarriere: der Glaube, alle Menschen seien gut oder sie könnten zumindest nicht so fies sein, wie man eigentlich derzeit annehmen muss. Man müsse Menschen nur gut sein lassen, dann seien sie es auch, meinen viele. Mag sein, dass das sogar stimmt. Aber Sie haben es nicht in der Hand, wenn diese eigentlich Guten in ihrem Gutsein gestört werden. Also rechnen Sie lieber mit Nichtgutem.

Eine zweite Barriere ist die Angst vor der Wahrheit. Sich mit der fiesen Realität auseinandersetzen zu müssen, sich gedanklich darauf einzulassen, dass man sich in der nächsten Zeit mit hässlichen Dingen herumschlagen wird, das lassen einige Menschen lieber nicht an sich herankommen.

Drittens gefallen sich Menschen manchmal als Opfer, auch als Intrigenopfer; denn dann bemitleidet man sie, steht auf ihrer Seite; sie werden interessanter und wichtiger, da schließlich nicht jeder Opfer einer Intrige ist. So richtet man sich im Kopf auf den Opferstatus ein und kommt nicht zur Abwehr.

Und viertens behindern Peinlichkeit und Scham im Kopf des Opfers möglicherweise den Erkenntnisprozess; manch ein Täter trifft einen entscheidenden Nerv beim Opfer, erkennt eine Achillesferse, die diesem so peinlich ist, dass er sie sich selbst nicht eingesteht und erst recht nicht anderen. Nicht objektive Peinlichkeit ist hier gefragt, sondern subjektive.

Wie die von Frau Schill, einer leitenden Angestellten aus der Gesundheitsbranche.

 ### Mein Chef, das Schwein

»Ich habe ein Problem mit meinem Vorgesetzten«, sagte Frau Schill am Telefon zu mir. Ob es dränge? Na ja, es sei »nichts Schwerwiegendes«. Aber sie wolle die Sache nun doch mal angehen. Gefragt, wie lange »das«, was immer es auch sei, schon andauere, erklärte sie, dieses »nicht schwerwiegende

Problem« dauere nun schon fünf Jahre und sie sei deshalb in ärztlicher und psychotherapeutischer Behandlung. In der ersten Sitzung im Coaching beschrieb sie sehr knapp und zögerlich die Situation und fragte nur: »Was meinen Sie?« Mehr wollte sie offensichtlich nicht sagen. Auf meine hartnäckigen Nachfragen ergab sich nach und nach eine umfangreiche Liste kleiner und großer Schikanen gegen sie: Sticheleien und Seitenhiebe, Übersehen und Übergehen, Kaltstellen und Kontrollieren, Vorführen vor Kolleginnen und Entziehen von Verantwortung bis hin zur Abmahnung und Androhung, »zu anderen Mitteln zu greifen«. Ein Katalog des To-do bei Intrigen. Es fiel Frau Schill sichtlich schwer, die Wahrheit auszusprechen, und es ging ihr von Minute zu Minute schlechter dabei. Dies änderte sich schlagartig, als sie die Solidarisierung ihrer Kollegen und Kolleginnen schilderte. »Die sind alle auf meiner Seite«, sagte sie erleichtert. »Und sie stehen mir täglich bei.« Ihr Netzwerk im Arbeitsalltag war dichter geworden; nun fühlte sie sich auch mit den Kolleginnen und Kollegen verbunden, mit denen sie vorher keine Sympathien geteilt hatte.

Schwierig wurde es wieder, als ich sie zum Täter befragte, ihrem Chef, der sie seit Jahren schikanierte. Er sei ein Schwein, sagten alle ihre Kollegen. Und eigentlich gebe sie ihnen auch recht, aber: »Na ja, so ist das nun mal im Haifischbecken.« Und »so richtig glauben kann ich nicht, dass er so ist«. Es hätte ihr Menschenbild ins Wanken gebracht, zumindest ihr Bild von ihrem Chef. So ertrug sie die Situation seit einigen Jahren; nichts änderte sich; keine der solidarischen Kolleginnen und Kollegen wurde aktiv; wie auch! Sie selbst hätte das Heft in die Hand nehmen müssen. Stattdessen hielt sie weiter aus, sicher aufgehoben in der Solidarität ihres Umfelds. Als eine Freundin ihr von der positiven Wirkung eines Coachings berichtete und ihr riet, es doch auch einmal zu versuchen, kam sie zu mir. Es tat ihr gut, als ich ihr zustimmte, dass sie es wirklich schwer getroffen habe. Wie auch ihre Kolleginnen ihr täglich versicherten. Doch blieb ich hier nicht stehen, sondern analysierte mit ihr zusammen die Situation, scharf und scheinbar erbarmungslos, was sie erschreckte. Als sie das Ausmaß des Geschehens glasklar vor sich sah – die verschiedenen Rollen und das Verhalten des Täters, ihr eigenes Tun und das der Stakeholder, darunter einige ihrer Kolleginnen, die sie als ihre Verbündeten angesehen hatte –, schluckte sie. Das müsse sie nun erst mal sacken lassen.

In der nächsten Sitzung gestand sie sich ein, dass sie nicht kämpfen wollte, sondern warten, »bis es vorbei ist«. Dies wären voraussichtlich noch drei Jahre – dann sollte der Chef in Pension gehen. Dieser Zeitraum des Leidens schien ihr attraktiver, als sich von ihrer Opferrolle zu verabschieden und tätig zu werden. Eine Entscheidung, die legitim ist, die sie bewusst fällte, nachdem sie sich über deren Konsequenzen klargeworden war. Unangenehme Konsequenzen, die ihr aber immer noch weniger heftig erschienen, als selbst aktiv zu werden und zu kämpfen.

Erst spät gab sie mir Einblick in ihre Achillesferse: Sie war mit ihrem Chef, dem »Schwein«, vorher zehn Jahre liiert gewesen. Nicht der Umstand per se war ihr zur Falle geworden, sondern ihre Gefühle und Bewertungen gegenüber dieser Person und ihrer Ex-Beziehung: Sie hatte keinen Anlass zu glauben, dass dieser Mann erst jetzt so fies geworden sei. War sie also zehn Jahre mit einem »Schwein« liiert gewesen? Sollte sie nun mit aller Konsequenz gegen diesen Menschen kämpfen, den sie einmal geliebt hatte? Sie hatte eine »Beißhemmung« ihm gegenüber, und es war ihr peinlich, sich ihre mögliche Fehleinschätzung des Ex-Partners einzugestehen. Der Täter wiederum kannte sie sehr gut; er ahnte zumindest, dass es ihr schwerfiel, ihn mit allen Mitteln zu bekämpfen, sich knallhart zu wehren. Er wusste, womit er sie besonders gut treffen und verletzen konnte; und er wusste zugleich, womit er sie binden konnte: mit ihrem Verantwortungsbewusstsein für die Organisation, ihrem eigenen Anspruch an ihre Arbeit und nicht zuletzt ihrer vergangenen Liebe. All diese Mechanismen machten es ihr unmöglich, auszusteigen aus der Struktur.

Nicht die Ex-Beziehung per se schafft den Angriffspunkt für einen Intriganten, sondern die Haltung dazu in Kopf und Bauch. Coaching hilft, die Situation zu analysieren und Alternativen aufzuzeigen. Den Schritt gehen muss die Betroffene selbst. Frau Schill entschied sich auszuhalten.

Wenn Sie in Ihrem Job auf Ihre Ex-Beziehung treffen, so analysieren Sie, wie diese besondere Beziehung Ihre Haltung und Erwartung an die entsprechende Person beeinflusst – egal wie lange die Beziehung zurückliegt und egal ob es alle wissen oder auch nicht. Es ist besser, die empfindliche Stelle zu kennen, um dann auf sie achten zu können. Frau Schill gelang es zwar nicht, die Beißhemmung gegenüber ihrem Chef und Ex-Partner zu verlieren; »aber beim nächsten Mann wird alles anders«, sagte sie. Sie macht sich nun die »privaten Gefühle« gegenüber ihren beruflichen Kontakten klar, egal ob es um Ex-Partner, Konkurrenten oder auch nur um gute Freundschaften geht.

Dass Intrigen Auslöser oder Anlass sind, eine Therapie zu beginnen wie bei Frau Schill, ist nicht ungewöhnlich. Denn die Geschehnisse sind häufig äußerst belastend: gesundheitlich wie emotional, strukturell wie finanziell. Zu den möglichen physischen wie psychischen Krankheitsfolgen kommen häufig noch weitere Belastungen wie durch den Bruch des Arbeitsverhältnisses oder bei Unternehmern den Verlust der eigenen Firma. »Drei Jahre Therapie habe ich gebraucht«, erzählt ein Unternehmer, Ingo Bäumer, Miteigentümer des väterlichen Unternehmens und Opfer einer Intrige. Nicht genug: Er verließ das Land, die Familie, machte Schulden und kämpft bis heute um sein Recht, mit Anwälten. »Ich musste einfach fliehen«, sagt er. »Aber heute muss ich kämpfen, auch wenn es dadurch immer noch nicht vorbei ist.« Wann der Prozess entschieden sein wird, ist völlig unklar. Herrn Bäumer wird die Intrige begleiten – möglicherweise über den Tod hinaus. Denn auch seine Kinder werden sich mit den Erbschaftsfragen auseinandersetzen müssen.

Auch wenn Ihr Intrigenfall emotional nicht so schwerwiegend ist, fällt es Ihnen möglicherweise schwer, den ersten Schritt zur Intrigenabwehr zu tun. Denn Barrieren im Kopf sind häufig sehr stabil; sie sind über lange Jahre entstanden und haben oder hatten auch ihre Berechtigung. Sie haben sich häufig bewährt – in der Vergangenheit. Überlegen Sie, was Ihre Glaubenssätze sind. Sie beginnen häufig mit Formeln wie »man sollte« oder »man sollte nie«, »ich bin« oder »ich kann überhaupt nicht«. Selbstcoachingbücher und Seminare können weiterhelfen, Glaubenssätze aufzuspüren. Wenn die Kraft oder die Zeit fehlt, sie dann abzuräumen, kann es auch reichen, sie vorläufig zur Seite zu schieben. Einige Menschen machen gute Erfahrungen damit, die hinderlichen Glaubenssätze aufzuschreiben und demonstrativ in eine Schublade zu legen – für die Zeit der konkreten Intrigenabwehr. In jedem Fall muss man Kopfbarrieren ins Auge fassen, sie als Einschränkung der eigenen Handlungsmöglichkeiten sehen. Dann lässt sich der nächste Schritt in die Abwehr gehen – an den Kopfbarrieren vorbei.

Die weitere Schrittabfolge ist ein Grundgerüst bei der Intrigenabwehr. Man kann sie variieren, aber man sollte keinen der Schritte vergessen.

## Schritt 2: Das Ziel ins Auge fassen

Ohne konkretes, eigenes Ziel keine Abwehr. Dabei müssen Ziele attraktiv sein, um erreichbar zu werden – eine wirksame Weisheit bei jeder Zielverfolgung. »Müssen« allein reicht nicht aus; es muss ein »Wollen« dazukommen. Bei der Intrigenabwehr scheint das Ziel so deutlich, die Abwendung der Not so drängend und damit per se schon attraktiv. Aber dies ist nicht unbedingt der Fall.

Herr Kurth, Techniker in einem großen Versorgungsunternehmen, wurde von seinem Vorgesetzten systematisch herausgedrängt. Und seine unmittelbaren Kollegen machten mit. Er sei zu langsam, mache zu viele Fehler, die die anderen dann ausbaden müssten, er sei eben zu alt. Tatsächlich gehörte er zu den Ältesten im Betrieb. Nachdem er ein Jahr erfolglos versucht hatte, den Vorwürfen entgegenzutreten und »noch besser« zu arbeiten, kam er ins Coaching, vom Arbeitgeber bezahlt. Als er erkannte, dass es nicht an seiner Arbeitsfähigkeit lag, sondern eine Intrige der Hintergrund war, gab er auf. Und nahm das Angebot des Auflösungsvertrags an. Wäre es ihm wichtig gewesen, bis zur Rente in diesem Unternehmen zu bleiben, hätte er wohl gekämpft. Aber er spielte schon länger mit dem Gedanken, in den letzten Berufsjahren flexibler und freier zu arbeiten. Nun prüfte er die Möglichkeiten, mit Werkverträgen als »Freier« bei den ihm bekannten Unternehmen einzusteigen.

Ohne wirkliches Interesse, ein tragfähiges Motiv, werden Sie die Intrigenabwehr nicht durchstehen. Denn sie bedeutet Arbeit und auch möglicherweise Verluste. Wäre es den Griechen nicht so überaus wichtig gewesen, Troja zu erobern, wären sie abgezogen und hätten sich viele Tote erspart.

Wenn die Aussicht Ihnen attraktiv erscheint, durch die Intrige Ihren Arbeitsplatz mit einer guten Abfindung verlassen zu können, werden Sie die Intrigenarbeit nicht effektiv leisten können. Auch wenn Sie noch so deutlich erkennen, dass Ihnen Unrecht angetan wird. Deshalb: Finden Sie heraus, was Sie wirklich wollen. Reflexionsfragen wie »Wie möchte ich in zehn Jahren leben?« oder »Wenn ich drei Wünsche frei hätte, was würde ich der Fee sagen?« können hier helfen.

### Schritt 3: Genau hingucken – Analyse der Konfliktsituation

Was überhaupt passiert gerade? Ein Intrigen-Tagebuch kann helfen, den Durchblick zu gewinnen. Dabei hält man sich ganz bewusst an die journalistischen W-Fragen: Wer hat was zu wem gesagt, was getan? Wann und wo und wie? Wer war dabei? Sichern Sie in Ihrem eigenen Interesse das Material: beispielsweise die beleidigenden Mails, Briefe, Protokolle und sonstigen Unterlagen. Damit helfen Sie Ihrem Gedächtnis auf die Spur und haben für später Beweise parat.

Machen Sie in Ihrer Analyse einen Schritt in die Vergangenheit, die letzten zwei, drei Wochen oder Monate. Wie sah die Konfliktsituation vorher aus – eine Woche vorher, einen Monat oder vielleicht ein Jahr? Gab es damals bereits Anzeichen, die auf den heutigen Verlauf hindeuteten?

Kontinuierliche Notizen helfen auch, wenn Sie später möglicherweise juristisch dagegen vorgehen wollen. Zum Beispiel weil eine Kündigung läuft oder weil Sie sich überlegen, jemanden wegen Beleidigung anzuzeigen, oder weil Sie sich offenhalten, die Frauenbeauftragte, die Gewerkschaft oder einen Anwalt einzuschalten. Wer vorausschauend vorgehen will, kann solche Notizen bereits führen, bevor es zur Intrige kommt: Ein Konflikt- oder Jobbuch, eine Bilanzkladde mit Einträgen einmal pro Woche beispielsweise ist nicht aufwendig, aber effektiv.

Nach dem Wer, Was, Wann, Wo und Wie stellen Sie sich die Warum-Frage. Motive liegen meist in der Vergangenheit. Wenn man gedanklich nicht weit zurückgehen kann – weil man neu ist in der Firma oder man zu wenig weiß über den möglichen Intriganten –, hilft es, die Phantasie zu aktivieren: mit einem Brainstorming oder dem Stöbern in der Opernliteratur und ihrem Motivfundus der Jahrhunderte. Oder gönnen Sie sich einen ›Live-Abend‹ mit den Protagonisten der vielen Intrigenstücke: im Schauspielhaus oder vor dem Fernseher bei einer der modernen Serien. Versuchen Sie einfach mal, jede Figur durch eine Person Ihres Umfeldes zu ersetzen: Wer könnte der betrügerische Liebhaber sein, wer der Schwiegervater, der sich einen anderen Ehemann für seine Tochter wünscht, wer die Kupplerin und die verstoßene Ehefrau? Wo liegt in Ihrem Fall das scheinbar zufällig abgeworfene Taschentuch? Auch wenn Sie so nicht das eigentliche Motiv (in Ihrer eigenen Intrige) herausfinden – Opern sind da meist einfacher strukturiert als die Wirklichkeit –, können Sie so nebenbei Intrigenkompetenz erwerben.

Was im Coaching systematisch mit Hilfe einer Opernparallelitätenanalyse (OPA®) geschieht, können Sie im Hausgebrauch mit Ihrem Wissen über Opern abgleichen. Im Anhang finden Sie ein paar Paradebeispiele, oder lassen Sie sich einfach von Ihrer Lieblingsoper inspirieren. Sie haben auch dann noch keine Idee? Es hilft nicht, sich das Hirn zu zermartern oder archäologische Studien über die Grundlagen der Firma und ihrer Politik anzustellen. Betrachten Sie den Blick in die Vergangenheit als ein unterstützendes Opernglas: Man schaut immer mal wieder durch und legt es wieder zur Seite; so bekommen Sie eine Idee, ob hinter den Geschehnissen eine Intrige stecken könnte oder ob es sich um eine zufällige Verkettung von Ereignissen handelt. Schauen Sie dabei so weit zurück, wie es Ihnen nötig und möglich erscheint; aber hüten Sie sich davor, Ihren Blick in der Vergangenheit stehen zu lassen und das Hier und Heute nicht mehr zu beobachten.

Schauen Sie auch um sich herum, auf das Umfeld. Ein Intrigant kommt selten allein. Also: Wie reagieren die anderen und was passiert noch? Wer hat mit wem telefoniert, und wer hat mit wem welche Art von Beziehung? Und vergessen Sie nicht, hinter sich zu schauen. Dafür tritt man am besten einen Schritt zurück und schaut sich das Ganze aus der Distanz an. Steigen Sie virtuell in einen Helikopter und erheben Sie sich über die Szene.

Intuition ist dabei ausdrücklich erlaubt: ein spontanes Gefühl, angeregt durch Ihre aktuelle Wahrnehmung, Ihre Erfahrungen der Vergangenheit und Ihr bisheriges Wissen. Spontan fühlen, genau beobachten und klar analysieren: Die eine Ebene beflügelt und überprüft die andere.


Schritt 4: Cool bleiben

Auch wenn die Not groß ist, handeln Sie nicht sofort und keinesfalls spontan. Lassen Sie sich nicht von Ihren Gefühlen zu schnellen Aktionen hinreißen – erst recht nicht in schriftlicher Form! Die Auswirkungen von emotionsgeladenen Mails, die dann abgeschickt (und von anderen Interessierten weiterverschickt) werden, sind enorm. Wut und Angst sind kein guter Ratgeber. Um es mit der chinesischen Kriegstechnik zu sagen: »Wenn dein Feind ausgeruht ist, warte mit dem Angriff, bis er müde wird.« Wenn Sie ausflippen, dann ganz gezielt – im Zuge des Gegenangriffs. Das aber ist Intrigentechnik für Fortgeschrittene.

Bis dahin gilt es, zu lernen: Erst die eigenen Gefühle bewusst wahrzunehmen, sie benennen zu können, sie einzuordnen, um dann bewusst entscheiden zu können, was davon Sie wie, wo und wann öffentlich machen. Emotionsmanagement ist die Devise. Wohl gemerkt ist dies keine Anleitung zum allgemeinen Umgang mit Gefühlen, sondern eine bei drohender Gefahr, für Intrigensituationen.

Techniken zum Coolbleiben sind das gute alte Bis-zehn-Zählen und Erst-mal-Durchatmen. Distanz schafft es auch, gedanklich »auf den Balkon« zu gehen oder in einen Helikopter zu steigen. Alles dies muss erprobt und geübt werden und vor allem zu Ihnen passen. Also suchen und versuchen Sie, womit Sie selbst bei sich Erfolg haben. Alle diese Techniken können Sie natürlich auch im Privatleben ausprobieren – wenn ihre pubertierende Tochter oder ihr alternder Vater mal wieder unerträglich sind.

## Schritt 5: Material auswerten – ein Intrigogramm® hilft

Dieser Schritt ist sorgfältig getrennt von der Beobachtung zu gehen – also bitte nicht gleichzeitig sehen, bewerten und handeln. Wenn Sie einen Überblick über die konkreten Geschehnisse haben – häufig können Verbündete dabei helfen –, fragen Sie sich: Wer spielt mit? Wer könnte welche Rolle haben? Welches Motiv hat der (vermutete) Intrigant? Wer könnten seine Verbündeten sein? Was haben diese Verbündeten möglicherweise davon? Wer sind Stakeholder, also Interessentinnen, die eine Aktie im Spiel haben?

Vergessen Sie nicht das Material der Vergangenheit. Gab es einen wichtigen Konflikt im Vorfeld? Stellen Sie Hypothesen auf und halten Sie diese fest. Und blicken Sie dabei ruhig über den Tellerrand Ihres kleinen beruflichen Biotops – wie Kalchas, der sich von der Natur inspirieren ließ, als er das Trojanische Pferd entwickelte.

Hilfreich ist es, eine Topographie des Geschehens festzuhalten, zu visualisieren. Schachfiguren oder Legosteine, die Starwars-Figuren Ihrer Kinder oder die Knöpfe aus dem Nähkasten Ihrer Großmutter können helfen, den Überblick zu bekommen. Überblick verschafft ein Intrigogramm®, wie es der folgende Fall zeigt:

Frau Schmidthusen, eine Marketingexpertin, kam ins Coaching, weil sie beruflich nicht vorwärtskam. Sie fühlte sich »irgendwie rausgedrängt«, konnte aber nicht näher beschreiben, von wem, warum und wie. In der ersten Coa-

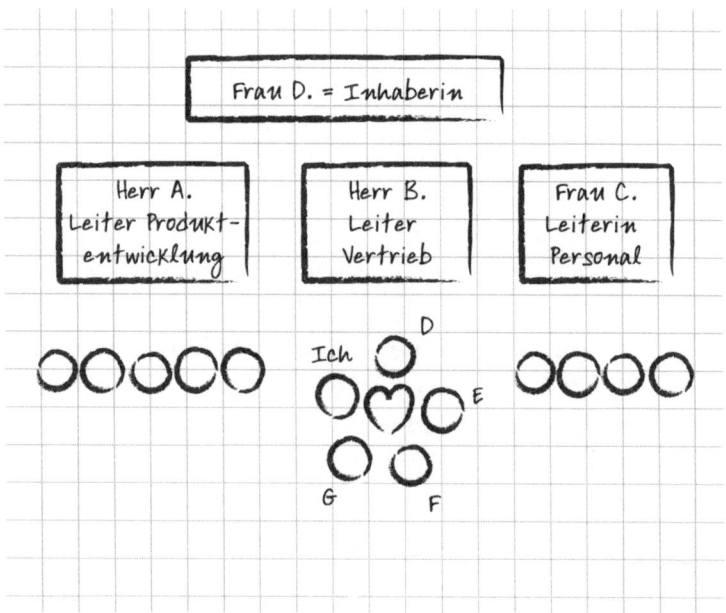

Abb. 1: Intrigogramm »IT-consult«; Frau Schmidthusen, 1. Sitzung

chingsitzung malte sie ein persönliches Organigramm ihrer Firma – persönlich, weil es um ihre subjektive Sicht ging. Neben der Firmeninhaberin, Frau D., führte sie den Leiter der Produktentwicklung, Herrn A., und Frau C., die Leiterin der Personalentwicklung, auf. Die jeweiligen Mitarbeiter der Abteilung blieben namenlos – »unwichtig«, kommentierte sie. Ihr eigenes Team, die Vertriebsabteilung, war sich untereinander unterschiedslos zugetan – symbolisiert durch ein Herz in der Mitte des Kreises der fünf KollegInnen.

Ich bat sie, sich zu Hause doch mal ihr eigenes Team näher anzugucken. Frau Schmidthusen kramte ihre Knopf- und Nähkiste hervor und erstellte ein Knopf-Intrigogramm. Es blieb bei fünf gleichen KollegInnen der Abteilung Ver-

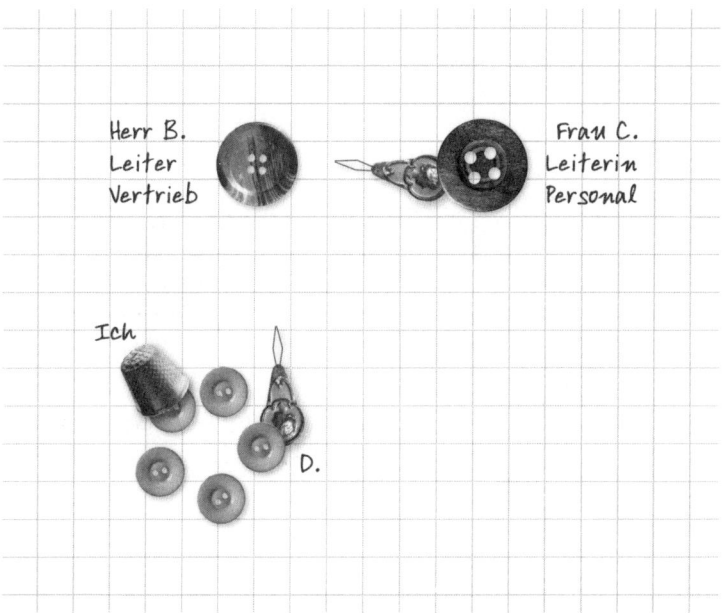

Abb. 2: Intrigogramm »Vertrieb«; Frau Schmidthusen, zu Hause nach der 1. Sitzung

trieb. Sich selbst gab sie zusätzlich einen Fingerhut – »Ich muss mich schützen!«, kommentierte sie. Ihr Kollege D. hatte einen guten Draht nach oben, dies symbolisierte sie durch einen Nadeleinfädler, gerichtet auf die obere Führungsebene. Herr B. und Frau C., die obere Führungsebene, bekamen jeweils einen größeren Knopf und Frau C. zusätzlich einen Nadeleinfädler. »Das kam mir so spontan«, sagte sie. »Ich glaube, da wird was gemauschelt.«

Wir schauten gemeinsam genauer hin. Am Ende der zweiten Sitzung hatte sich das Gefüge entscheidend geändert. Frau Schmidthusens Team war nicht mehr ein sich liebender Kreis, sondern sie selbst stand als kleines Knöpflein am Rande mit ihren positiven Gefühlen zu den KollegInnen. Ihr Kollege D. war gewachsen und stand in

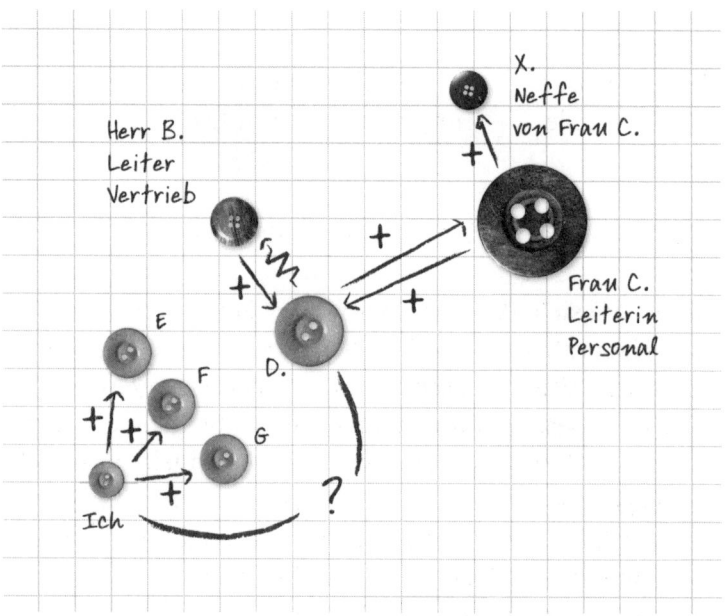

Abb. 3: Intrigogramm »Vertrieb«; Frau Schmidthusen, 2. Sitzung

108

enger positiver Verbindung zu Frau C., der Leiterin der Personalabteilung, die inzwischen eskortiert wurde von X., ihrem Neffen. Frau Schmidthusen erinnerte sich, dass es das Gerücht gab, Frau C. wolle einen Vertrauten in die Vertriebsabteilung einschleusen. Nachdem sie ihre eigene Knopfkomposition erstellt und immer wieder hin und her geschoben hatte, wurde Frau Schmidthusen schlagartig klar, dass nicht B., der Leiter der Vertriebsabteilung, ihr potentieller Verbündeter war, sondern D., ihr Kollege. Ob sie selbst diejenige war, die durch den Neffen ersetzt werden sollte, oder gar Herr B., ihr Vorgesetzter, wusste sie nicht. Auch hielt sie es für möglich, dass für X. eine zusätzliche Stelle geschaffen werden sollte. Aber ihr war ihre eigene schwache und isolierte Stellung in ihrer Abteilung deutlich geworden. Daran wollte sie arbeiten. Und dabei ein Auge haben auf D., ihren Kollegen.

Weitere Hinweise zum Erstellen eines Intrigogramms® finden Sie im kleinen Intrigenkoffer im Anhang.


## Schritt 6: Eine Entscheidung fällen

Wollen Sie sich wehren? Oder wollen, können Sie die Sache auf sich beruhen lassen? Was haben Sie zu verlieren, was zu gewinnen? Was kann schlimmstenfalls passieren, wenn Sie nichts tun, was schlimmstenfalls, wenn Sie handeln? Auch wenn es sich wirklich um eine Intrige handelt: Man sollte nur gegen sie vorgehen, wenn man dazu entschlossen ist und sorgfältig die Risiken und die Anstrengung abgewogen hat. »Aber das ist doch eine Schweinerei« und »das ist doch ungerecht« – sagen Sie sich. Klar, aber nicht jede Schweinerei und jedes Unrecht lassen sich beheben; nicht jede böse

Tat kann man ahnden und strafen. Und wenn man es kann und tut, sind die negativen Folgen damit noch lange nicht aus der Welt. Sie sind nicht die Staatsanwaltschaft und nicht das Jüngste Gericht. Und der Verbrecher, den Sie ins Gefängnis bringen, wird Sie möglicherweise verfolgen, wenn er wieder rauskommt. Solche Geschichten schreiben Krimiautorinnen, aber auch die Realität des Wirtschaftslebens. Ich will Sie nicht ins Bockshorn jagen oder Ihnen abraten, sondern Sie auffordern, sich das Vorgehen vorher genau zu überlegen.

Möglicherweise entscheiden Sie sich auch dazu, die Sache abzugeben, selbst wenn Sie meinen, Experte zu sein. »Ich hätte sofort die Staatsanwaltschaft informieren sollen, statt zu versuchen, die Sache selbst zu klären«, sagte Herr Schneider, ein Anwalt. Gegen ihn als Vorsitzenden eines Standesverbands war eine Intrige geführt worden mit scharfen Instrumenten bis hin zum Wahlbetrug. Lange dachte er, er könne erst einmal selbst die Sache in die Hand nehmen – auch um den Verband nicht ins Gerede zu bringen. Er könne die Sache ja immer noch übergeben. Dabei hatte er die Dynamik und seine eigene Verstrickung unterschätzt und scheiterte an der Intrige. Mit der zeitlichen Distanz einiger Jahre kommt er zu dem Schluss, er hätte sofort eine Entscheidung fällen und die Sache abgeben sollen, an die Staatsanwaltschaft.

Zur klaren Entscheidungsfindung helfen Pro- und Contra-Listen oder erst mal mit der einen, dann mit der anderen Möglichkeit provisorisch zu leben (und zu schauen, wie sich das anfühlt). Eine gute Methode sind auch Gespräche mit einem »Advocatus diaboli«, der immer das Gegenteil dessen vertritt, was Sie gerade meinen. Wenn Sie sich dennoch nicht entscheiden können, so würfeln Sie besser, als dass Sie halbherzig vorgehen.

## Schritt 7: Verbündete suchen

Wer könnte auf Ihrer Seite stehen, und wie kommen Sie darauf? Liegt hier konkretes Handeln zugrunde, oder ist es nur eine Vermutung? Was könnte das Motiv möglicher Verbündeter sein, Sie zu unterstützen?

Jede Verbündete braucht ein Motiv, einen Anreiz zur Unterstützung. Egal was es ist: Es muss nur stark genug sein, auch mögliche Angriffe, Zweifel und andere attraktive Angebote auszuhalten. Ein Anreiz muss keinesfalls eine Belohnung sein, die Sie Ihrem Verbündeten geben, versprechen oder indirekt in Aussicht stellen. Der Anreiz kann auch in inneren Beweggründen liegen: »das Gute« wie Freundschaft oder auch »das Böse« wie Rache und Vergeltung; auch schlicht die Lust am (ernsten) Spiel kann es sein. Es sollten aber keine Interessen sein, die Ihren möglicherweise entgegenstehen können. Deshalb Vorsicht, wenn Verbündete mit starken Emotionen argumentieren! Ihre Verbündete, die nun ihrem Exgatten mittels Ihrer Intrige nebenbei selbst eins auswischen will, entwickelt im Verlaufe des Geschehens möglicherweise doch wieder positive Gefühle zu ihm. Verteilen Sie Rollen unter Ihren Verbündeten. Nicht jeder ist zum Kämpfer geeignet, nicht jede zur Schauspielerin. Manche Menschen können besonders genau beobachten, andere sind gut im Zuspruchgeben, in der Motivation. Und einige sind Ausputzer, die man überall und immer einsetzen kann. Bereden Sie dies mit Ihren Verbündeten.

Verbündete brauchen Vertrauen – ein gegenseitiges Vertrauen. Wo dies in Frage steht, kann man versuchen, die Sache zu klären, bevor man sich für andere Verbündete entscheidet.

Frau Fischer, Abteilungsleiterin in einem IT-Unternehmen, setzte bei der Abwehr der Intrige auf Frau Teichel, mit der sie schon seit vielen Jahren befreundet war. Allerdings hatte sich ihre Freundschaft abgekühlt, seit Frau Teichel ihr bezüglich der Bewertung eines Prüfauftrags in den Rücken gefallen war. Es lag bereits zwei Jahre zurück und war ohne Konsequenzen für Frau Fischer verlaufen. Trotzdem war es wichtig, dass Frau Fischer diese Sache noch einmal ansprach, damit sie den Eindruck hatte, sich wirklich auf Frau Teichel verlassen zu können.

Verbündete können auch offizielle Stellen sein: der Betriebsrat, die Frauenbeauftragte, die Betriebsärztin. Sie sind es quasi in ihrer offiziellen Funktion. Aber auch hier ist natürlich Vertrauen notwendig. Denn auch hinter offiziellen Stellen stecken Menschen; und die haben eben auch Eigeninteressen und eigene Schwachstellen.

Und zum Vertrauen gehört auch Vertraulichkeit. Die gilt es, insbesondere bei offiziellen Anlaufstellen, zu überprüfen; denn hier stehen manchmal Dienstanweisung und konkreter Wunsch des Hilfesuchenden gegeneinander. Wenn Sie keine vertrauensvollen Verbündeten innerhalb des Betriebes finden, so setzen Sie auf externe: Anwältinnen, Coaches, Beratungsstellen.


Schritt 8: Entscheidung überprüfen

Noch können Sie zurück. Revidieren Sie möglicherweise Ihren Plan. Ergänzen Sie ihn. Was macht Ihre eigene Achillesferse, ist sie noch belastbar genug? Ist Ihr Ziel immer noch attraktiv? Gibt es noch andere, vielleicht bessere Möglichkeiten? Können Sie das, was Sie beobachtet haben, zumindest in Teilen belegen? Dies spielt besonders eine Rolle, wenn Sie sich offiziell zur Wehr setzen wollen, also mit einer Beschwerde beim Arbeitgeber oder juristisch.

Es ist kein Makel, eine Gegenwehr wieder abzublasen: weil der Zeitpunkt schlecht ist, Sie gerade keine Energie dazu haben, Ihre sonstigen Pläne sich geändert haben, beispielsweise die privaten. Besser zum Rückzug pfeifen, als sich und Ihre Verbündeten in einem Plan zu verheizen, hinter dem Sie (zurzeit) nicht stehen können.

Auch wenn Sie sich letztlich gegen die Intrigenabwehr entscheiden, müssen Sie sich nicht das Heft des guten Ausstiegs aus der Hand nehmen lassen.

Ein ehemals prominenter Politiker, der bereits im ersten Kapitel vorgestellte Herr Albert, fiel einer Intrige zum Opfer, an der auch Menschen aus seiner eigenen Partei zumindest als Stakeholder beteiligt waren. Erst versuchte er noch, sich zu wehren; als aber die Presse als Stakeholder hinzukam, gestand er seine Niederlage ein. Dennoch ließ er sich Art und Weise und Zeitpunkt seines Rücktritts nicht aus der Hand nehmen. Er ging zum selbst gewählten Zeitpunkt vor die Presse und vereitelte damit seinen Widersachern die Inszenierung, die diese sich gewünscht hatten. »Zumindest das wollte ich mir nicht nehmen lassen«, sagt er Jahre später, immer noch verbittert, aber froh über seine eigene Inszenierung.

## Schritt 9: Den Plan umsetzen

Nach einer Entscheidung ist Konsequenz nötig – in der Umsetzung. Halten Sie sich an Ihren Plan. Wenn Sie ihn ändern, dann tun Sie dies bewusst; informieren Sie Ihre Verbündeten über Ihre Überlegungen und beziehen Sie sie ein. Lassen Sie Ihre Mitstreiter nicht gegen die Wand laufen oder sich für eine Sache abkämpfen, die Sie selbst schon längst aufgegeben haben. Denn Ihre Verbündeten investieren Zeit, Energie und gehen möglicherweise auch ein Risiko ein: zumindest das Risiko, auf der »falschen Seite« zu stehen. Deshalb sollten Sie deren Vorbehalte ernst nehmen, sie durchdiskutieren. Wenn Sie Ihre Verbündeten nicht überzeugen können, so müssen Sie sich andere suchen. Versuchen Sie aber zumindest, sie zum Stillhalten zu bewegen.

Jeder Plan muss eine gewisse Flexibilität beinhalten. Wenn sich die Situation ändert, muss es die Möglichkeit geben, anders zu handeln als geplant. Ein Plan B, wenn der ursprüngliche Plan sich zerschlägt, ist immer gut; zudem fördert er das strategische Denken.

Auch wenn Ihr ursprünglicher Plan »wie geschmiert« läuft und umgesetzt ist, heißt es, weiterhin aufmerksam zu sein, nach allen Seiten. Es ist wie auf Ihrem täglichen Weg zur Arbeit, den Sie quasi schon automatisch fahren: Er erfordert Konzentration, sonst wird es gefährlich.


Schritt 10: Sich stärken

Wie Intrigen Arbeit machen, so macht auch die Abwehr von Intrigen Arbeit. Achten Sie darauf, dass es Ihnen weiterhin gutgeht und suchen Sie Entlastung und Unterstützung. Weihen Sie eine Kollegin ein, der Sie vertrauen, damit Sie Verständnis hat, wenn möglicherweise Arbeit liegen oder an ihr hängen bleibt. Auch wenn sie Ihnen keine Arbeit abnehmen kann, so sollte sie zumindest Verständnis haben. Es wäre fatal, wenn Sie nun auch noch von dieser Seite mit Schwierigkeiten rechnen müssten.

Nehmen Sie sich wenn möglich zwischendrin einen Tag Urlaub. Sorgen Sie dafür, dass Sie sich immer wieder entspannen können. Gerade in Krisenzeiten muss das Sport-

und Unterhaltungsprogramm weiterlaufen, auch wenn es schwerfällt.

Natürlich ist auch Ihr privates Umfeld zur Stärkung wichtig. Ihre Kinder sollten zumindest wissen, dass Sie Stress haben und deshalb manchmal geistig und körperlich abwesend, gereizt, traurig oder schlecht gelaunt sind. Ihre Partnerin oder Partner, nahe Freundinnen, die die Geschichte bereits kennen und sich oft genug Ihr Klagen angehört haben, sollten wissen, dass Sie nun aktiv werden. Sie müssen nicht mit Ihnen einer Meinung sein; aber sie sollten Sie solidarisch stützen.

Wenn Ihr Umfeld meint, Sie sollten besser anders handeln oder »sich nicht so anstellen«, das sei ja »nun mal im Job so«, versuchen Sie, Ihre Position zu erläutern. Wenn Sie sie dennoch nicht überzeugen, fordern Sie Stillhalten und Nicht-Meckern ein.

Und immer wieder: Steigen Sie in Ihren virtuellen Helikopter und schauen sich das Ganze von oben aus an; verfolgen Sie, was auf Grund Ihrer Entscheidungen passiert.

Odysseus hatte seine Handlanger. Die Handwerker handwerkten, die Strategen entwarfen Strategien; der Schauspieler übte schon mal seinen Part. Es ist nicht überliefert, was Odysseus zwischendurch tat. Möglicherweise setzte er sich vor sein Zelt und spielte eine Partie Schach. Oder er ging auf den nächsten Hügel und ließ seinen Blick schweifen, über die Landschaft, den Himmel und den Horizont. Nicht angestrengt und aufs Detail konzentriert wie seine Späher; sondern wie jemand, der selbst den Überblick behalten muss und ab und an Distanz gewinnt.

## Zum Beispiel Troja:
## Was wäre gewesen, wenn ...

Apropos Distanz: Im ersten Kapitel hatte ich Ihnen die Intrige ums Trojanische Pferd bereits geschildert und die Frage gestellt, ob sie möglicherweise hätte verhindert werden können. Haben Sie darüber nachgedacht? Mögliche Ansätze hätte es einige gegeben. Fangen wir beim Intrigenziel an: Hätte jemand den Griechen statt Troja etwas anderes angeboten, so wären sie womöglich umgedreht, sofern man sie ihr Gesicht hätte wahren lassen. Wäre ein Konkurrenzkampf zwischen Odysseus und Athene entbrannt – Sie erinnern sich; wer letztlich die Strategie hatte, ist geschichtlich nicht geklärt –, so wäre die Geschichte nicht so glatt gelaufen. So weit die Ansätze, die unabhängig von den Trojanern möglich gewesen wären – auf Seiten der Griechen im Vorfeld des Angriffs.

Die Trojaner auf der anderen Seite müssen einen kriegerischen Angriff der Griechen mit Odysseus als bekanntem Anführer relativ früh vorhergesehen haben. Spätestens als die Belagerung einige Zeit erfolglos lief, mussten sie damit rechnen, dass die Griechen zu einem nicht klassisch-kriegerischen Mittel griffen, eben zu einer List. Nehmen wir an, die Trojaner waren in diesem Sinn vorbereitet. Dann wäre ein Ansatzpunkt für eine Gegenintrige der Intrigant Odysseus gewesen, als Oberintrigenschmied: Hätte er sich von Gefühlen hinreißen lassen, von Wut und Verzweiflung oder auch Liebe und Eifersucht gegenüber Athene, so hätte er nicht den nötigen kühlen Kopf bewahrt. Wie konnte man ihn dazu bringen? Eine mögliche Achillesferse des Odysseus könnte eine unerfüllte Liebe gewesen sein – eine damals wie heute verbreitete Schwachstelle, die sicher auf der gedanklichen Intrigenwerkzeugliste der Trojaner stand. So hätten sie ihm eine überaus schöne, kluge und strategisch denkende Frau schicken können, die ihn verwirrt und von seinem Plan abgelenkt oder gar in einen Hinterhalt gelockt hätte und damit den Angriff gegen Troja führerlos gemacht hätte.

Unterstellen wir den Trojanern noch etwas mehr Intrigen-kompetenz; nehmen wir an, sie haben ein Intrigogramm® gemacht und die Helfer der Griechen als Schwachpunkt erkannt: Hätte man die Handwerker zu einer Meuterei aufwiegeln können – für einen höheren Lohn, bessere Arbeitsbedingungen etc. –, so wären die Vorbereitungen für das hölzerne Pferd, das Schlagen von Bäumen, das Bohren, Sägen und Konstruieren an der Pferdeattrappe zumindest verzögert worden. Vielleicht hätten die Trojaner sie auch abwerben können, etwa mit besseren Arbeitsbedingungen. Genauso wie Sinon, den Schauspieler, der als angeblich menschliches Opfertier die Trojaner von der Brutalität der Griechen überzeugen sollte. Er war ein Stakeholder der Intrige; Ruhm und Belohnung wurden ihm versprochen, sollte es klappen. Was, wenn man ihn hätte verunsichern können, ob das Versprechen wirklich galt und es nicht allein Odysseus gewesen wäre, der dann im Falle des Sieges den Ruhm eingestrichen hätte? Selbst als das Pferd, das zentrale Intrigenwerkzeug, bereits hinter den Stadtmauern direkt auf dem zentralen Platz stand, hätte man die Intrige noch platzen lassen können; denn hier kamen nachweislich reale Emotionen ins Spiel: Helena ahnte die Intrige und rief vor dem Pferd stehend die Namen einiger ihr bekannter grie-chischer Soldaten, unter anderen den ihres Exmannes. Hätte sie sich mit anderen Frauen zusammengetan, die gleichzei-tig die Namen ihrer Geliebten riefen, hätte Odysseus nicht genügend Hände gehabt, um allen Männern im Versteck den Mund zur Antwort zuzuhalten. Allein: niemand kam auf die Idee, zumindest ist es nicht überliefert.

Entscheidend für das Gelingen der Intrige war auch, dass die Vision der Griechen, Troja zu übernehmen, stark genug war, um all die Strapazen und Widrigkeiten auszuhalten. Sie hatten eine harte Zeit hinter sich, Projektplanung und -vorbereitung hatten viel Stress verursacht. Aber ihre Stärke reichte aus, auch noch die Projektdurchführung durchzustehen. Anders als die Trojaner, die bereits arg geschwächt waren, obwohl sie ja nur ausgeharrt hatten in ihrer Stadt. Hier muss etwas falschgelaufen sein in ihrer allgemeinen Konstitutionserhaltung – eine schlechte Intrigenprävention. Auch verfügten sie offensichtlich nicht über Seilschaften hinein ins feindliche Lager; sonst hätten sie Doppelagenten oder »agents provocateurs« einschleusen können. Einige Ansätze zur Intrigenabwehr hätte es somit wohl gegeben.

Wie es mit der möglichen Intrigenprävention aussah, ob die Trojaner sich schon länger hätten auf Intrigen vorbereiten können, ist eine Frage für das dritte Kapitel. Denken Sie schon mal drüber nach. Auf jeden Fall waren nicht nur die Strategien entscheidend gewesen, sondern auch die Stärken der Akteure, ihre Ressourcen.

## Langer Atem: Die Frage der Ressourcen

Sich in der direkten Bedrohungssituation zu stärken fällt schwer. Deshalb ist es wichtig, kontinuierlich vorzuarbeiten, sich seiner Stärken immer wieder bewusst zu werden und sie auszubauen. Hilfreich ist hier eine Methode, die zur Analyse von Unternehmen eingesetzt wird und aus der Organisationsentwicklung kommt, die SWOT-Analyse; SWOT ist ein Akronym für strengths, weaknesses, opportunities und threats, die Analyse ein Schema, mit dem sich Stärken und Schwächen, Chancen und Risiken auflisten lassen.

Machen Sie sich für jede dieser vier Kategorien eine Liste, in die Sie alles, was Ihnen zu sich einfällt, einordnen. Vorsicht! Verbleiben Sie nicht bei den Schwächen und Bedrohungen. Richten Sie vor allem einen Blick auf Ihre Stärken und Chancen. So kommt man raus aus der Opferrolle und entwickelt einen guten Überblick über das eigene Arsenal an Werkzeugen und Waffen, Vorräten und günstigen Umständen.

Und überlegen Sie auch »quer«: Ist eine Schwäche möglicherweise auch eine Stärke? Welches Risiko eine Chance?

### Doppelte Leitung im Krankenhaus

Frau Walter ist stellvertretende Medizinische Leiterin eines Krankenhauses. Als der Leiter längere Zeit durch Krankheit abwesend ist, muss sie mit dem Kaufmännischen Leiter zusammenarbeiten, einem Mann, den sie nicht mag, ein Unsympath findet sie, »dick, doof und dreist«. Ihre Ablehnung ist ganz gegenseitig. Ihren Gegenspieler stört vor allem, dass sie, die Frau, nun das Sagen hat. Sie ist zwar nicht formal die Vorgesetzte, beide bilden die Leitung; aber das Image einer medizinischen Leitung empfindet er als höherrangig, seine Position als eine der Schwäche: Sie hat studiert, er nicht; sie kam schon als stellvertretende Leiterin ins Haus, er war mühsam intern aufgestiegen. Sie ist für »Leben und Tod« zuständig, er für Geld und Geräte. Umgekehrt sieht Frau Walter dies als seine Stärken und ihre eigenen Schwächen: Er kennt den Laden über Jahrzehnte; er entscheidet über das Material. Er sitzt am längeren Geldhebel. Und er ist der Mann.

Beide hätten in einer SWOT-Analyse etliche Schwächen auch als Stärken notieren können – sowohl bei sich als auch beim Gegner. Ihnen fallen nicht viele Stärken und Schwächen, Chancen und Risiken zu Ihrer Situation ein? Sie wissen gar nicht, wo Sie suchen sollen? Suchen Sie in jeder der vier Kategorien jeweils nach Faktoren, die erstens Ihre Persönlichkeit betreffen, zweitens Unpersönliches, also eher die Strukturen, und drittens solche, die aus der Beziehungsebene herrühren. Diese Einteilung kommt aus der Mobbingforschung, die so das SWOT-Schema ergänzt. Damit Sie eine Idee bekommen, was dies alles sein könnte, im Folgenden ein paar Hilfsfragen.

- **Erstens:** Dem Faktor der Persönlichkeit oder Personalität kommen Sie durch folgende Fragen auf die Spur: Welche persönlichen Kompetenzen, Fach-, Methoden- und Sozialkompetenz haben Sie? Welche Erfahrungen, beruflich wie privat? Auch Variablen wie Geschlecht und Aussehen, Gesundheit, die eigene vielleicht schillernde oder spannende Biographie spielen eine Rolle, ebenso eine mögliche finanzielle Unabhängigkeit und Mobilität. Hinzu kommt der sogenannte Charakter – die Persönlichkeit oder das Verhalten. Geduld kann eine wichtige persönliche Eigenschaft in Intrigen sein. »Setz dich an den Fluss und warte, bis die Leiche deines Feindes vorüberschwimmt«, lautet ein Indianersprichwort. Warten können, wenn warten möglicherweise das Problem löst. Nur sollte man vorher abklären, ob der Feind überhaupt an diesem Fluss wohnt oder ob er möglicherweise Flüsse konsequent meidet. Sprich: überprüfen, ob die eigene Geduld in diesem Fall eine Ressource oder eine Schwäche ist.
- **Zweitens:** Hinter dem Unpersönlichen, den Strukturen oder der Apersonalität verbirgt sich im Wesentlichen das Arbeitsverhältnis selbst. Welche strategische Position habe

ich? Bin ich unkündbar oder welche sonstigen arbeitsvertraglichen Garantien gibt es für mich? Welche formalen (besonderen) Rechte wie beispielsweise Prokura? Wie ist die Unternehmenskultur? Wie stark ist der Betriebsrat? Wie ist meine betriebliche Leistungsbilanz, und wie wird sie gesehen, von Vorgesetzen, Kunden, in meiner Personalakte? Wie sieht meine Position auf dem Arbeitsmarkt aus und wie stehe ich finanziell da? Was habe ich an formalen Mitgliedschaften, in Vereinen, der Gewerkschaft etc.? Gibt es zu meinem Fall bereits Präzedenzfälle oder vergleichbare Medienkampagnen? Wie steht die Firma insgesamt in den Medien?

- **Beim dritten Faktor,** der Interpersonalität, geht es um die Beziehungen: Wie ist meine Stellung in Netzwerken? Habe ich eine gute Verbindung zum Netzwerkknoten, bin ich selbst der Knoten? Gibt es Selbsthilfegruppen? Welche Position habe ich in der betrieblichen Gruppe, im Zusammenspiel von Fraktionen und Lagern? Wo kann ich Feedback bekommen? Was ist mein Titel, mein Status? Habe ich Mentorinnen innerhalb des Betriebes?

Frau Walter, die stellvertretende Medizinische Leiterin, listet unter den persönlichen Faktoren ihre Ausbildungen und ihr Fachwissen, ihre Lebenserfahrung und Durchsetzungsfähigkeit auf, unter den strukturellen ihre Position als stellvertretende Leiterin, ihre arbeitsrechtlichen Rechte und besonderen Privilegien und unter den Beziehungen ihr Netzwerk in der Klinik. Alle analysiert sie nach Stärken und Schwächen, Gelegenheiten und Risiken. Die Krankheit des Leiters beispielsweise ist für sie einerseits die Gelegenheit, sich zu erproben, Flagge zu zeigen, ihre Position auszubauen, andererseits aber auch die besondere Gefahrensituation, da sie so den Kaufmännischen Leiter besonders provoziert. Für den Kaufmännischen Leiter

bedeutet dies einerseits das Risiko, mit ihr direkt aneinander-
zugeraten und dadurch einen Fehler zu machen, andererseits
kann er seine Macht ihr gegenüber wunderbar ausspielen,
solange der Medizinische Leiter nicht als Puffer dazwischen-
steht.

Eine Intrigen-SWOT, eine erweiterte SWOT-Analyse mit
speziellem Anliegen, machen Sie als Erstes für sich selbst,
danach möglichst auch für den Gegner, bevor Sie Bilanz ziehen: Wo hat er was, was ich nicht habe, was aber in dieser
Situation wichtig ist? Wo bin ich ihm überlegen? Was folgt
daraus für die Intrige und ihre Abwehr? Wenn Sie nicht sicher sind, wer der Gegner ist, so machen Sie sie für die Person, die Sie vermuten. Auch wenn Sie hiermit falsch liegen,
schult es immerhin Ihre Analysefähigkeit und stärkt Sie damit in der Abwehr.

Nicht nur, dass Sie Ihre möglichen Achillesfersen, die
Gefahrenzonen um Sie herum im Blick haben. Durch die
SWOT-Analyse verfügen Sie auch über eine Aufstellung
Ihrer Ressourcen. Es ist eine Art Inventarliste, was Sie »auf
Lager« haben, in Ihrer Person, im Betrieb und den Umstän-
den, in Ihren Beziehungen.

Sie sollten bei Ihren weiteren Überlegungen dann unterscheiden zwischen erneuerbaren und nichterneuerbaren
Ressourcen, damit Sie Ihren persönlichen Verbrauch an
Gütern steuern können. Ihre Gesundheit ist endlich – einmal verbraucht, ist sie sehr schwer zu erneuern. Ihr Geld
dagegen ist auch endlich, kann aber eher wiederhergestellt
werden. Auch der Pflegebedarf Ihrer Ressourcen ist unterschiedlich: Ein Netzwerk von Freunden und Verbündeten
ist eher pflegeintensiv, ein einmal erworbenes Diplom
pflegeleicht. Entscheiden Sie, in welche der Ressourcen
Sie Ihre beschränkte Energie und Zeit investieren. Sind die

Ressourcen eigene oder fremde? Haben Sie selbst die Verfügung über die Ressourcen der anderen, beispielsweise den Zugang zum Know-how Ihres Lebenspartners? Können Sie einfach Verfügung über die Kontakte Ihres Nachbarn bekommen?

Frau Walter erkennt durch ihre Intrigen-SWOT, dass sie im Krankenhaus wenige Unterstützer hat. Die Krankenschwestern stehen mehrheitlich auf Seiten des Medizinischen Leiters. Sie müsste hier mittelfristig an ihrem Netzwerk arbeiten. Dazu hat sie aber gerade keine Zeit, und der reguläre Medizinische Leiter kommt ja bald wieder. So schützt sie sich zumindest, indem sie sich etwas Gutes tut und regelmäßig zur Massage geht. »Da kann ich mich einfach hinlegen, versorgen lassen und muss selbst nichts tun.«

Genau wie Frau Walter entwickeln Sie aus dieser erweiterten SWOT-Analyse eine Strategie zum Umgang mit der aktuellen Konfliktsituation, ebenso Überlegungen für die Zukunft nach der Intrige. Die Zukunft des Betriebes ist allerdings Chefinnensache: Auch wenn Sie selbst nicht in einer Intrige stecken, aber Chefin sind, sollten Sie sich Gedanken um die Zeit nach der Intrige machen. Und selbst wenn Ihr Betrieb noch nicht von Intrigen durchzogen ist, kann eine Intrigen-SWOT hilfreich sein. Sie dient dann zur Inventarisierung von Ressourcen, die bisher verhindert haben, dass Intrigen ausbrechen, und die man deshalb in Zukunft erhalten und verstärken sollte.

Frau Walter beschließt, mit dem Medizinischen Leiter einmal zu reden, wenn er wieder gesund ist. Nicht, um über den kaufmännischen Leiter herzuziehen, nein, ganz grundsätzlich will sie einmal anregen, ob man sich nicht im Krankenhaus über ein Konfliktmanagementsystem Gedanken machen müsste.

Beruhigend zu wissen, dass es keinen Automatismus gibt: Auch wenn alle Faktoren der Analyse auf Alarm stehen, muss es noch nicht zu Intrigen im Betrieb kommen. Intrigen sind zwar verbreitet, aber nicht der betriebliche Normalfall. So wie soziale Systeme Immunmechanismen entwickeln, um eine Ausbreitung von Mobbing einzudämmen, so gibt es in Organisationen Immunmechanismen gegen Intrigen. Dazu gehören eine gute Fehler- und Konfliktkultur sowie Transparenz und Mitbestimmung; mehr dazu finden Sie im Kapitel Prävention. Machen Sie sich klar, was Ihre eigenen Immunmechanismen und die Ihres Betriebes sind. Das hilft, sie wertzuschätzen und gut auf sie zu achten. Denn auch gute Immunsysteme sollte man nicht überstrapazieren, sondern pflegen und stärken.

## Intrigenabwehr: Ein gelungenes Beispiel

Anfänglich ging es nur um eine überforderte Chefin und eine kluge Mitarbeiterin.

Sabine Bringer ist Personalreferentin in einem süddeutschen Versorgungsunternehmen; sie hat einiges an Freiräumen auf ihrer Stabsstelle. Sie ist korrekt und hat einen hohen Anspruch an sich und ihre Arbeit. Deshalb fuchst es sie sehr, dass ihre Vorgesetzte ihre eigene Arbeit liegen lässt und bei der Erfassung ihrer Dienstzeiten offensichtlich unkorrekt ist. Frau Bringer leidet darunter. Sie, die gern korrekt arbeitet, ist abhängig von den Anweisungen und Entscheidungen ihrer Chefin, die diese aber nicht in der nötigen Form erteilt. Als sie – wie einige andere in ihrer Abteilung – mitbekommt, dass ihre Chefin nicht nur schlampig arbeitet, sondern an der Grenze des Betrugs laviert, spricht sie sie darauf an. »Ich habe ihr einfach unter vier Augen gesagt, dass vermutet werde, dass sie in ihrer Arbeitszeit zu wesentlichen Teilen einer anderen Tätigkeit nachgehe und hierfür Betriebsmittel in nicht unrelevantem Ausmaß in Anspruch nehme.« Sabine Bringer wählt die Strategie der Direktheit. Dabei ist sie wie immer dennoch vorsichtig und äußerst korrekt; so drückt sie sich aus, gegenüber ihrer Chefin und jetzt im Gespräch. Die Chefin ist gewarnt und schlägt zurück, denn sie weiß, dass diese korrekte und kluge Mitarbeiterin ihr zum Problem werden kann. Sie muss sie loswerden, um sich selbst zu schützen – und dabei möglichst vielen anderen vorführen, was passieren kann, wenn man sie bedroht.

Und hier wird aus dem persönlichen Fehlverhalten die Intrige. Die Chefin weiß, dass sie Frau Bringer schwer eines Fehlers überführen kann. Dazu ist diese zu korrekt und pflichtbewusst. Doch genau das ist ihre Achillesferse. So überhäuft die Chefin Frau Bringer mit Arbeit: Aufgaben, die sie nicht erfüllen kann, weil ihr die Kapazitäten und Kompetenzen dazu fehlen und klare betriebliche Prioritäten. Ob die Chefin direkte Verbündete hat, weiß Frau Bringer auch heute noch nicht. Auf jeden Fall hatte sie eine große strukturelle Verbündete: die Führungskultur. Unter den Führungskräften war es üblich, Verantwortung für unerfüllbare Unternehmensziele abzugeben – Ziele, die von »ganz oben«, der Unternehmensleitung, kamen. Mehr Dienstleistungsangebote machen und Personal abbauen beispielsweise war ein solches unerfüllbares Unternehmensziel. Es wurde eine Zwischenführungsebene eingezogen, an die dann die Verantwortung weitergegeben wurde. »Man ließ sie zwei, drei Jahre ackern, und dann wurden sie abgeschossen, da sie die Ziele nicht erfüllten«, beschreibt Frau Bringer die Kultur. Sie hat einige Kollegen in den letzten Jahren so gehen sehen. Die Chefin versucht also, diese Führungskultur an

Frau Bringer umzusetzen. Diese arbeitet zwar effizient und mehr, als sie müsste. Aber auch sie hat Grenzen. Und die sind bereits überschritten. Zusätzlich greift die Chefin zu den vielen fiesen kleinen Machtmethoden aus den verschiedenen Kategorien von Intrigenwerkzeugen: Entzug von Informationen durch »Vergessen« in Verteilern, psychische Gewalt durch ständiges Kritisieren, gern in Gegenwart von Kollegen, Anspielungen, sie sei wohl noch »angeschlagen« durch eine Krankheit, also das Streuen von Gerüchten, Drohung mit Abmahnung. Frau Bringers Kollegen schauen zu; sie haben Angst, selbst zur Zielscheibe zu werden. So werden sie unbewusst zu Stakeholdern der Chefin.

Sabine Bringer weiß, dass sie von ihnen keine Unterstützung erwarten kann; auch gibt es im Unternehmen keine Ansprechstelle, der sie vertraut und wo sie Vertraulichkeit gewährleistet sieht; sie wendet sich an eine externe Anwältin. Diese berät sie nicht nur über ihre rechtlichen Möglichkeiten. Sie entwerfen gemeinsam verschiedene Strategien. Sabine Bringer entscheidet sich für eine Doppelstrategie: den Angriff abwehren und gleichzeitig zurückschlagen. Dies soll sie schützen und gleichzeitig ihr Gerechtigkeitsgefühl befriedigen. Frau Bringer fordert nun ihre Chefin, verlangt klare Prioritäten, Arbeitsmittel und Kapazitäten und meldet korrekt zurück, warum sie welche Aufgaben in welcher Zeit nicht erledigen konnte und was sie bräuchte, um die Arbeitsanforderungen zu erfüllen. »Ich spiegelte ihr, was sie, die Chefin, alles machen müsste und nicht machte.« Das ärgert und bedroht diese natürlich umso mehr; sie verstärkt die Maßnahmen gegen Frau Bringer. »Es ging mir nicht gut in der Zeit. Ich brauchte einen langen Atem«, erzählt sie. Frau Bringer wendet sich an den Vorgesetzten über ihrer Chefin, wohl wissend, dass sie in ihm schwerlich einen aktiven Verbündeten finden wird. Genügend Beweise für das

Fehlverhalten ihrer Chefin hat sie nicht. »Ich habe sie nicht angeschwärzt. Ich habe nur gesagt, dass ich froh sei, wenn mir neue Projekte zugewiesen würden, und zwar gern auch außerhalb der direkten Vorgesetztenlinie und außerhalb der Betriebsräume.« So verfährt sie ein ganzes Jahr; sie arbeitet vor allem außerhalb und geht ihrer Chefin aus dem Weg. Ein direktes, offenes Gespräch ist in der Unternehmenskultur nicht üblich. Der Vorgesetzte hat aber den Wink verstanden und behält die Chefin im Auge. Ein Jahr später geht diese – freiwillig heißt es. Aber jeder weiß, dass dies nicht der Fall ist; denn der neue Job ist finanziell und inhaltlich wesentlich schlechter als der alte. Frau Bringer weiß nicht, inwieweit ihr Vorgehen dazu beigetragen hat, dass ihre Chefin gehen musste. Aber sie hat ihr Ziel erreicht: mit einer klugen Strategie, langem Atem und dem festen Vorsatz, sich nicht unterkriegen zu lassen. »Es ging mir nicht nur um mich, sondern ums Prinzip und um meine Kollegen. Denn es war klar, wenn ich nicht das Opfer bin, dann ist es ein anderer.« Dieses Ziel hat ihr Stärke gegeben. Doch sie weiß, dass das Problem mit dem Abgang der Chefin nicht gelöst ist, dass es jederzeit wieder passieren kann. Denn es gibt verschiedene Vorgesetzte, die auf die gleiche Art führen und die Verantwortung abschieben. Sie verfolgt ihr individuelles Präventionsprogramm und schützt sich durch permanente Aufmerksamkeit und einen guten Ausgleich. »Weniger arbeiten, mehr Freizeit und Freundschaften, andere Interessen verfolgen.« Das stärkt sie für den Job und mögliche Angriffe.

Sabine Bringer ist systematisch vorgegangen und war damit erfolgreich: Ihr Ziel, sich zu wehren und Schaden von sich abzuwenden, hat sie auch über Durststrecken nicht aus dem Blick verloren. Sie hat die Situation klar analysiert und erkannt, dass ihr interne Verbündete fehlten, weshalb sie sich Unterstützung von außen suchte. Sie ging planvoll vor und ließ sich nicht zu emotionalen Gegenreaktionen verleiten. Es ist auch ihr Verdienst, dass die Täterin gehen musste. Trotzdem ist Sabine Bringer noch nicht zufrieden. »Dass meine Kollegen zugeguckt haben, das hat mich schon sehr gewurmt. Aber das liegt an den Strukturen; und die konnte ich natürlich so nicht ändern.« Wenn jeder Angst haben muss, der Nächste zu sein, traut sich niemand. »Aber einer ist immer der Blöde«, sagt Frau Bringer. So funktioniert das oft in Gruppen: Einer zieht den Schwarzen Peter – und die anderen sind erleichtert, dass sie davongekommen sind, und machen unbewusst mit. Frau Bringer will nicht bei ihrer persönlichen Geschichte stehenbleiben. Sie wünscht sich eine interne Ansprechstelle für Konflikte und eine Fehlerkultur, die es auch Vorgesetzten ermöglicht, einzugestehen, wenn sie überfordert sind. Es geht um nachhaltige Prävention (siehe Teil III).

Ob eine gute Fehlerkultur Sabine Bringers Chefin davor bewahrt hätte, zu betrügen und zur Intrigantin zu werden, ist offen. Neben der Organisationskultur sind es immer auch persönliche Merkmale, die Intrigantentum begünstigen. Eine vertrauenswürdige interne Ansprechstelle für Konflikte hätte ein früheres Eingreifen ermöglicht. So schritt die nächsthöhere Chefebene erst spät ein – nachdem Frau Bringer sie diplomatisch, aber direkt darauf gestoßen hatte. Ihre Maßnahme war eine rein personenzentrierte: der Ausschluss einer einzelnen Vorgesetzten.

Die Führungskultur und -architektur wurde nicht angetastet, das stand auch nicht in ihrer Macht. Der komplette Austausch des Vorstands durch die mehrmaligen Neuwahlen der letzten Jahre hatte nach Meinung von Frau Bringer mit den neuen Personen die neue Führungskultur gebracht. Diese ist natürlich nicht in einem Unternehmensleitbild verankert, wohl aber in den Köpfen.

Frau Bringer ist gut aus der Intrige herausgekommen. Sie wird die strukturellen Fehler, die sie analysiert hat, angehen. Die Unternehmensstruktur kann sie nicht ändern; das weiß sie. Aber sie arbeitet an einem Konfliktinterventionssystem. »Ich habe noch fünf Jahre, bevor ich in Rente gehe. Ich weiß, was ich bis dahin noch bewegen kann und was nicht.« Daran arbeitet sie, Schritt für Schritt. Dicke Bretter bohren ist nicht nur ein Muss in der Politik, sondern auch in der Wirtschaft.

## Blick ins Waffenarsenal: Welche Abwehr zu welchem Angriff?

Mein Projekt Intrigendatenbank – die systematische Darstellung von Tätern und Opfern, Verbündeten und Stakeholdern – sollte ursprünglich natürlich auch die verschiedenen Werkzeuge beinhalten. Ich wollte daraus eine übersichtliche und umfassende Tabelle machen: links die lange, möglichst vollständige Liste der Intrigenwerkzeuge, geordnet nach Kategorien, rechts die passenden Abwehrstrategien, jeweils verschiedene zur Auswahl, gekennzeichnet mit Kriterien, was unter welchen Bedingungen die optimale ist. Doch was die beste Abwehrmethode ist, hängt nicht nur von der Intrige ab, sondern auch von der jeweiligen Situation und den handelnden Personen. Instrumente und Vorgehen der Abwehr müssen zur Intrige passen und vor allem zur Person der Abwehrenden; sonst sind sie nicht wirksam. Was nützt es zu wissen, was »man« am besten tun sollte, wenn Sie es selbst nicht übers Herz bringen? Klar, man kann vieles lernen: Rhetorik und Präsentation, Moderation und Mediation, und auch Intrigenabwehr. Aber immer bleibt der persönliche Faktor erhalten, entwickelt sich ein persönlicher Stil, der nur dann wirksam und überzeugend ist: für den Handelnden wie für das Umfeld.

Frau Bringer hat die Strategie der direkten Ansprache gewählt; dies entsprach ihrem Naturell: keine direkte Konfrontation wie beispielsweise »Ich zeige Sie an«, aber auch keine Flucht oder passives Erdulden und Abwarten, wie ihre Kollegen. Die Strategie der Gegenintrige lag ihr nicht. Auch fehlten ihr dazu die nötigen internen Verbündeten.

Intrige, Abwehr und Person müssen zusammenpassen – und das alles muss sich auch noch gut in die Gesamtstrategie fügen. Das klingt kompliziert und hilft Ihnen nicht weiter? Seien Sie unbesorgt: Sie werden mit etwas Übung sicher immer besser werden.

Anfänglich hilft es, auf die Prioritäten zu schauen, die je nach Angriff unterschiedlich sind. So steht bei der Kategorie der physischen Gewalt sicherlich als Erstes der Sicherheitsaspekt im Vordergrund. Wenn Scheiben eingeworfen, Reifen zerstochen oder Autos zerkratzt werden, werden Sie anders reagieren, als wenn jemand einen abfälligen Witz über Sie macht. Sofortige Sicherheitsmaßnahmen haben Vorrang vor allen Abwehrstrategien, und zwar unmittelbar. Wenn es an die eigene körperliche Unversehrtheit geht, wenn Sie oder Ihr Umfeld körperlich bedroht werden, müssen Sie unmittelbar reagieren und sich schützen. Strategische Überlegungen kommen erst danach. Wie schnell man zu welchen Maßnahmen greifen sollte, ist auch eine Frage der Persönlichkeit. Sicherheitsmaßnahmen von Alarmanlage bis Wachschutz können das Gefühl von Unsicherheit reduzieren oder auch erhöhen; die eigene tägliche Bedrohung rückt hierdurch permanent ins Bewusstsein. Dennoch: Spätestens sobald die Gewalt strafrechtlich relevant ist, sollte man aktiv werden und sich auch schützen lassen. Betrieblicher Wachschutz und auch die Polizei sind hier zuständig und entlasten Sie selbst, wenn nötig.

Auch bei psychischer Gewalt, der zweiten Werkzeugkategorie, steht der Schutz an erster Stelle. Denn auch sie gefährdet die körperliche Unversehrtheit, wenn sie massiv oder über einen längeren Zeitraum auftritt. Was aber »massiv« bedeutet, hängt auch von der Person des Opfers ab. Während einige bereits Sticheleien als unerträglich empfinden, stecken andere öffentliche Demütigungen mehr oder weniger leicht weg. Schwer und bedrohlich ist also immer das, was Sie selbst als schwer und bedrohlich empfinden. Nur Sie selbst können dies beurteilen. Schmerzgrenzen sind individuell, nicht nur beim Zahnarzt. Das gilt auch für das persönliche Sicherheitsgefühl: Während einige Menschen ohne Versicherung sicher leben, haben andere sich rundum versichert. Während einige auf Ablenkung und Verdrängung setzen, haben andere mit Entspannung und körperlichem Ausagieren Erfolg oder suchen sich eine Anwältin, Coach oder Therapeutin.

Ein Rundumsorglospaket gegen Schikanen und Intrigen gibt es nicht. Es gibt Alarmanlagen wie das Konflikttagebuch, und es gibt die Möglichkeit, sich eine möglichst schikanenresistente Umgebung zu suchen. Dazu gehört die bewusste Auswahl eines Arbeitsplatzes. Neben dem Gehalt und den Kompetenzen sollten Sie die Strukturen und das Konfliktklima prüfen. Das Organigramm bietet Hinweise auf mögliche unklare Verantwortungsstrukturen und Sandwichpositionen. Gibt es eine Betriebsvereinbarung zu Mobbing und Konflikten oder sogar ein Konfliktmanagementsystem? Warum hat Ihre Vorgängerin gekündigt? Was erzählt man in der Branche über den Betrieb? Wenn Sie trotz Ihrer Recherchen in einen intrigenschwangeren Betrieb, eine schikanöse Umgebung kommen, sollten Sie prüfen, ob Ihnen Gehalt und Position den Preis wert sind. Beobachten, Material auswerten, Entscheidung treffen und Entscheidung umsetzen sind Schritte, die auch im Vorfeld von Intrigen notwendig sind. Und verabschieden Sie sich von dem Glaubenssatz »Ich bin allmächtig« oder »Mich kriegt man nicht klein«.

Frau Bringer ist hart im Nehmen. Dennoch hat sie die Notbremse gezogen, als ihr klar wurde, dass ihre Gesundheit angegriffen ist. Sie hat ihre Strategie ein ganzes Jahr lang durchgehalten, auch auf Grund ihrer persönlichen Ressourcen: Sie steht fast am Ende ihres Berufslebens und hat bereits viele Konflikte durchgestanden. Und dennoch hat sie sich Hilfe geholt: eine Anwältin, die sie rechtlich wie strategisch beraten hat.

Eine Kategorie von Intrigenwerkzeugen ist ihr erspart geblieben: Falsches Lob, Ehre und Bewunderung. »Damit hätte ich auch wirkliche Schwierigkeiten gehabt«, gesteht sie.

Dabei scheint es ja fast harmlos, wenn nur Belohnungen und Ehrungen abgewehrt werden müssen, die dritte Werkzeugkategorie. Wer aber jemals Opfer von Stalking war, weiß, wie kräftezehrend und übergriffig Päckchen und Pralinen, große Blumensträuße und kleine Aufmerksamkeiten zu allen Zeiten und an allen Orten, unbemerkt hinterlassen oder auffällig öffentlich übergeben, sein können. Stalking ist inzwischen strafrechtlich relevant; Belohnungen und Geschenke sind es aber nicht, auch wenn sie noch so häufig und lästig, peinlich oder peinigend werden. Qualifizierte Intrigentäter kennen ihre Opfer; sie wissen genau, was diese freut und was sie stört, was sie verletzt, demütigt und wirksam angreift. Im betrieblichen Umfeld kann der per Kurier überbrachte Strauß Rosen das Gerücht untermauern, dass es einen Geliebten gibt, oder die Einladung zu einem Wellnesswochenende mit dem Geschäftspartner den Vorwurf der Korruption. Offene und öffentliche Belobigungen, Auszeichnungen und Empfehlungsbriefe, Solidaritätsbekundungen von falscher Seite oder das Wegloben auf eine anscheinend höhere, aber doch unattraktivere Stelle sind äußerst wirksame Werkzeuge. Diese abzulehnen oder nicht anzunehmen ist häufig nicht möglich. Abwehr kann die Wirkung noch verstärken. Oft ist es das kleinere Übel, das Lob anzunehmen und davon abzulenken, beispielsweise in dem man ein anderes Lob weitergibt, an einen Dritten. Dies kann ja durchaus ein ehrliches sein, eines, das man vielleicht zu diesem Zeitpunkt sonst nicht so demonstrativ gegeben hätte, das aber nun neben der Wertschätzung auch eine Ablenkungsfunktion hat.

Lob ist ein mächtiges Machtinstrument: Wer lobt, erwartet Leistung und sagt über sich selbst: »Ich weiß, was gut ist.« Wer lobt, beansprucht für sich das Interpretationsmonopol und erhöht sich selbst.

Natürlich ist Lob gut; es wirkt nachweisbar wie starke psychoaktive Stimulanzien, erhöht die Konzentration und das Denktempo. An anderer Stelle würde ich das Lob lobpreisen. Im Zusammenhang mit Intrigen aber muss ich auf seine Gefährlichkeit hinweisen.

»Den der Neider schwärzen will, pflegt er gern vorher zu loben«, meinte Friedrich Freiherr von Logau, ein Schriftsteller des 17. Jahrhunderts. Von daher: Seien Sie vorsichtig, wenn Sie unvermittelt und unerwartet, unverhältnismäßig und scheinbar unmotiviert gelobt werden. Bedanken Sie sich für das Lob – auch wenn Sie Böses dahinter vermuten. Tun Sie erfreut, und fragen Sie sich dann in Ruhe, was und wer hinter dem Lob stecken könnte. Gegen diesen möglichen Angriff entwickeln Sie dann eine Gesamtstrategie. Als direkte Sofortabwehr gegen Lob wirkt am ehesten noch das Aikidoprinzip: den Schlag weich auffangen und ins Leere leiten.

Ähnlich sieht die Abwehr bei Gerüchten aus.


## Gerüchte abwehren

»Und wie im Meere Well auf Well, so läuft's von Mund zu Munde schnell«. Friedrich Schillers Analyse des Gerüchts ist gleichzeitig ein zutreffender Hinweis auf mögliche Abwehrmaßnahmen: Das Meer können Sie nicht abstellen, den Leuten nicht den Mund verbieten. Gerüchte über Mitarbeiter oder Chefs, Konkurrenten oder Kollegen sind im beruflichen Alltag nicht ungewöhnlich, aber nicht alle sind wirklich schlimm, und nicht alle bekommt man überhaupt mit. Manchmal ist es das Beste, man nimmt sie hin wie den Wellenschlag und schwimmt nicht gegen ihn an. Aber wenn sie Teil einer Intrige sind, sollte man sie auf jeden Fall ernst nehmen.

Hilfreich ist es, die Quelle zu kennen. Denn von ihr aus kann man auf die dahinterstehenden Interessen und das Ziel der Intrige schließen. Also betreiben Sie Quellensuche: Verfolgen Sie den Verlauf des Gerüchts zurück zum Ursprung. Nutzen Sie dazu alle Ihre Sinne; denken Sie nicht nur, sondern hören Sie sich um. Fragen Sie nebenbei, so harmlos wie möglich, wo denn wohl das Gerücht herkommen mag. Bei denen, die Gerüchte verbreiten, steckt nicht unbedingt böser Wille dahinter. Deshalb werden diese Ihnen möglicherweise ohne Argwohn ihre Quelle verraten. Wenn nicht, da sie möglicherweise Schuldgefühle haben oder Angst vor den Folgen, so bauen Sie ihnen Brücken: »Ich weiß ja, es wird viel erzählt, besonders in der Vertriebsabteilung. Finden Sie nicht auch?« Ein bestätigendes Nicken oder weitere nonverbale Reaktionen können Ihnen einen Inhaltspunkt geben, ob Sie mit Ihrer Vermutung richtigliegen.

Außerdem hilft eine Interessenanalyse bei der Quellensuche: Wem nutzt das Gerücht, fernab vom Klatschwert? Kennen Sie die Quelle, so müssen Sie genau überlegen, ob Sie die Person zur Rede stellen. Was passiert, wenn Sie den Jemand konfrontieren? Funktioniert das Gerücht im Rahmen einer Intrige, so wird die Quelle, wenn sie der Intrigant selbst oder ein Verbündeter ist, das Gerücht leugnen oder herunterspielen im Sinne von »Da muss ich wohl etwas falsch verstanden haben.« Auch wenn die Quelle sich wahrscheinlich so herauszureden versucht, ist eine Konfrontation sinnvoll. Denn Sie zeigen damit, dass Sie Bescheid wissen. Damit werden die Gerüchteverbreiter möglicherweise die Falschinformation nicht oder weniger offensiv weitertragen. Konfrontation kann auch Ihrer eigenen psychischen Entlastung dienen nach dem Motto »Siehst du! So blöd bin ich nicht!«.

Die Quelle abstellen können Sie nur durch glaubwürdige Drohungen oder Versprechungen. Ist es einer Ihrer Mitarbeiter, so können Sie sagen: »Nur wenn Sie aufhören, dies über mich zu verbreiten, haben Sie eine Chance, eine Abmahnung zu umgehen.« Gegenüber einem Kollegen könnten Sie andeuten, dass Sie ihn bei der nächsten Beförderungsrunde unterstützen werden. Aber dafür müssen Sie die Ressourcen in der Hand haben oder glaubwürdig zumindest den Anschein dazu verbreiten – das fällt bei Drohungen wohl leichter als bei Versprechungen, da sie den Urheber ja eigentlich nicht auch noch belohnen wollen. Aber wenn es wichtig ist, sollten Sie auch über diesen eigenen inneren Schatten springen.

Selbst wenn es Ihnen gelingt, die Quelle abzustellen, ist damit noch lange nicht das Gerücht abgestellt, denn das ist ja im Umlauf und bahnt sich weiter seinen Weg. Auch ein Dementi von Seiten der Quelle lässt sie noch lange nicht versiegen. Und Sie als Opfer haben es schwer, die scheinbare Tatsache aus der Welt zu schaffen. Denn nicht nur die angeblichen Fakten müssen widerlegt und unwirksam gemacht werden, sondern auch die Emotionen, die mit dem Gerücht verbunden sind. Wenn die gesamte Belegschaft sich freut, dass der ach so erfolgreiche und glatte Aufsteiger auch Probleme hat – etwa Eheprobleme und finanzielle Schwierigkeiten –, so reicht es für das Gerüchteopfer nicht, die glückliche Ehefrau und das ausgeglichene Bankkonto vorzuzeigen. »Die Widerlegung der Fakten beseitigt nicht zwangsläufig die Gefühle und Eindrücke«, sagt der Gerüchteforscher Jean-Noël Kapferer. Sprich: Die Kollegen wollen weiterhin glauben, das Opfer habe Probleme.

Was also tun gegen die Gefühle und Meinungen derjenigen, die das Gerücht verbreiten? Entlarvt man die Niederträchtigkeit der Motive, so hat man gute Chancen, die anderen zu überzeugen. Wenn Sie Ihren Kollegen glaubhaft machen können: »Er will ja nur meine Stelle«, können Sie diese auf Ihre Seite ziehen. Was aber, wenn das Motiv gar nicht so niederträchtig ist? Wenn die Kollegen dem so ungetrübt erfolgreichen Kollegen gar nicht Böses wünschen, sondern es für sie einfach erleichternd ist, wenn auch andere Menschen Probleme haben? Dann lässt sich wenig dagegen machen: außer man sucht sich selbst ein eigenes anderes Problem aus und erzählt von diesem in der Hoffnung, dass es interessanter ist als das Problem, das als Gerücht im Umlauf ist: »Nein, ich habe keine finanziellen Schwierigkeiten, aber ich werde demnächst schon ein junger Opa« könnte möglicherweise passen.

Dementis wollen gut überlegt sein. Das ist wie bei Gegendarstellungen in der Presse: Die wirken meist gar nicht oder sogar verstärkend, denn sie sind eine weitere Information zu einer Information, die man eigentlich gern aus der Welt schaffen möchte. Ein Dementi von Seiten der Quelle ist glaubwürdiger, aber auch nicht unbedingt überzeugend.

Bei Gerüchten im Rahmen von Intrigen muss man sorgfältig die verschiedenen Rollen analysieren und beachten. Die Erfinderin oder der Anstifter bleibt als Quelle häufig im Verborgenen. Wenn das Gerücht dann als kleines Fließgewässer ans Tageslicht kommt und bis zu Ihnen vorgedrungen ist, scheint es häufig schon mehrere Quellen zu haben. Dann werden weitere Rollen besetzt: Die Expertin, eine Person, die als wissend und unabhängig gilt, interpretiert die Aussage der Quelle anscheinend zuverlässig und garantiert damit Plausibilität und Glaubwürdigkeit. Transporteure der Nachricht sorgen für die Verbreitung und erhöhen schon dadurch die Glaubwürdigkeit. Wenn so viele von der Sache gehört haben, muss doch etwas dran sein. Das kleine Fließgewässer wird nach und nach zum Fluss. Gelten die Transporteure selbst als seriös auf einem Gebiet, so potenziert sich der Prozess. Botschafter der Nachricht und Missionare kommen hinzu und das Gerücht wird zum unaufhaltsamen Strom; sie wollen nicht nur informieren, sondern andere überzeugen. Dies tun sie auch – ein jeder bei seiner Zielgruppe.

Nicht immer sind diese Rollen vergeben und erst recht nicht gezielt; die meisten Gerüchte werden nicht vorsätzlich, sondern fahrlässig in die Welt gesetzt. Also Vorsicht vor Verfolgungsphantasien! Und man sollte gründlich die Tragweite des Gerüchts prüfen, bevor man sich Gegenmittel überlegt.

Verleumdung ist strafrechtlich relevant. Dafür muss das Gerücht nicht nur schädlich sein, sondern vorsätzlich und in Kenntnis seiner Unrichtigkeit in die Welt gesetzt worden sein. Ist der Schaden relevant, so sollte man spätestens jetzt

Beratung suchen, rechtliche ebenso wie taktische. Denn eine rechtliche Verfolgung hebelt nicht unbedingt den zu Grunde liegenden Konflikt aus; häufig verstärkt sie zudem das schädliche Gerücht. Denn Prozesse und Ermittlungen, gebetene und ungebetene Zeugenaussagen sind beliebtes Futter für die interessierte Öffentlichkeit.

Gerüchte kann man effektiv übers Internet verbreiten, im Zuge von Cyberstalking, weil man angeblich jemanden bewundert oder liebt, oder um jemanden wirtschaftlich oder psychisch zu schädigen. Auch hier muss man sich die Gegenwehr gut überlegen. Wer beispielsweise die Löschung von falschen oder kompromittierenden Daten verlangt, muss mit dem sogenannten Streisand-Effekt rechnen. Benannt ist dieser Effekt nach der amerikanischen Sängerin und Schauspielerin Barbra Streisand, die 2003 einen Fotografen verklagte, weil er eine Luftaufnahme ihres Anwesens ins Internet gestellt hatte. Zwischen 12 000 anderen Fotos auf der Website war das Foto zuvor überhaupt nicht aufgefallen, doch durch die Klage und die Berichterstattung verbreitete sich das Foto enorm. Heutzutage werden solche strittigen Informationen erst recht verbreitet, da die Blogger- oder Forenszene sich mit der Begründung der Freiheit des Internets dagegen wehrt und teilweise sogar gelöschte Inhalte von Websites auf eigene Sites stellt. Wer entscheidet, was wirklich wahr ist, wo endet die Freiheit? Im Zweifelsfall sollte man sich hier neben technischem auch juristischen Rat suchen. Sogenannte Schmähkritik, die bloß Ihre Herabwürdigung bezweckt, müssen Sie ebenso wenig hinnehmen wie Beleidigung, Bedrohung, üble Nachrede. Inzwischen gibt es Reputations-Management-Dienste oder sogenannte Integritätsmanager und Anwältinnen, die sich auf diese Sachverhalte spezialisiert haben.

Das Internet ist aber nicht nur der Gehilfe und Transporteur von Gerüchten, sondern ist umgekehrt auch hilfreich, indem es praktische Hinweise bereithält, was Sie konkret tun können – mit und ohne professionelle Hilfe. Es hilft beispielsweise, Verbrecher aufzuspüren – wie unlängst bei der Suche nach Polizistenmördern in Seattle, als die *Seattle Times* eine sogenannte Wave einrichtete, ein elektronisches Tool, in dem alle Hinweise zu den mutmaßlichen Tätern gesammelt und ausgetauscht wurden. Und das Internet hilft, Gerüchte aufzuspüren, sie zu dementieren oder gar unwirksam machen – durch gute und gezielte Gegengerüchte.

Darf man das? Gleiches mit Gleichem vergelten? »Das tut man nicht«, heißt es da gerne. Aber bei der Gerüchteabwehr kann es nicht nur legitim, sondern auch äußerst wirksam sein, ein anderes Gerücht in die Welt zu setzen, das ablenkt vom ursprünglichen, sei es mittels elektronischer Medien, durch Print-Medien oder durch die gute alte Mund-zu-Mund-Methode. Es muss ja nicht unbedingt »fies« sein: die neue Verliebtheit des Chefs, seine Pläne zur Familiengründung, sonstige freudige Ereignisse können als Gegengerücht funktionieren, sofern sie die entsprechenden Emotionen bei den Empfängern und Boten bedienen. Allerdings ist es meist ungleich schwerer, etwas Erfreuliches zu verbreiten als etwas Schädliches.

Im Falle des Geschäftsführers Brohler, der von seinen beiden Mit-Geschäftsführern ausgebootet wurde, lautete das Gerücht, er sei alkoholkrank. Kollegen sprachen auf dem Betriebsfest seine Ehefrau darauf an, und er registrierte montags Bemerkungen über »feuchte Wochenenden«. Demonstrativ wurde er nicht zum Abschiedssekt für eine scheidende Kollegin eingeladen. Er verdächtigt seinen Mitgeschäftsführer als Quelle. Aber schon längst fließt das Gerücht schneller und schneller durch den Betrieb; das ehemalige Rinnsal wird zum reißenden Fluss. Brohler spricht seinen Mitgeschäftsführer direkt darauf an, entscheidet sich also für die Konfrontation der vermuteten Quelle. Dieser bestreitet den Vorwurf; das Gerücht rinnt munter weiter. Trinkt Brohler keinen Alkohol, gilt er als trockener Alkoholiker; trinkt er, wird er genau beobachtet. Soll er vor der versammelten Belegschaft dementieren und mit Anzeige wegen Verleumdung drohen? Die Belegschaft würde sicher bestreiten, jemals das Gerücht weitergetragen oder daran geglaubt zu haben, und sich außerdem nur angegriffen fühlen. Das Gerücht würde nun lauten: »Brohler hat angeblich kein Alkoholproblem.« Brohler überlegt, ein Gegengerücht zu streuen, beispielsweise dass sein Mitgeschäftsführer medikamentenabhängig sei. Er würde ihm damit schaden, aber auch sich selbst, als Teil des Gremiums, nach dem Motto: »Die da oben! Der eine auf Alk, der andere auf Pillen! Was wird wohl beim Dritten sein!« Er überlegt positives Ablenken, ein positives Gerücht über sich selbst. Er könnte erfinden, dass er wieder Vater wird. Aber kämen dann nicht erst recht gehässige Bemerkungen von wegen Alkohol, Schwangerschaft und Alter? Oder ein positives Gerücht über seinen Gegner? Das bringt Brohler nicht übers Herz.

Er unterlässt alle Abwehrmaßnahmen; denn in seinem Fall war es bereits zu spät, die Intrige war erfolgreich, und die Ereignisse überholten das Gerücht. Man redete nur noch darüber, dass er ja nun in die Filiale nach Hamburg gehe. Das Gerücht hat sich erledigt; ob Herr Brohler nun Alkoholiker ist oder nicht, ist nicht mehr so interessant, wie dass er nach Hamburg geht und wer wohl seine Nachfolgerin werden wird. Auch wenn Herr Brohler es nicht bewusst so geplant hat: Gerüchteabwehr durch Zeitablauf und andere interessante Informationen kann eine effektive Strategie sein.

Frau Preis dagegen, die Referatsleiterin einer Berliner

Bundesbehörde, über die erzählt wurde, sie habe massive Probleme, sei sogar depressiv, wehrte sich mit einem Gegengerücht. »Ich wollte verkünden, dass ich mich umorientiere, wegbewerbe, damit sie mich in Ruhe lassen.« Um dieses Gerücht glaubhaft zu platzieren, wählte sie eine seriöse Quelle, eine Bekannte in einer anderen Abteilung, die die Bemerkung in der Teeküche fallen ließ. Frau Preis hatte ihr dies nicht explizit aufgetragen; aber sie war sich sehr sicher, dass ihre Bekannte ihre Bemerkung als Information weitergab. »Wenn ich sage: ›ich gehe‹, lassen sie mich vielleicht in Ruhe«, hatte sie nur gesagt und offengelassen, ob sie dies wirklich vorhatte. Egal ob Sie ein Gerücht explizit in Auftrag geben oder nur in Kauf nehmen, sollten Sie je nach Situation entscheiden – beides kann strategisch gut sein. Unterstützen Sie das Gerücht mit Fakten, so wie Frau Preis: Ja, es ginge ihr nicht gut, sie leide unter einer Trennung, deutete sie unter einigen Kollegen an. So konnten sich die Gerüchteboten ihre scheinbare Krankheit erklären. Eigenhändig hängte sie den Umlauf über freie Stellen in Bonn, dem zweiten Standort des Ministeriums, ans Anschlagbrett. Als sie dann noch tatsächlich von einem Wochenende in der Eifel zurückkam und vom Wandern, der Natur und der Ruhe schwärmte, war das Gerücht perfekt. Und es bediente Emotionen: Einige hofften, sie loszuwerden, andere beneideten sie um ihre neue Unabhängigkeit und die Aussicht auf ein weniger anstrengendes Leben.

Außerdem reflektierte Frau Preis die Umstände, wie es zu diesem Gerücht kommen konnte: Es war ihr Kommunikationsverhalten, ihre abweisende Haltung, die ihr bei den Mitarbeiterinnen Antipathie und Misstrauen bescherten. Zur »Behördennudel« konnte und wollte sie sich nicht wandeln. Betriebsfeiern und Kollegengeburtstage waren nun wirklich nicht ihr Ding; außerdem verlangte ihre Stellung als Vorgesetzte eine gewisse Distanz. Im Coaching stellte sie einen persönlichen Entwicklungsplan auf. Sie identifizierte zunächst Situationen und Personen, die geeignet waren, Menschlichkeit und Kontakt zu signalisieren. Dann erstellte sie eine Liste, welche dieser Person-Situation-Kombinationen für sie besonders einfach waren und welche besonders vielversprechend im Hinblick auf ein neues Image. Aus diesem Pool der Herausforderungen erstellte sie eine Aufgabenliste: Angefangen mit der für sie einfachsten Situation arbeitete sie sich hin zu den Gelegenheiten, die schwieriger, aber besonders effektiv erschienen. Inzwischen macht sie Smalltalk in der Teeküche – montags gegen 10 Uhr; das passt in ihren Wochenplan, und sie hat eine gute Chance, Schlüsselpersonen zu treffen. Außerdem entschied sie sich, welche privaten Informationen sie in Zukunft von sich preisgeben wollte: ihr Hobby Wandern, ihre Vorliebe für Jazz. Denn wenn nichts bekannt ist, wird viel spekuliert oder etwas ausgegraben, was man nicht unbedingt im Lichte sehen will.

Ein großer Aufwand für ein eher harmloses Gerücht, meinen Sie? Kurzfristig gesehen ja. Aber Frau Preis litt unter dem Gerücht. Und es war ein Alarmsignal für einige Schwachstellen in Frau Preis' beruflichem Verhalten und ihrer Position. Ihr Gegengerücht und ihre Maßnahmen zur Imagepflege waren mikropolitisch äußerst bedeutsam, auch als Intrigenprävention; denn Intrigen gab es in der Behörde zuhauf. So schulte Frau Preis ihre Analysefähigkeit und kümmerte sich frühzeitig um Prävention, so wie sie für sie persönlich passte.

Auch ein Gerücht muss passen – genauso wie ein Gegengerücht, und genauso wie die Abwehr.

## Die passgenaue Abwehr

Drei Grundformen der Intrige nach Pourroy hatte ich Ihnen im ersten Kapitel vorgestellt: den Billardstoß, den Angriff auf die Achillesferse und das Komplott. In der Realität werden Sie meist mit allen dreien gleichzeitig konfrontiert und müssen folglich zu allen dreien eine Abwehrstrategie aufbauen.

Die Kettenreaktion eines Billardstoßes zu verfolgen ist schwer, weil alles so schnell geht. Sie im Nachhinein zu analysieren kann aber immer noch hilfreich sein: nicht nur für die Prävention und den Umgang mit den Konsequenzen, sondern auch für die Abwehr der verbleibenden Intrigenschritte. Wo war der Auslöser? Welche Maßnahme hat welche weitere Maßnahme bewirkt? Dies sind Fragen, die helfen, Täter und Stakeholder zu identifizieren.

Erinnern Sie sich an die journalistischen W-Fragen, die ich unter dem Schritt »Analyse des Materials« aufgeführt habe. Wenn Sie eine Aufzeichnung der Ereignisse haben – wer hat wann was wo wie gemacht oder gesagt und wer war dabei – wird es Ihnen leichterfallen, die nächsten Ws zu erforschen: Wo muss ich ansetzen, damit welches Ergebnis wahrscheinlich wird? Was passiert, wenn ich den Kollegen A angreife mit seinem Verbündeten B? Auf Basis der Antworten entwickelt man eine Strategie. Übersichtlich wird es, wenn Sie das Geschehen schematisch mit Pfeilen skizzieren: »A zielte auf mich und gleichzeitig B auch. Daraufhin hat C auf A geschossen.«

Wer noch gründlicher vorgehen will und ein systematisches Vorgehen liebt, kann mit den Methoden des Projektmanagements herangehen. Insbesondere wenn das Geschehene für Sie noch unklar ist und Sie nicht wissen, wo der Billardstoß angesetzt hat, können Sie mit der Hand oder mit einem der hierfür entwickelten Computerprogramme ein Flussdiagramm zeichnen. Wie in einem Projektmanagement-Design zeichnen Sie die tatsächlichen Ereignisse auf – gekennzeichnet als Ellipsen – sowie die Tätigkeiten, symbolisiert durch Rechtecke. Unterscheiden Sie beide, wenn möglich, und vor allem trennen Sie mögliche Ereignisse und Tätigkeiten von realen. »A beschwert sich bei der Chefin über mich« ist möglicherweise kein reales Ereignis, sondern eine Vermutung über eine Tätigkeit. Das reale Ereignis kann hier sein: »A hat eine Besprechung bei der Chefin.« Lediglich Vermutetes können Sie mit gestrichelten Linien zeichnen. Nun ordnen Sie die Ereignisse und Tätigkeiten auf einer Zeitachse und verteilen sie auf die verschiedenen Akteure. So stellen Sie möglicherweise fest, dass das Ereignis »Besprechung bei der Chefin« auf der Zeitachse fast gleichzeitig für verschiedenste Kollegen Ihrer Abteilung auftritt, nur Sie selbst und Ihre Sekretärin ausgenommen. »Die haben sich über mich beschwert« oder »ich werde von Informationen ausgeschlossen« wird also gestrichelt gezeichnet. Die Gefahr, ausgebootet zu werden, lässt sich mit einer solchen Zeichnung viel leichter erkennen.

Dieses Vorgehen kann Sie aber auch vor unbegründeten Vorüberlegungen und Verurteilungen schützen. Der Psychotherapeut Paul Watzlawick beschrieb die fatalen Gedanken eines Mannes, der einen Hammer braucht, aber sich nicht traut, ihn bei seinem Nachbarn auszuleihen, aus Angst, der Mann könnte ihm den Hammer verweigern. Statt den Nachbarn einfach danach zu fragen, klingelt er gleich bei ihm und schreit ihn wutentbrannt an: »Behalten Sie Ihren Hammer, Sie Rüpel.« Eine erfundene Geschichte, die aber immer wieder wahr wird, auch im Beruf.

Jede Intrige ist mit einer Achillesferse verbunden; immer gibt es mindestens eine Schwachstelle, an der der Intrigant ansetzt. Die beste Abwehr ist hier natürlich die Vorsorge: Seien Sie sich Ihrer Achillesferse bewusst. Reparieren Sie sie. Sie sind ja nicht der Einzige auf der Welt mit einer Achillesferse. Es gibt genügend Erfahrungen, wie lange eine solche hält und wann sie reißt. Und wenn sie nicht operabel ist, dann stehen sie zu ihr: Outen Sie sich. Stehen Sie zu Ihren Schwächen; dann können sie Ihnen zumindest nicht hinterrücks zum Nachteil werden. Schwule Politiker wählen sich den Zeitpunkt, ihren Lebenspartner vorzustellen, bewusst aus: dann, wenn sie stark und auf die Angriffe vorbereitet sind. Die Ex-Bischöfin Margot Käßmann stand zu ihrer gescheiterten Ehe wie zu ihrem Brustkrebs und ging selbst gezielt damit an die Öffentlichkeit. Sie scheiterte an einer alkoholisierten Autofahrt und trat wiederum offensiv in die Öffentlichkeit; sie trat zurück. Sie hatte zwar ihr Amt verloren, nicht aber ihren Ruf. Im Gegenteil, sie wurde begeistert gefeiert und hat inzwischen attraktive Optionen für ihre weitere Karriere.

Natürlich müssen Sie nicht gleich kündigen, wenn Sie Ihre Achillesferse entdeckt haben. Aber ehe ein Fehler aus der Vergangenheit Sie lähmt oder zur permanent tickenden Zeitbombe wird, sollten Sie besser dazu stehen: zu einem von Ihnen gewählten Zeitpunkt, in einer von Ihnen gewählten Form. Dies gilt auch für aktuelle berufliche Fehler. Anstatt sie mühevoll zu verschleiern und sich damit unter Umständen erpressbar zu machen, können Sie sie eingestehen und gleichzeitig bekanntgeben, welche Konsequenzen Sie hieraus gezogen haben oder ziehen werden. Fehler sind da, um an ihnen zu wachsen. Oder, wie es ein Erfinder ausdrückte: »Fehler sind Lösungen zu Problemen, die mich gerade nicht beschäftigten.« Die Geschichte der Forschung gibt ihm recht; denn viele bedeutende Entdeckungen waren eigentlich Fehlschläge, die Entdeckung des Penizillins beruhte auf einer Verunreinigung: Bakterienkulturen waren mit Pilzen verunreinigt, die »etwas« absonderten, das die Bakterien tötete. Die Entdeckung Amerikas durch Kolumbus war ein Navigationsfehler: Er wollte eigentlich nach Indien; das wundersame Ergebnis: Spanien wurde reich und mächtig.

Fehler einzugestehen fällt natürlich leichter, wenn der Betrieb eine entsprechende Fehlerkultur hat (siehe dazu Teil III).

Fast jede Intrige ist ein Komplott im Sinne eines Angriffs durch eine Gruppe. Machen Sie nicht den Fehler, diese Personen nur als Gruppe zu sehen. Wenn Sie ein Intrigogramm® aufstellen, sollten Sie viel Platz lassen, um die Gruppe im Detail zu analysieren. Auch wenn Sie nicht von vornherein vorhaben, jede Person einzeln unter die Lupe zu nehmen, sollten Sie überlegen, wer Schlüsselpersonen sind, welche Funktion sie haben und welchen Nutzen die Intrige für sie hat. Möglicherweise kommen Sie auf überraschende Ergebnisse: Da wird die unbedeutende Person in der Masse plötzlich zur Schlüsselfigur, weil sie und nur sie ein starkes Motiv hat. Analysieren Sie auf gleiche Weise die Gruppe der Bündnispartnerinnen, Stakeholder und Mitläufer. Möglicherweise lässt sich gerade bei einzelnen Mitläuferinnen mit Ihrer Strategie ansetzen. Denn Überläufer und Doppelagenten gibt es nicht nur in Thrillern, sondern auch in beruflichen Alltagskonflikten.

### Gefördert, gefordert, gefoult

Norbert Reimert ist ein Profi in Personalentwicklung, er hat alle Voraussetzungen, um seine Gegner zu durchschauen. Er kann sich gut in Menschen hineinversetzen und verfügt in jeder Beziehung über eine hohe soziale Kompetenz. Alles gute Voraussetzungen, um eine Intrige abzuwehren. Aber es gelingt ihm nicht. Viel zu spät hat er das Geschehen an seinem Arbeitsplatz durchschaut. Und manchmal schüttelt er heute noch den Kopf darüber, was passiert ist. »Das habe ich einfach nicht für möglich gehalten«, sagt er, zehn Jahre später.

Norbert Reimert arbeitete als Human-Resource-Manager in der Kosmetikbranche, in einem Betrieb mit relativ flachen Hierarchien. Er war nahe an der Chefin Pascale Moreau, einer Frau, die ihn stark gefördert hatte. Er ist in einer strategisch wichtigen und stabilen Position, dachte er damals. Und als er die Möglichkeit hat, eine Assistentin für sich einzustellen, sucht er sie selbst aus und fördert sie, in Absprache mit seiner Chefin. Nach einem Jahr stellt er fest, dass seine Position keineswegs stabil ist. Seine Chefin putzt ihn immer wieder vor versammelter Belegschaft runter; zentrale Aufgaben werden ihm weggenommen und seiner Assistentin anvertraut; aus dem guten Draht zur Chefin ist die Schusslinie geworden. Als er seine Chefin darauf anspricht, legt sie ihm demonstrativ eine Stellenanzeige auf den Tisch. Reimert hat sich seine eigene Nachfolgerin aufgebaut, hat sich sein eigenes Grab geschaufelt. Pascale Moreau sieht er als die verantwortliche Täterin.

Auf meine Frage nach seinen möglichen Bündnispartnern erzählt er vom guten Kontakt zur Chefin des Vertriebs. Mit ihr habe er sich in diesem Konflikt beraten – ein Fehler, denn sie habe sich später als Beraterin der Intrigantin herausgestellt. Eine Doppelagentin? Er vermutet, dass sie Informationen aus dem Gespräch an die vermeintliche Täterin weitergetragen hat. Auch wenn dies stimmt, so muss dies nicht boshaft oder schädlich gewesen sein. Verbündete des Täters haben manchmal Mitleid mit dem Opfer oder zumindest Zweifel an der Rechtmäßigkeit der Intrige. Zweifel lassen sich gezielt schüren. So kann es gelingen, wichtige Bündnispartner aus dem Bündnis herauszubrechen und damit eine Intrige zum

Platzen zu bringen. Auch die Mitintrigantin und Nutznießerin der Intrige – seine Konkurrentin – hätte Reimert möglicherweise auf seine Seite ziehen können; sie hatte ihm weinend gestanden, dass sie Teil der Intrige sei. Für Norbert Reimert war dieses Geständnis der Anlass, sofort aufzugeben. Mögliche Verhandlungsoptionen kommen ihm erst jetzt in den Sinn: das Schuldgefühl seiner Assistentin schüren, hieraus Kapital schlagen, sie möglicherweise zum Rückzug bringen, zumindest einen für ihn günstigeren Zeitpunkt der Kündigung herausschlagen, Unterstützung für einen guten Abschied oder Ähnliches. Ihr schlechtes Gewissen hat ihm nicht geholfen; auf die Idee, dieses in bare oder unbare Münze zu verwandeln, kam er nicht.

Zugegeben, dies wäre schon eine Übung für geübte Intrigenopfer; hierzu gehört eine Portion Erfahrung oder Experimentierfreude. Wer hier Verbündete, Stakeholder und Doppelagenten der Gegenseite nutzen will, braucht Distanz zum Geschehen – zu einem Zeitpunkt, an dem man meist völlig gefangen ist. Hier helfen eingeübte Techniken, um cool zu bleiben und nicht gleich alles hinzuwerfen. Für die Zukunft weiß Norbert Reimert, wie er sich in solchen Situationen distanzieren kann: nach draußen gehen, durchatmen und bis zehn zählen, die Situation verlassen, real oder virtuell »auf den Balkon gehen« und »in den Helikopter steigen«. Machen Sie sich klar: Man muss nicht sofort reagieren! Wenn Sie von Ihren Gefühlen übermannt werden, so nehmen Sie sich eine kurze Auszeit. Sie brauchen eine Entschuldigung, Erklärung oder Rechtfertigung? Dann müssen Sie eben mal dringend aufs Klo oder ein Telefongespräch führen, ein wichtiges Allergiemittel einnehmen oder auf die SMS Ihres Kindes reagieren – alles das können Sie einsetzen, um sich für ein paar Minuten aus dem Spiel zu nehmen. Sie können sich meist auch mit einer vertrauten Person beraten oder einfach eine Nacht drüber schlafen.

Norbert Reimer reagiert besonders unüberlegt, wenn Frauen weinen. »Ich weiß; starke Emotionen sind meine Achillesferse.« Sich davon nicht zu sehr berühren zu lassen, kann man üben; es bringt so vielleicht die positive Erfahrung, dass es nicht schlimm ist, nicht gleich Mitleid zu zeigen und nachzugeben. Sammeln Sie Situationen, in denen Sie damit Erfolg hatten, dass Sie nicht sofort reagiert haben. Nichts ist so wirksam wie die Erinnerung an ein Erfolgserlebnis der Vergangenheit.

Norbert Reimert sieht im Nachhinein ein klassisches Komplott – einen strategischen Zusammenschluss von Dreien. Dass es drei starke Frauen waren, war zudem noch ein Überraschungseffekt, der zum Gelingen der Intrige beitrug. Diese Erfahrung passe überhaupt nicht zu seinem Frauenbild, gibt er zu. Er kannte seine Chefin zwar als toughe Frau, die ihre eigenen Interessen konsequent verfolgt; aber sie war auch seine Förderin gewesen. Seine junge Nachfolgerin hat er selbst gefördert – nun katapultiert sie ihn raus. »Verstehen Sie mich nicht falsch; ich bin für Frauenförderung«, erklärt er. Aber dass diese Frauen ihre Interessen so vehement und, wie er findet, skrupellos durchsetzen, hat ihn kalt erwischt. Ob er gegenüber einem Mann misstrauischer gewesen wäre? Ja, das wäre er wohl, meint er heute.

Ein Komplott ist eine starke Möglichkeit, eine Intrige zu führen – solange es funktioniert. Denn je mehr Bündnispartnerinnen und Beteiligte, umso mehr potentielle Fehlerquellen und Achillesfersen. Sie können sowohl versuchen, einen Bündnispartner aus dem Verbund zu lösen als auch ihn an seiner Achillesferse zu treffen und damit schwach, anfällig oder unglaubwürdig zu machen. Vielleicht wäre es das schlechte Gewissen der Assistentin gewesen, oder die

Chefin an ihrem Anspruch an eine faire Unternehmensführung zu messen. Aber Vorsicht! Stellen Sie niemanden
in der Öffentlichkeit bloß. Geben Sie der Gegenseite die
Möglichkeit, ihr Gesicht zu wahren; denn vielleicht will sie
sich nach der Aufdeckung zurückziehen oder gar zu Ihnen
überwechseln.

Reimert überlegte damals, wer ihn unterstützen könnte.
Der Konzern war international aufgestellt. Der Chef seiner
Chefin saß an einem anderen Ort – was generell durchaus
günstig sein kann. So ist er nicht in die Intrige verwickelt
und hat möglicherweise aus der Distanz einen besseren
Überblick. Reimert sprach ihn informell an; er wollte sich ja
nicht gleich beschweren. Er bekam den Rat: »Legen Sie sich
nicht mit Frau Moreau an. Gegen sie geht nichts.« Er gab auf.
Einen anderen Bündnispartner sah er nicht. Er hatte sich
vorher nie um sein innerberufliches Netzwerk gekümmert.

Norbert Reimert erkennt seinen Mangel an gepflegten
Netzwerken heute als Fehler. Er akzeptierte den Aufhebungsvertrag und verpflichtete sich, nicht darüber zu reden. Dann
nahm er erst einmal seinen Resturlaub. Danach sollte auf
seinen Wunsch die einvernehmliche Lösung verkündet werden und er die Möglichkeit bekommen, sich offiziell von der
Belegschaft zu verabschieden. Es kam anders: Im Urlaub
wurde ihm übermittelt, wo er wann den Schlüssel seines
Dienstwagens übergeben solle. Die Sachen aus dem Büro
würden ihm per Boten zugestellt. Eine Verabschiedung sollte nicht sein. Offensichtlich hatte die Chefin die Sorge, er
könne doch noch Details über das Geschehen unters Volk
bringen. Und so inszenierte sie einen Abgang, der viele Vermutungen über ein unehrenhaftes Ausscheiden nährte.

Wenn man gegen ein Komplott als Grundform einer Intrige vorgehen will, muss man seine eigenen Bündnisgenos-
sen frühzeitig und äußerst sorgfältig platzieren; möglichst

auch an Orten, wo sie nicht vermutet werden. Davon war Herr Reimert weit entfernt; er hatte nicht im Entferntesten daran gedacht, dass dies einmal nötig sein sollte. Nun weiß er mehr. Er kann zwar nicht sagen, dass es ihm nicht wieder passieren wird. Aber auf jeden Fall ist er besser vorbereitet. Auch wenn Sie Ihre Intrigenerfahrung als bitter einschätzen und lieber auf sie verzichtet hätten – ein Gutes hat sie: Sie erhöht Ihr Wissen für die mögliche nächste Intrige.

Ich hatte im ersten Kapitel Intrigen eingeteilt nach Grad ihrer Hinterhältigkeit und Schädlichkeit sowie Komplexität. Je hinterhältiger eine Intrige, desto mehr Erfahrung brauchen Sie. Je schädlicher die Intrige, desto mehr Energie sollten Sie in die Abwehr stecken. Und je komplexer die Intrige, desto mehr helfen Ihnen Erfahrung und Energie, aber auch Konzentration. Denn wenn Sie die schwierige Aufgabe gemeistert haben, eine komplexe Intrige zu durchschauen, so müssen Sie aufpassen, sich bei der Abwehr nicht zu verzetteln. Versuchen Sie gar nicht erst, auf jeden Trick und jeden Angriff einzugehen. Wägen Sie ab, welcher Trick, welcher Angriffsschritt strategisch der wichtigste ist; diesen müssen Sie abwehren. Natürlich zählt auch, was Ihnen persönlich am stärksten wehtut. Aber hier sollten Sie abwägen, ob der Einsatz der Kräfte in die Abwehr dieses Schrittes sich lohnt.

Und seien Sie zuversichtlich: Bei der nächsten Intrige wissen Sie schon mehr.

## Besonders komplex: Intrigen gegen Gruppen

Nun haben Sie schon das halbe Buch gelesen und kennen sich aus. Da kann ich Ihnen ja ein Beispiel einer komplexen Intrige geben: Gruppe gegen Gruppe mit Beteiligung der

Öffentlichkeit als Intrigenwerkzeug, Stakeholder und möglicherweise Verbündete. Die Opfer scheiterten; aber auch hieraus kann man lernen.

 ## Im Dunkel der Öffentlichkeit oder Sieben auf einen Streich

Klaus Dreier hat die Intrige immer noch nicht verdaut; zehn Jahre ist es nun her, dass er Vorstandsmitglied einer Gewerkschaft war, eines Gremiums von sieben Personen. Sie wurden damals politisch hart attackiert; aber sie wussten die überwältigende Mehrheit der Gewerkschaft hinter sich, schließlich waren sie gerade erst wiedergewählt worden, mit einem beeindruckenden Ergebnis. Klaus Dreier sagt, er habe die Gefahr gewittert, einen Sturz, aber die anderen sechs hätten ihn beruhigt. Erster Fehler und erster Rat hieraus: Hören Sie auf Ihre Intuition. Seien Sie hartnäckig, auch wenn Sie Ihr Umfeld damit nerven.

Alle kennen ihre Gegner in der Gewerkschaft – und die Gegner in ihrem Siebener-Gremium. Drei gegen vier laufen die kritischen Abstimmungen. Sie sind also auf Intrigen vorbereitet. Kopfbarrieren sind längst weggeräumt; und ihre gemeinsame Achillesferse ist ihnen bekannt – ein gewerkschaftlicher Eigenbetrieb, um den es bereits Ärger gab. Sie sind wachsam. Und sie wissen: Wenn sie fallen, dann fallen sie alle zusammen, denn sie sind ein Gremium. Sieben auf einen Streich, das schweißt sie zusammen.

Da passiert es – im Sommerloch. Ein Artikel in einer namhaften Zeitung über Vorgänge innerhalb der Gewerkschaft. Von Dumpinglöhnen ist die Rede und von Veruntreuung. Auch die Staatsanwaltschaft liest Zeitung und nimmt automatisch Ermittlungen auf. Klar ist: Der Tipp muss von einem Insider kommen. Sie analysieren genau: Wer ist der Redakteur? Was ist die Politik der Zeitung? Könnte sie ein Eigeninteresse haben außer einer vermeintlich guten Geschichte? Wer könnte ein Interesse haben, den Hinweis zu geben? Interessentinnen an der Intrige sehen sie in einer kleinen Untergruppe in der Gewerkschaft. Sie ist noch neu und nur lose organisiert; dies macht es schwer, sie zu fassen. Es gibt verschiedene informelle Führerinnen – eine sitzt in ihrem direkten Umfeld, im Führungspersonal, ein U-Boot. Sie hat sich hervorragend geschützt. Sie weiß in allen kritischen Entscheidungen Bescheid, hat aber selbst in der Sache »Eigenbetrieb« keine Verantwortung übernommen. Bei allen angreifbaren Entscheidungen hat sie die Sitzung unter einem Vorwand verlassen, vor der Abstimmung, und dafür gesorgt, dass dies auch im Protokoll so vermerkt wurde; zur Not hat sie im Nachhinein eine eigene Protokollnotiz zu Protokoll gegeben.

Hier hat die Gruppe der Opfer zunächst richtig reagiert: Die Sieben haben die Situation analysiert, blieben cool, werteten das Material aus, Schritt 1 bis 5. Nur mit der klaren Entscheidung, dem sechsten Schritt, taten sie sich schwer. Sie brauchten lange dafür – als Gruppe dauert es so seine Zeit. Und es lag auch an den äußeren Umständen, dem sogenannten Sommerloch. Was für sie ein Handicap war, war für die Täter ein Vorteil. Der Zeitpunkt der Veröffentlichung ist hervorragend gewählt: Im Sommerloch greift jeder Journalist gern eine solche Meldung auf. Und das Gremium tritt nicht zusammen; eine Sitzung nach der anderen fällt aus. Das Gremium kann nicht zusammen agieren, eine gemeinsame Strategie entwickeln, die spätestens jetzt nötig wäre.

Wenn Sie einer Gruppe von Opfern angehören, müssen Sie besonders viel Wert auf ein gutes Zeitmanagement legen; Sie müssen auf die Tube drücken, die Entscheidung vorantreiben und bei der Einschätzung der Intrigenwerkzeuge wie der Planung der Abwehr den Zeitpunkt berücksichtigen. Die »Sieben auf einen Streich«-Intrige folgt dem Theater – ein klassischer Theater-Coup. Dies ist nach August von Kotzebue »ein interessanter und überraschender Moment (...), der nicht bloß vernommen, sondern auch gesehen wird, der aber ohne Zwang aus der Handlung hervorgeht«. Sie wurde gesehen, die Meldung im Sommerloch. Der Angriff folgte logisch aus dem bisherigen Geschehen; und er war dennoch überraschend. Spätestens jetzt hätte die Gruppe der Opfer ihre wirkliche Stärke einschätzen müssen, eine SWOT-Analyse durchführen, Verbündete und Stakeholder, ihre jeweiligen Motive ausmachen und hieraus systematisch eine eigene Strategie stricken müssen. Hierfür hätten sie sich nach der schnellen Entscheidung die Zeit nehmen müssen, sich zu wehren. »Wenn du es eilig hast, geh langsam«, lautet eine Weisheit. »Und fixiere dein Ziel zu jedem Zeitpunkt«, sollte man ergänzen.

Die Sieben sind durch die Abwehr der unmittelbaren Folgen des Angriffs absorbiert, die Untersuchungen der Staatsanwaltschaft. Sie bleiben cool – da sind sie Profis. Niemand wird ausfällig; niemand greift das U-Boot frontal an, es herrscht keine Panik. Sie werten das Material aus. Was ist an dem Vorwurf dran? Gibt es neben diesem Artikel noch andere? Mit wem müssen sie sprechen? Eine schwierige Sache; denn wem können sie in ihren eigenen Reihen vertrauen? So diskutieren sie vor allem zu zweit. Ihre Strategiediskussion ähnelt der stillen Post: A spricht mit B und B dann mit C, C mit D, der wiederum mit A. Das dauert lange und ist nicht sehr effektiv. Ein gutes Zeitmanagement, ein Ablaufplan, eine To-do-Liste mit klaren Terminen sind wichtig, gerade wenn es um Intrigen gegen Gruppen geht.

Noch könnten die Sieben gewinnen, mit einer effektiven Strategie, klaren Verbündeten und effektiven Werkzeugen.

Hier meldet sich ihre zweite Achillesferse: Ihr Vertrauen auf eine anonyme Mehrheit, die in der Gewerkschaft hinter ihnen steht. Stattdessen hätten sie Schlüsselfiguren identifizieren müssen, Verbündete für jeden Einzelnen aus ihrem Gremium: Wer hat wen hinter sich? Wer ist Knoten in welchem Netzwerk? Wer kann welche Interessen bedienen? Wer hat den besten Kontakt zu welchem Stakeholder, zur Presse?

Eine Gruppe ist EIN Subjekt, EIN Opfer, dessen Stärken und Schwächen, Verbündete und Gegner analysiert werden müssen. Sie ist aber außerdem noch viele Einzelopfer; jedes Gruppenmitglied mit seinen Stärken und Schwächen, Ressourcen und Interessen muss in den Blick kommen.

Diese Gruppe ist sich einig, dass sie die Vertrauensfrage stellt, also die Abwahl riskiert. Aber eine gemeinsame Strategie können die Einzelnen nicht zusammen entwickeln, dazu sind ihre Meinungen und Interessen zu unterschiedlich. Ein guter Schachzug des Intriganten: »Greife ein Gremium an und nicht einen Einzelnen«, könnte ein guter Tipp für Intriganten sein. Häufig treiben die unterschiedlichen Interessen die Opfer auseinander. Und wenn es sie zusammentreibt, dann eher als eine Herde verlorener Schafe, die gemeinsam zur Schlachtbank gehen. Die sieben Opfer verlieren in der Gruppe den Überblick; zu einem distanzierten Blick auf sich von außen sind sie nicht in der Lage.

Nicht umsonst begibt sich ein Hütehund oder ein Leitschaf immer wieder in Distanz zur Herde, schaut, ob alle da sind, ob sich eine Gefahr nähert oder welcher Weg zum nächsten Weideplatz der beste ist. Wenn Sie in einer Gruppenintrige Opfer werden, sollten Sie diese Funktion im Kopf haben und möglichst besetzen.

Flache Hierarchien und Gremienstrukturen, bei denen »alle gleich« sind und wo penibel darauf geachtet wird, dass niemand mehr Rechte hat, sind hier besonders gefährdet, da sie sich schwertun, eine solche Position zu besetzen.

So auch in der Gruppe der Sieben. Sie verlieren die Vertrauensfrage mit unterschiedlichen Folgen für die Einzelnen: Einige kandidieren erneut und werden auch wieder gewählt; andere sind ruiniert, gesundheitlich, psychisch, politisch. Der juristische Erfolg, der Freispruch, kommt Jahre später, zu spät.

»Ich habe es immer noch nicht verdaut«, sagt Klaus Dreier, der sich zehn Jahre später im Coaching auf Fehlersuche macht. »Ob wir eine Chance gehabt hätten, wenn wir alles richtig gemacht hätten?« Das weiß er nicht; aber eines weiß er sicher: »Wir hätten viel früher anfangen sollen mit der Abwehr. Und an Prävention haben wir sowieso nie gedacht.« Er hat aber viel gelernt aus der Intrige – Wissen, das er in seiner neuen Position, einer Partei, gut gebrauchen kann.

## Am Pranger: Von Meinungsmachern, Medien und Missionarinnen

Klaus Dreier, der Personal-Manager im Kosmetikbereich, arbeitete in einer Branche und einer Position im Rampenlicht, am Kreuzungspunkt von Interessen Einzelner, der Organisation und der Presse. Noch weiter ziehen die Kreise, wenn die Intrigen in der Politik spielen und öffentlich verhandelt werden. Die Politik braucht die Presse und gebraucht sie auch – als Stakeholder und als Verbündete –, um Intrigen zu führen und um sie abzuwehren. Und die Presse spielt mit – in der großen wie in der kleinen Politik. »Sei nie allein«, rät der Journalist Hans-Ulrich Jörges vom *Stern* zur Intrigenabwehr. Er hat verschiedenste Intrigen beobachtet und einige davon kommentiert. »Als Politiker brauchst du deine Organisation und du brauchst die Presse.« Das wissen alle, aber dennoch scheitern viele daran; denn die Presse ist ein starker eigenständiger Akteur mit einem Eigeninteresse, auch in Intrigen. Wenn sie auch selten die Rolle des Intriganten, des Täters, einnimmt, so mischt sie doch mit, als Verbündete oder Stakeholder.

»Heute weiß ich: Es gab eine Verabredung einiger Printmedien, mich runterzuschreiben«, sagt Andrea Ypsilanti; und damit erfüllten die Medien eine Rolle im Rahmen ihres Scheiterns, wie bei vielen. Auch Kurt Beck, der rheinlandpfälzische Ministerpräsident, SPD-Vorsitzende und Kanzlerkandidat, wurde über die Presse gemobbt, als provinzieller Tölpel gebrandmarkt, auch auf Grundlage von Informationen und Interessen aus der Führungsriege seiner eigenen Partei. »Er ist systematisch runtergeschrieben geworden«, meint Jörges, und fast alle haben mitgemacht, Medien wie Mitkonkurrenten.

Um Konkurrenz ging es auch in der FDP. »Piep-Piep-Piep« war die Unterzeile eines Fotos, das Cornelia Pieper mit Cowboystiefeln zeigte. »Dabei habe ich nie welche getragen!«, sagt sie. Als Generalsekretärin wollte man sie loswerden, als bildungspolitische Sprecherin auch. So wurde sie kurzerhand zur Ausschussvorsitzenden im Bundestag gemacht, ein Amt, das mit der Rolle der Generalsekretärin nicht vereinbar sei. Allerdings musste man erst Ulrike Flach loswerden, ihre Vorgängerin. Der Skandal um deren nebenberufliches Honorar in einem großen Konzern war ein guter Anlass; einige aus ihrer Partei vermuteten dahinter eine Intrige. Cornelia Pieper stieg weiter auf – allerdings nicht aufs Pferd; sie wurde Staatsministerin im Auswärtigen Amt. Cowboystiefel trägt sie immer noch nicht.

Häufig sind auch Wirtschafts- und Interessenverbände

mit im Spiel – als Täter, Mittäter, Verbündete und Stakeholder, egal ob die Bühne eine Partei, eine politiknahe Organisation oder ein Profitunternehmen ist. Die Mit-Spieler breiten häufig den Hauptpersonen erst den roten Teppich aus, um ihnen dann den Boden darunter wegzuziehen.

Wann immer Ihnen ein roter Teppich ausgerollt wird, seien Sie auf der Hut: Achtung! Rutschgefahr! Dabei muss das Schmuckstück nicht besonders lang und breit oder teuer sein. Scheinbar harmlose Gesten wie besondere »persönliche Einladungen« und positive Erwähnungen, Geschenke und besondere Aufmerksamkeiten sollten Sie zumindest hinterfragen: Worum geht es? Um mich, meine Position oder um bestimmte Einzelinteressen? Auch wenn es wehtut: Manchmal sind Sie nur der Mensch zum Zweck. Auch wenn Sie nicht in der Presse stehen, sollten Sie die Öffentlichkeit in Ihre beruflichen Strategien einbeziehen, sie zumindest gut und kontinuierlich im Auge haben, ihre Interessen analysieren, was nicht heißt, sie unbedingt zu benutzen.

### Baden gegangen im Freizeitbad

»Auf alles war ich vorbereitet, nur nicht auf die Presse«, erzählt eine Projektmanagerin, Frau Gross, die in einer mittelgroßen Stadt die Erstellung eines Freizeitbades begleiten sollte – ein neues Bad in privater Hand. Sie war die Beauftragte des zukünftigen Betreibers. Seine Interessen kannte sie; mit seinen möglichen Angriffen hatte sie gerechnet, ebenso mit denen des privaten Bauträgers und des Financiers. Aber nicht eingeplant hatte sie den Bürgermeister, die Bürgerinitiative und das Lokalblatt. Erst waren sie alle auf ihrer Seite; schließlich konnten sie eine attraktive Freizeiteinrichtung in der Stadt nur befürworten – zumal wenn sie sie nicht selbst bezahlen mussten. »Unser Bad«, sagte der Bürgermeister und meinte »mein Bad«, als alles noch gut war. »Deren Bad« und »die da« sagte er, als es Probleme gab mit der Ausstattung, den Finanzen, dem Betrieb. Eine natürliche Reaktion, kann man einwenden und ein handhabbares Problem für Frau Gross, solange er nicht die Presse einschaltet. Die ist naturgemäß an Auffälligkeiten interessiert, schreibt lieber über Skandale als über Erfolgsstories, auch wenn sie noch so klein sind. Wenn dann aber der Bürgermeister selbst in der Presse für das Projekt abgewatscht wird, sucht er sich schnell einen Anlass, die vermeintlich Schuldige an den Pranger zu stellen. Da treffen sich die Interessen. Frau Gross, die von vornherein nur als Interimsmanagerin dienen sollte, wie sie später erfuhr, die nur die Kohlen aus dem Feuer holen sollte, wurde in der Presse immer als »Direktorin« bezeichnet, eine Position, die ihr von Anfang an nicht zugestanden worden war. Der Arbeitgeber warf ihr vor, sie habe bewusst die Presse eingespannt, um sich diesen Rang zu erschleichen – ein wichtiger Vorwurf unter mehreren. Der entscheidende Anlass, sie zu entlassen, war dann schnell gesucht und gefunden.

Was hätte sie tun sollen? Den Bürgermeister hofieren und »pampern«, die Presse füttern und die Bürgerinitiative streicheln? Zu viel für zwei Hände? Ja, wenn man nicht einiges andere aus der Hand legt. Frau Gross aber war die Anpackerin. Sie kümmerte sich um alles, sprang selbst ein, wenn im Betrieb des Bades anfangs etwas nicht klappte. Sie wusste immer, wo etwas im Argen lag, im Innern des Geschehens. Den Blick um die Akteure drumherum, die Stakeholder, hatte sie verloren. Geschweige denn, dass sie einen Blick bekam für die Ursprungsintrige, die Tatsache, dass sie von Anfang an nur für den Übergang vorgesehen war. Sie sollte die Kohlen aus dem Feuer holen; so hatte es ein Drahtzieher in der Betreibergesellschaft entschieden. Eigentlich wäre er für diesen Posten prädestiniert gewesen, wollte aber das Risiko des Scheiterns nicht eingehen. Auch bei Erfolg sollte sie wieder gehen – damit sie nicht zu mächtig würde nach ihrem gelungen Projekt. Ihr Nachfolger wurde schon zum Vorstellungsgespräch gebeten, als sie noch im Amt war, wie sie später erfuhr.

Zu Beginn jedes Jobs sollten Sie sich ein Organigramm geben lassen und sich selbst eines erstellen, aus ihrer persönlichen Sicht. Ergänzen Sie es um die Personen und Institutionen drumherum: die Finanzgeber, die öffentliche Verwaltung, die Öffentlichkeit, die Presse etc. Überlegen Sie sich, wer welche Interessen haben könnte, und bauen Sie die Pflege der wichtigen Akteure in Ihre eigene Stellenbeschreibung ein.

Und überlegen Sie sich auch, welche Interessen Sie selbst haben, was Sie selbst von den anderen Akteuren wollen, wozu Sie sie gebrauchen können. Oft ist es gut, wenn Sie und Ihr Projekt in der Presse stehen. Häufig ist es aber ein Intrigentrick des Täters, Sie in die Öffentlichkeit zu zerren. Sei es, damit man Ihnen dann »Überschreitung Ihrer Kompetenzen« vorwerfen kann, Sie zur Richtigstellung falscher Zitate zwingt und so mit Abwehrarbeit überhäuft.

Vorsicht, wenn Sie eitel sind! Zwar heißt es richtig: »Tue Gutes und rede darüber« – und lass andere darüber schreiben, sollte man ergänzen. Aber was die anderen dann schreiben, haben Sie nicht immer in der Hand, zumindest nicht, wenn Sie nicht prominent sind und die Macht haben, Ihre Zitate freigeben zu müssen. Das gilt es einzukalkulieren.

Was für die überregionale Presse gilt, gilt auch für die Lokalpresse und für die betriebsinterne Presse. »Wir stellen Sie natürlich im Intranet vor«, sagte der Pressereferent zu Herrn Wolters, kurz nachdem er den Job bekommen hatte. Er nahm es zur Kenntnis und kümmerte sich nicht weiter drum, als der Artikel erschien. Bis er von seinem Vorgesetzen angesprochen wurde. »Sie haben da wohl etwas falsch verstanden; nicht Sie sind für den Bereich Entwicklung zuständig, sondern Herr Meyer ...« So sah sich Herr Wolters gezwungen, die Sache klarzustellen: beim Redakteur, Herrn Meyer, dessen Sekretärin etc. Da war schon das Gerücht in Umlauf, er sei erstens Konkurrent und zweitens bereits degradiert worden.

Also: Achten Sie auf Ihre Selbstdarstellung – insbesondere, wenn sie schriftlich verbreitet und nicht durch Sie selbst erstellt wird. Reflektieren Sie sorgfältig, wie die Darstellung bei den verschiedenen Empfängern ankommen wird. Nicht jede fehlerhafte Darstellung ist gleich Teil einer Intrige; vieles geschieht ohne Absicht oder zumindest ohne böse Absicht. Wenn Sie selbst an Ihrer Selbstdarstellung arbeiten, helfen hier die gleichen Schritte wie bei der Intrigenabwehr: Was ist Ihr Ziel? Was ist das Material? Wie ist Ihre Entscheidung? Es kann sein, dass der Intrigant gerade darauf abzielt, dass Sie in die Öffentlichkeit treten. Er will möglicherweise die öffentliche Auseinandersetzung – um von etwas anderem abzulenken.

In einer Selbsthilfeorganisation von chronisch Kranken suchte der Geschäftsführer Rat. Ein Mitglied eines Gremiums der Ehrenamtlichen machte gezielt Propaganda gegen den Vorstand und den Verein. Dazu benutzte er den größtmöglichen Verteiler, schrieb auch die Geldgeber an, veranstaltete einen riesigen Rummel. Worum es ihm ging, blieb völlig unklar, bis der Vorstand durch einen Hinweis herausfand, dass der Intrigant nicht der war, als der er sich ausgab. Er lenkte von seiner kriminellen Vergangenheit ab, indem er einen Presserummel veranstaltete. Staub aufwirbeln und im Staubnebel verschwinden war seine Strategie. Sie war erfolgreich.

## Im Zentrum der Entscheider:
## Macht macht Intrigen?

»Mit der Macht ist es wie mit dem Geld; man hat sie, aber man redet nicht drüber«, sagte mir ein Manager. Er hat beides, in mehr als ausreichendem Maße. Und er arbeitet an beidem, auch wenn er nicht darüber redet. Täglich macht er sich Gedanken um die Vermehrung seines Geldes; und täglich arbeitet er an der Etablierung seiner Macht. Auch wenn es ihm vielleicht nicht bewusst ist, da es für ihn eben normal erscheint. »Macht ist mir nicht wichtig; ich will etwas bewegen. Und mein Geld, darum kümmert sich die Bank«, erläuterte mir eine Managerin. Auch sie hat beides, auch wenn sie zu ihrer Macht nicht steht. Beide sind erfolgreich. Wo also ist das Problem?

Wer sich gegen Intrigen schützen will, muss sich mit Macht beschäftigen und sie bewusst handhaben. Wo Macht geleugnet wird, haben Intrigen eine besonders große Chance. Je stärker das Thema Macht in der Ecke von Verbotenem oder Verheimlichtem steckt, umso größer ist die Gefahr von Intrigen. Intrigen sind EIN Machtmittel. Keine Intrige ohne Macht. Auch wenn Macht zentral ist bei Intrigen, kann sie in diesem Buch nicht zentral sein. Aber diesen Abschnitt bekommt sie.

Macht hat mit machen zu tun. Das Wort leitet sich ab vom Verb »magun/magan«, vermögen, bewirken. Das heißt: Wo etwas bewirkt werden kann, da ist Macht; wer etwas bewirkt, hat Macht. Und wer Macht hat, sollte sie auch anwenden. Dazu ist sie da. Zumal geschwächte Macht und nicht angewandte Macht Unordnung bringt. Die entstehenden Machtvakua werden dann ungeregelt aufgefüllt, im Rahmen eines innerbetrieblichen Machtkampfes, mit verdeckten und häufig destruktiven Mitteln. Macht bewusst und transparent zu nutzen ist Intrigenprävention und das Gegenteil von Machtmissbrauch.

Intrigen sind häufig da, wo es Angst gibt vor Macht: vor der eigenen Macht wie vor dem möglichen Machtmissbrauch durch die anderen. Blindes Vertrauen ist ebenfalls eine Gefahr. Die Augen vor der eigenen Macht und dem hinterhältigen und planvoll gerissenen Vorgehen der anderen zu verschließen ist kontraproduktiv. Wer sich seiner oder ihrer Macht nicht bewusst ist, geht damit nicht bewusst um – weder positiv noch negativ. Das heißt, er oder sie kann die Macht nicht im von ihr gewünschten Sinn einsetzen. Statt gezieltem Macht-Ge-brauch kann es dann zum Macht-Missbrauch kommen. Diesen zu korrigieren fällt schwer, da man ja nicht weiß, was man gerade gemacht hat. So wird man leicht ungewollt und unbewusst Akteur einer Intrige, als Stakeholder oder als Mit-Täter.

In meinen Intrigenseminaren ist Macht ein zentrales Thema. Intrigen und Macht sind beides Reizwörter, bei vielen Menschen negativ besetzt. Da muss man sich schon etwas einfallen lassen, um die Auseinandersetzung leichter zu gestalten. Die Annäherung läuft spielerisch, wir spinnen eine Intrige, im Rahmen einer Gruppenaufgabe. Meine Anweisung: »Unser Intrigenort ist ein Betrieb Ihrer Branche, die Protagonisten: zwei konkurrierende Geschäftsführer, A und B. Das mögliche Motiv: B will den florierenden Betrieb übernehmen. Spinnen Sie eine Intrige.« Es ist keine leichte Aufgabe, nicht, weil eine Intrige hier schwierig wäre, sondern weil es vielen schwerfällt, sich auf so etwas »Unsauberes« einzulassen. Wenn ich im Seminar verschiedene Gruppen bilde, eine Opfer-, eine Täter-, eine Stakeholdergruppe, ist die Opfergruppe meist schnell voll; hier sammeln sich vor allem die Frauen; ich tendiere deshalb zum Abzählen.

Fast alle Menschen lehnen Intrigen moralisch ab, wenn sie danach gefragt werden, zum Teil mit heftiger Ablehnung, insbesondere bei Frauen. Diese lehnen auch Macht häufiger ab als Männer. Macht gilt bei vielen Menschen nicht als »völlig o. k.«. Ein spielerischer Umgang mit ihr ist den meisten fremd. Denn sie wird mit »unsauberen Methoden« assoziiert. Und was unsauber ist, damit spielt man nicht. Und man nimmt es erst recht nicht in den Mund. So reden viele lieber von Einfluss als von Macht. Selbst Führungsfrauen, die doch unzweifelhaft Macht haben, sagen häufig, sie legten keinen Wert auf Macht; hätten auch keine, nur »einen gewissen Einfluss«. Nun mag man behaupten, es sei doch egal, wie man »das« nenne. Ist es aber nicht. Denn zum klaren Bewusstsein gehört eine klare Benennung.

Auch viele Frauen sind sich ihrer Macht bewusst oder wollen welche. Das hat das Intrigen-Beispiel von Herrn Reimert verdeutlicht: das Opfer ein Mann, der Täter eine Frau, genauer gesagt zwei Frauen, vielleicht sogar drei. Eine Intrigenbande sozusagen. Und auch Andrea Ypsilanti, die Fast-Ministerpräsidentin von Hessen, steht zu Macht: »Ich habe ein ganz unverkrampftes Verhältnis zu Macht. Ich will sie, die Macht. Ohne Macht kann man nichts umsetzen. Ich will sie, aber transparent und begründet. Und nicht allein.«

In ihrem Fall war es die Öffentlichkeit, die damit nicht gut umgehen konnte. Sie wurde als »machtgeil« bezeichnet – was einem Mann in ihrer Position wohl nicht so leicht passiert wäre. Denn Macht und Männer passen in der öffentlichen Wahrnehmung zusammen. Männer ohne Machtbewusstsein sind »Weicheier«, Frauen mit Machtbewusstsein sind »männlich«. Auch wenn dieses Schema durch die berufliche Realität teilweise überholt ist, wirkt es weiter, in den Medien wie in den Köpfen der Akteurinnen und Akteure.

Innerbetrieblich wird es schwierig, wenn Selbstbild und Fremdbild, eigene Einschätzung und reale Position auseinanderdriften. Der Managerin, die von ihrem Einfluss redet, aber über Macht als »etwas, das mir nicht wichtig ist«, wird wahrscheinlich von ihren Mitarbeiterinnen Macht zugesprochen. Die braucht sie auch, um führen zu können. Zu ihr sollte sie auch stehen, in ihrem Handeln wie in ihrer Haltung, nach innen wie nach außen. Sonst kommt es zu widersprüchlichen Signalen, die ihre Umgebung verwirren und ihre Macht untergraben können.

## Macht zeigen: Macht und ihre Symbole

Macht hat man nicht einfach, Macht muss man auch zeigen. Was früher der Hofstaat war, ist heute der erlesene Beraterkreis. Man zeigt, dass man Macht hat – nicht nur durch Handlungen, also durch Anordnungen, Entscheidungen und ihre konsequente Einforderung, sondern auch durch Symbole. Symbol kommt von symbolon, griechisch für »Zeichen« und »Bild«, und als solches wirkt es auch, und zwar sehr mächtig in seiner Bildersprache. Dinge können als Machtsymbole dienen (»mein Haus, mein Auto meine Yacht«), Menschen (»mein Freund, mein Coach, mein Frisör«) oder auch Abstraktes wie Titel, Orden oder Positionen. Sie machen sich nichts aus Symbolen? Sie müssen ja nicht unbedingt die üblichen wählen – teure Uhren und teure Autos, schicke Ledergarnituren und schicke Sekretärinnen. Aber auf einige gängige Symbole sollten Sie auf keinen Fall verzichten: Visitenkarte und Türschild passend zur Position gehören dazu, und zwar gleich von Anfang an. Sorgen Sie für einen guten Platz und Präsenz in der Konferenz, die adäquate Größe des Büros und des Gehalts, ein neues Modell des Laptops und des Smartphones. Auch wenn Ihnen all dies nicht wichtig sein sollte: Den anderen um Sie herum ist es wichtig; Sie werden danach eingeschätzt und behandelt.

Wichtig sind nicht nur die symboltragenden Dinge an sich, sondern ihr Zusammenhang. So gilt der Apfel als Symbol der Fruchtbarkeit, der Sünde und der Herrschaft – je nachdem, ob er sich neben einer weiblichen Skulptur, am Baum im Paradies oder in der Hand des Monarchen befindet. Der Porsche kann auf dem einen Firmenparkplatz ein Zeichen von Macht sein, auf dem anderen gilt man damit als hinter dem Mond. »Doch, ich habe einen Dienstporsche, mein Porschefahrrad und dazu noch eine Bahncard 1. Klasse gewählt«, erklärt der bereits zitierte Manager mit dem Machtbewusstsein.

Auch Kontakte symbolisieren Macht. Wer zeigt sich mit wem? Wer wurde mit wem gesehen und wo? Und wenn es nicht wahr ist und nicht wahr sein kann, dann lässt man es einfach möglichst zufällig fallen. »Wie mein alter Golfkumpel Rothschild beim Rotary Club letzten Dienstag sagte«, passt in einen Halbsatz. An richtiger Stelle gegenüber dem richtigen Menschen angebracht, wirkt es Wunder. Denn hier werden exklusive Namen zusammengeworfen: von Personen, Vereinen und Freizeitvergnügungen – geballtes Namedropping, das nicht hinterfragt wird, wenn es gekonnt platziert wird. Wenn die genannte Person wirklich in Erscheinung tritt, muss man allerdings die Inszenierung bewusst steuern können.

Sie wollen sich nicht so aufplustern? Kein Problem. Auch ein unbekannter Freundeskreis, ein abgeschottetes Privatleben können ein Zeichen von Macht sein. Geheimhaltung, Privatheit als Zeichen von »exquisit und exklusiv sein«. Aber dann müssen Sie diese Verschlossenheit nach außen darstellen, als Image verkaufen.

Abstrakte Machtsymbole wie einen Titel, einen Orden oder eine Ehrung sollten Sie nicht verheimlichen. Zwar wirkt es affig und unsouverän, darauf zu bestehen, dass Sie Doktor Meier sind, wenn Sie beim Frisör einen Termin ausmachen. Aber wenn es um Namensschilder, Dozentinnenverzeichnisse oder Autorenangaben geht, sollten Sie darauf Wert legen.

Ein widersprüchliches abstraktes Machtsymbol ist Zeit: Wer keine Zeit hat, hat viel zu tun, ist begehrt und muss von daher wichtig sein. Andererseits haben Leute mit viel Zeit es anscheinend nicht nötig, ihr Geld mit Arbeit zu verdienen. Oder sie sind so wichtig und hoch bezahlt, dass sie in kürzester Zeit genügend Geld verdienen. Hier kommt es wieder auf den Kontext an, wie dieses Symbol die gewünschte Wirkung entfaltet. Und Sie müssen sich im Vorhinein darüber klar sein, wie es wirken soll und wie es wirken kann. Meine Physiotherapeutin erzählte mir, sie habe so viel zu tun, dass sie die überweisenden Ärzte angerufen und gebeten habe, ihr keine Patientinnen mehr zu schicken – mit dem Effekt, dass ihre Praxis noch stärker frequentiert wurde, da sie nun als begehrt und damit gut galt.

Was als Marketingmaßnahme geeignet ist, lässt sich auch als Intrigenwerkzeug einsetzen. Der Arbeitgeber von Frau Gross, der Schwimmbad-Managerin, verbreitete den Eindruck, er sei total überlastet und ständig auf Außenterminen. Rief ihn Frau Gross auf dem Handy an, so beschwerte er sich, Frau Gross solle doch in ihrer Position etwas mehr Eigenverantwortung zeigen. Wenn Frau Gross einen Termin mit ihm vereinbaren wollte, wurde sie durch seine Sekretärin abgewimmelt oder auf einen Termin in zwei Monaten vertröstet. So konnte sich Frau Gross nicht mit ihm beraten. Als sie dann notwendigerweise eine dringende Entscheidung selbst traf, die ihrem Chef hinterher nicht passte, nahm dieser es zum Anlass, sie zur freiwilligen Kündigung aufzufordern. Frau Gross kam der Aufforderung nach, nachdem sie erfahren hatte, dass sie sowieso nur als Interimsmanagerin vorgesehen war.

Machtsymbole helfen natürlich nur, wenn sie verständlich sind und verstanden werden, wenn es also eine gültige Absprache gibt, was als Machtsymbol gilt. Diese Absprachen ändern sich, von Branche zu Branche und von Trend zu Trend. Die Rolex-Uhr gilt schon lange nicht mehr als schick in Managerkreisen, das große Auto kann sogar imageschädigend sein. Die Symbole müssen passen im jeweiligen betrieblichen Rahmen, der betrieblichen Kultur. Diese ist sicher in der Kreativwirtschaft eine andere als im Bankensektor. Der gleiche Armani-Anzug kann in der einen Betriebskultur »spießig«, in der anderen »wichtig« signalisieren. Und für den Träger ist er möglicherweise einfach alltäglich. Aber authentisch muss er sein; das heißt, zur Person muss er ebenso passen wie zur Organisation und deren Umfeld; sonst wirkt er nicht oder falsch.

Da gibt es manchmal eklatante Widersprüche: Der bodenständige Landesfürst Kurt Beck wurde gleichzeitig Parteivorsitzender und potentieller Kanzlerkandidat. So war er selbst »zu Hause« nicht mehr nur Landesfürst. Was einige als Bodenständigkeit betrachteten und schätzten, bewerteten andere als Zeichen von Provinzialität. Ob nun wirklich Schweineschnauze sein Lieblingsgericht ist oder war, ist egal. Diese Sau wurde jedenfalls mit ihm durch alle Zeitungen gejagt und er selbst systematisch runtergeschrieben. Sicher war dies nicht der einzige Grund für seinen Niedergang; aber er machte es seinen Gegnern einfacher, ihn abzusägen.

Achten Sie auf Symbole, auch wenn Sie sie für sich selbst ablehnen. Zum einen können Sie hiermit Ihr Image schwer schädigen, machtpolitische Chancen verbauen, zum anderen können Sie bei anderen auf gefälschte Symbole hereinfallen.

Denn Symbole sind ein hervorragendes Tarnungswerkzeug: Man nehme sich ein Symbol, das nicht zu der richtigen Identität passt, sondern zu der, die man vortäuschen will. Ein Manager im Blaumann, eine Aufsichtsrätin mit Kittelschürze werden garantiert nicht erkannt – es sei denn auf dem Betriebsfest im Karneval. Genauso kann sich der Handwerker im guten Anzug, der Betrüger mit dem Firmenlogo tarnen.

Deshalb seien Sie vorsichtig, wenn Sie auf Symbolträger treffen, die Sie nicht kennen. Betrüger und Intriganten benutzen diese Täuschung zuweilen recht gekonnt, besonders wenn es nicht zum direkten persönlichen Kontakt kommt. So schmücken sie sich in scheinbar persönlichen Mails mit renommierten Personen wie verstorbenen Ehemännern mit bekanntem Namen und langer Familienhistorie, mit Wappen und exquisiten Adressen. Gewappnet mit diesen Statussymbolen fordern sie Sie dann auf, für einen guten Zweck zu spenden. Die Daten, die Sie dann preisgeben – Bankdaten oder persönliche Informationen – können sowohl für betrügerische Geldgeschäfte, zur Begehung von Straftaten unter Ihrer Identität oder für andere Schädigungen im Rahmen von Intrigen verwendet werden.

Machtsymbole können täuschen – so werden sie in Intrigen bewusst eingesetzt. Wenn Sie Intrigen durchschauen wollen, müssen Sie von daher Machtsymbole durchschauen: Ist es ein leeres Symbol oder wirklich Macht? Ist es gefälscht oder ist es authentisch? Ist es gezielt eingesetzt und zu welchem Zweck? Auch wer für sich selbst Machtsymbole ablehnt, ist nicht davor geschützt, dass sie auf ihn oder sie wirken: seien sie gefälscht oder seien sie echt. So fallen Sie womöglich auf etwas rein, was Sie eigentlich selbst als völlig unwichtig ansehen.

Allein mit Symbolen Macht auszuüben oder zu vermehren ist sicher ein wackeliges Unterfangen. Aber ohne diese Symbole ist es ebenfalls unsicher. Insbesondere wenn nicht Sie es sind, die selbstbestimmt darauf verzichtet, sondern wenn es die andern sind, die Ihnen die Symbole nehmen oder nicht geben – beispielsweise im Rahmen eines betrieblichen Machtkampfs oder einer Intrige.

Symbole und Gesten werden zu Ritualen zusammengesetzt. Die geschlossene Tür ist ein solches: Sie signalisiert, hier passiert etwas Wichtiges, Geheimes oder Persönliches. Das gilt für das Chefzimmer wie für Vip-Lounges, für Verhandlungen wie für exklusive Clubs.

Wichtig sind Rituale auch als Darstellung, als Inszenierung des Übergangs, der Initiierung. Die Beförderung ist ein solcher Schritt, der auch symbolisch nach außen deutlich gemacht werden muss, besonders wenn man intern aufgestiegen ist und die ehemaligen Kollegen nun Mitarbeiter sind. Welche Symbole und Rituale hier nötig sind, um den Rollenwechsel für sich selbst und die Mitarbeiter gut hinzubekommen, bestimmt sich wiederum aus dem Kontext. Ein Umzug in ein anderes Zimmer ist in jedem Fall ein deutliches Zeichen neben den sonstigen äußerlichen Privilegien.

Der Verwaltungsdirektor einer norddeutschen Gemeinde war intern aufgestiegen. Er war Mitarbeiter gewesen, bis sein Vorgänger in Ruhestand ging. Vieles blieb gleich, manches wurde nur ein bisschen mehr, ein bisschen größer: etwas mehr Geld, ein etwas größeres Zimmer, statt einer Sekretärin für 20 Stunden nun 30 Stunden. Er ging weiterhin mit Kollegen wandern und tauschte sich aus: über Hunde und Autos, die Familie und die Arbeit. Kein Wunder, dass er massive Probleme in der Personalführung bekam, die ihn zu mir führten; seine Sekretärin hatte ihn geschickt. Solche schlecht inszenierten Übergänge im Nachhinein zu korrigieren ist äußerst schwer. Man braucht dazu viel Kraft und einen langen Atem, und vor allem Einsicht oder einen großen Leidensdruck. Das hatte er nicht. Er hatte sich in der Situation eingerichtet.

Auch der Eintritt in eine neue Firma, die Übernahme eines Jobs, ist ein Übergang, der inszeniert werden sollte, genauso wie der Austritt. Ob mit Sekt und Häppchen oder »ohne ein Wort« hängt sicher nicht nur von der Firma, sondern auch von der persönlichen Situation ab. Wichtig ist aber, dass Sie sich vorher überlegen, wie Ihr Einstand oder Ausstand wirken soll und wie er wirken könnte. Selbst wenn Sie im Unfrieden gehen, Ihr Chef Ihnen gekündigt hat, sollten Sie sich den Abschied nicht aus der Hand nehmen lassen.

Eine, die nicht Herrin ihres Abgangs war, ist Frau Gross, eine Projektmanagerin, die in einer mittelgroßen Stadt die Erstellung eines Freizeitbades begleiten sollte. Ihr wurde auf Grund einer Intrige gekündigt, sie arbeitete dennoch bis zum letzten Moment und verließ dann im morgendlichen Grauen den Ort, an dem ihr so übel mitgespielt worden war. Sie hat daraus gelernt. Auf meine Frage, was sie andern mit auf den Weg gebe, sagte Sie: »Schleichen Sie sich nie aus dem Geschehen! Gehen Sie so, wie Sie gekommen sind: aufrecht und bei Tageslicht.«

Sie arbeitet nun als Selbständige und wird – 10 Jahre später – die Firma wieder besuchen. »Den Auftritt plane ich sorgfältig«, sagt sie. Und es wird ihr eine Genugtuung sein, sich souverän, sicher und erfolgreich zu inszenieren, »aber ohne mir die Verletzung anmerken zu lassen«.

Manchmal jedoch hat man keine Wahl: Wenn der Chef einem das Abschiedsritual unmöglich macht, wie bei Herrn

Reimert, dem nach der Kündigung übermittelt wurde, wo er den Schlüssel seines Dienstwagens übergeben solle und dass seine persönlichen Sachen per Boten zugestellt würden. Was häufig Nachlässigkeit und Unsensibilität in der Personalführung ist, war hier Taktik: Ihm war ein Abschied im Betrieb zugesagt worden; eine Lüge, denn die Chefin hatte die Sorge, er könne doch noch Details über das Geschehen verbreiten. So blieb das Gerücht, er sei unehrenhaft ausgeschieden.

Auch im normalen Alltag, ohne besondere Anlässe, signalisieren Rituale, wer wo steht und was zu sagen hat. Sitzungen sind alltägliche Inszenierungen, schon bevor sie überhaupt begonnen haben: Wer kommt wie und wann mit wem in den Raum, begrüßt dann wen wie wann und wo und setzt sich wie wohin, immer in Relation zum Chef oder den Mächtigen. Das Defilee auf den Freitreppen der Herzöge wiederholt sich in den Sitzungsräumen der Firmen.

Wer solche Rituale ändern will, muss sie erstens durchschauen, zweitens Geduld haben und drittens Einfluss. Rituale sind eine Nachricht an die anderen. Kolleginnen, Chefs und Kunden sollen verstehen, wie Sie gesehen werden wollen – beispielsweise als kompetent, mächtig und unangreifbar. Weil Rituale ein solch wirksames Werkzeug sind, nutzen auch Intriganten sie, zur Tarnung und Täuschung beispielsweise. Während der Chef in der einen Woche noch einen opulenten Empfang zum zehnjährigen Bestehen der Abteilung durchführt, verkündet er in der nächsten schon deren Schließung und täuscht so vor, er habe vom Beschluss der Zentrale nichts gewusst.

Rituale können natürlich auch gut gemeint sein: Sie schaffen Gemeinschaft und sind wichtig, um Ihre Verbündeten zusammenzuschweißen. Wer sich im Beruf jeder kollektiven Aktivität entzieht – dem Betriebsausflug, der Weihnachtsfeier, dem traditionellen Sommerpicknick oder dem Freitags-Chillout –, macht sich angreifbar. Er signalisiert damit, »ihr interessiert mich nicht, ich bin anders, gehöre nicht dazu«.

Sieges- oder Erfolgsrituale, Wertschätzungs- und Geringschätzungsrituale müssen verstanden werden als miese Machtmittel der anderen wie als wirksame Werkzeuge eigener Mikropolitik.

## Macht leben: Macht und Hierarchien

Wer Machtpositionen analysieren will, sollte sich nicht von Hierarchien blenden lassen. Die tatsächliche Macht entspricht nicht unbedingt der formalen Hierarchie. So mancher Mensch im Hintergrund hat mehr Macht als derjenige im Vordergrund. Machtausübung ist auch in untergeordneten Positionen möglich, beispielsweise als Assistenz des Vorstands. Entscheidend ist der Zugang zu Ressourcen wie Informationen, Geld oder Beziehungen. Auch wer sich Dinge »abzeichnen lassen« muss, kann mehr Macht haben als der, der sie abzeichnet. Nicht umsonst gibt es in Karriereratgebern zahlreiche Tipps und Tricks zum Umgang mit Sekretärinnen. Nicht umsonst sind männliche Sekretäre immer noch unterrepräsentiert. Die Strategie des Machtgebrauchs über und durch andere ist immer noch eine gerade unter Frauen beliebte und erprobte – allerdings auch deshalb, weil der direkte Zugang zur Macht häufig noch verbaut ist.

Auch wenn Sie meinen, keine oder wenig Macht zu haben: Es gibt immer jemanden, der noch weniger (oder auch mehr) Macht hat. Machtgleichheit ist ein seltener und sehr instabiler Zustand. Deshalb lohnt es sich, den aktuell gefühlten Zustand der Machtverteilung kontinuierlich festzuhalten. Gehen Sie beispielsweise davon aus, die Macht in Ihrer Abteilung oder Ihrer Organisation betrage 100 Punkte. Wie viele dieser Punkte haben Sie? Wer hat die anderen Punkte? Und wie wäre die Punkteverteilung nach formaler Macht? Ein starkes Ungleichgewicht zwischen formaler und tatsächlicher Macht ist problematisch: für die Träger der formalen Macht, da sie nicht ernst genommen werden, für alle andern, da es Unsicherheiten gibt, wer was zu sagen hat. Ein Klima, das Intrigen befördern kann.

Wer Machtgebrauch mit Machtmissbrauch gleichsetzt, wehrt sich, die eigenen Machtressourcen überhaupt wahrzunehmen. Es herrscht eine Barriere im Kopf. Man will angeblich »authentisch« agieren; dabei will und kann man sich nicht mit den eigenen Tauschpotentialen auseinandersetzen, geschweige denn sie einsetzen. Diese Personen bevorzugen eher indirekte Formen der Einflussnahme, verdeckte Strategien, die ihnen teilweise gar nicht bewusst sind. Für wirksame und gezielte Einflussnahme, für gezieltes Etwas-Bewegen und professionelle Führung sind sie deshalb nicht gut vorbereitet – und damit auch nicht für die strategische Abwehr von Intrigen. Denn sie haben erstens nicht die nötige positive Einstellung zu Macht, zweitens nicht die praktischen Erfahrungen im Machtgebrauch und drittens nicht das Bewusstsein ihrer eigenen Machtpotentiale und Tauschressourcen. Ein solcher Mangel an Macht-Bewusstsein kann gefährlich werden; denn Machtbewusstsein ist eine wichtige Schutzmaßnahme gegen Intrigen.

Dies kann man ändern: mit einer gezielten Analyse des Jetzt, der eigenen derzeitigen Macht und einer ehrlichen Vision über das »Morgen«, die eigenen Wünsche bezüglich des angestrebten Machtzustands.

## Quellen und Taktiken der Macht

Macht speist sich aus verschiedenen Quellen, Ressourcen, die auch in Intrigen eine wichtige Rolle spielen. Da ist zum einen das Monopol: Spezialwissen, der Alleinzugang zu bestimmten Ressourcen, nötigen Informationen etc. Diese Machtquelle ist kein Privileg von Führungspersonen; auch Hausmeister oder Herrinnen über das Materiallager haben häufig einen monopolitischen Zugriff auf wichtige Ressourcen. Eine zweite Machtquelle liegt in Strukturen: Schlüssel- oder Scharnierpositionen, Knoten im Netzwerk der Organisation sind fernab der formalen Hierarchie mächtig. Das gilt auch für die sogenannten »facilitators«, meist Menschen, die die anderen umsorgen und versorgen, mit Stühlen und Strom, Getränken und Garderobezetteln. Oft werden sie als Hilfsarbeiter angesehen und bezahlt; dabei sind sie »Ermöglicher« oder auch »Erleichterer« im ursprünglichen Wortsinn – in der Praxis aber auch Verhinderer und Blockierer. Die Zahl der Butler und Sekretärinnen, die ihren Chef gestützt oder gestürzt haben, ist groß. Was bei Hofe der Maître de Plaisir war, im Kanzleramt der Protokollchef, ist in Ihrem Unternehmen vielleicht die Frau für den reibungslosen Ablauf von Konferenzen und Sitzungen. Mit ihr sollte man es sich nicht verscherzen.

Die dritte Machtquelle ist die protokollarische Macht als Macht über die Personalakte oder das Sitzungsprotokoll. Sowohl bei Frau Konz als auch bei den »Sieben auf einen Streich« diente das Protokoll oder die Protokollnotiz als Intrigenwerkzeug.

Alle diese Machtquellen und ihre Besitzer gilt es in Intrigen auszumachen, als scheinbar harmlose Mittäterinnen wie als potentielle eigene Verbündete. Von daher: Seien Sie machtbewusst, Ihrer Macht und der Macht der anderen.

Macht ist keine Eigenschaft einer Person, sondern ein Element einer Beziehung zwischen mehreren Personen.

Während Intrigen bisher wenig erforscht sind, ist Macht es umso mehr. Die Taktiken, die beispielsweise Kipnis, Schmidt und Wilkinson, drei renommierte Machtforscher, herausfanden, lesen sich wie eine Mischung aus »gute Taten – schlechte Taten«. Da gibt es neben dem schlichten Sichdurchsetzen die Belohnung und Bestrafung. Argumentieren und Austausch anzubieten steht neben Sichberufen auf Obere und Blockieren oder auch dem Schmeicheln. Die Taktiken werden meist kombiniert. Und wie überall kann man auch bei Macht sagen: Die Mischung macht's, ob die Taktik effektiv ist. Ist gut, was gut wirkt? Die moralische Bewertung ist eine subjektive, solange nicht die Grenzen des Strafrechts erreicht sind. Die Liste der Machttechniken könnte so oder ähnlich sowohl in einer Liste der Instrumente guter Führung stehen als auch in einer Liste der Werkzeuge in Intrigen.

Vielleicht fragen Sie sich jetzt, warum ich sie dann nicht schon vorher als Intrigenwerkzeuge aufgelistet habe. Das habe ich bewusst nicht getan. Wenn Sie eine Lammkeule unter den Mordwerkzeugen finden würden, wären Sie ja auch irritiert. Und dennoch kann sie eines sein, wie Roald Dahl in einer Geschichte bewiesen hat. Außerdem wollte ich nicht von vornherein alle macht- und mikropolitischen Techniken in die Schmuddelecke »Intrige« stellen. Jetzt aber kann ich schon weitermachen mit dem Degoutanten; und deshalb füge ich den zwei schmutzigen Wörtern »Macht« und »Intrige« noch ein drittes hinzu: Politik.

»Politik ist ein schmutziges Geschäft«, sagte nicht nur mein Großvater vor hundert Jahren. Und damit stünde er heute wie damals nicht allein da. Die Meinungsumfragen aus dem 21. Jahrhundert über das Ansehen der Politiker scheinen ihm recht zu geben. Politik und Macht gehören schon per Definition zusammen. Max Weber nannte Politik die »Aktivitäten zum Machterhalt und zur Machtmehrung«; und Politik und Intrigen gehören in der gefühlten Definition untrennbar zusammen. Gehören also Politik, Macht und Intrigen in einen Topf? Und sollte man, wenn man das eine nicht will, nämlich Intrigen, am besten Macht und Politik meiden?

Nein. Beide sind wichtig, wenn man etwas bewirken will, beruflich wie privat, individuell wie gesellschaftlich. Und beide sind wichtig, wenn es darum geht, Intrigen zu verhindern. Ein bewusster Umgang mit Macht schützt vor Intrigen, und eine bewusste Politik in eigener Sache ebenso.

## Mikropolitik: Die »gute Politik«?

Nicht alles was klein ist, ist gut, und nicht alles was klein ist, ist schwach oder weniger mächtig. Mikro bedeutet klein, und Mikropolitik ist die Politik auf der kleinen Ebene, der nichtstaatlichen, der betrieblichen. Sie umfasst wie die »große« Politik Strategien des Machterhalts und der Machtmehrung, Techniken, die eigene Wirksamkeit zu erhalten oder zu erhöhen. Mikropolitische Mittel gibt es unzählige, ein ganzes »Arsenal jener alltäglichen ›kleinen‹ (Mikro-)Techniken, mit denen Macht aufgebaut und eingesetzt wird, um den eigenen Handlungsspielraum zu erweitern und sich fremder Kontrolle zu entziehen«, wie es der Theoretiker der Mikropolitik, Oswald Neuberger, formuliert.

Mikropolitik ist das, was Sie alltäglich machen – Ihre machtpolitischen Strategien im Betrieb, in Ihrer Organisation. Es ist das, was Sie tun müssen, um alltäglich zu agieren und zu reagieren, um im Job zu leben und zu überleben.

Mikropolitik ist absolut notwendig für Führungskräfte wie für ihre Mitarbeiterinnen, und zwar jeden Tag. Denn das Aushandeln von Freiheit und Zwang, der Spielräume zwischen Lust und Notwendigkeit ist ein kontinuierlicher Prozess. Was man sich einmal an Privilegien, an Entscheidungsspielräumen und Handlungsmöglichkeiten aufgebaut hat, ist möglicherweise von anderer Seite umkämpft und wird immer wieder in Frage gestellt, durch Kolleginnen und Chefs, durch wirtschaftliche Zwänge oder technologische Entwicklungen. Das Ziel von Mikropolitik ist dabei kein rein egoistisches; denn es geht ja darum, die eigenen Möglichkeiten möglichst effektiv einzusetzen, um möglichst effektiv arbeiten zu können, auch im Sinne des eigenen Arbeitsauftrags.

Mikropolitik ist auch Machtpolitik, aber sie ist nicht das Gleiche, zumindest wird sie nicht gleich verstanden – und das macht einen wesentlichen Unterschied aus. Mikropolitik ist alltäglich, selbstverständlich und nahezu unbewusst. Sie können gar nicht anders, als Mikropolitik zu betreiben. Sie können sich aber entscheiden, sie künftig bewusst zu betreiben. Mikropolitik ist eine persönliche Haltung, ein Herangehen an den Alltag. Es ist letztlich Ihre politische Kultur, Ihre Grundleitlinie, mit der Sie agieren: Wären Sie eine Regierung, so wäre es die Grundhaltung hinter Ihrer Außen- und Innenpolitik, Ihrer Steuer-, Finanz- und Sozialpolitik und Ihrer Verteidigungspolitik. Im Rahmen dieser Grundhaltung setzen Sie Ihre mikropolitischen Strategien und Taktiken ein.

Die Theoretiker der Mikropolitik Horst Bosetzky und Peter Heinrich beschreiben folgende Taktiken: Abhängigkeitsbeziehungen begründen und sich gleichzeitig eigene Freiräume sichern, Beziehungen herstellen und pflegen, Koalitionen bilden, Parteigänger in der eigenen Organisation durchsetzen, Schlüsselpositionen besetzen, Rollen akkumulieren, in Machtvakua vordringen, sich positiv selbst darstellen, nützliche Positionen und Personen aufwerten, Gegner abwerten, Sanktionen ausüben, Informationen kontrollieren, Konflikte nutzen und Konflikte anstoßen. Quasi eine Erweiterung der Liste »gute Taten – schlechte Taten« aus dem Machthandbuch. Der Unterschied: Mikropolitik ist keine simple Aneinanderreihung der Techniken, bis die Macht erreicht ist, sondern Mikropolitik ist komplexer und auf einen längeren Zeitraum angelegt; sie erledigt sich nicht, wenn ein kurz- oder mittelfristig erreichtes Ziel sich erledigt hat.

Frau Bringer, die Personalreferentin mit der unkorrekten Chefin, weiß dies. Nach ihrer Intrigenerfahrung hat sie sich überlegt, was denn ihre beruflichen Ziele für die noch verbleibenden fünf Jahre im Beruf sind. Sie hat daraus konkrete Vorhaben abgeleitet und überlegt, was und wen sie dazu braucht. Abhängigkeitsbeziehungen zu begründen ist nicht ihre Sache, aber ihre Freiräume will sie sich nicht nur sichern, sondern sie noch ausweiten. Sie hat ihr Netzwerk, ihre Beziehungen analysiert und überlegt, wen sie zusätzlich noch ansprechen kann und muss. Mit der positiven Selbstdarstellung hapert es noch. »Sei wie das Veilchen im Moose, stand in meinem Poesiealbum«, erklärt sie. Sittsam und rein – so geht der Spruch weiter – sieht sie sich zwar nicht. Aber auch nicht als »stolze Rose, die gelobt und bewundert will sein«, das Negativbild für Mädchen der damaligen Zeit wie leider heute noch für viele Frauen. »Vielleicht sollte ich doch mehr in Richtung Rose gehen«, meint sie. »Denn die hat vor allem Stacheln.« Und die braucht man im Beruf, und frau sowieso.

Machtpolitik, Mikropolitik und Intrigen gründen auf ein in weiten Teilen identisches Instrumentarium an Werkzeugen. Und so wie man mit dem Hammer einen Nagel in die Wand schlagen kann, um ein Heiligenbild dranzuhängen, so kann man mit ihm auch jemandem den Schädel einschlagen. Voraussetzung: Man hat einen Hammer oder traut sich, den Nachbarn darum zu bitten.

Alles begrenzt: Geld, Zeit und andere Ressourcen

Egal ob Sie nun bewusst Machtstrategien fahren oder automatisch alltäglich mikropolitisch agieren: Ob Ihr Handeln effektiv ist, hängt nicht nur davon ab, ob Sie die einzelnen Taktiken richtig einsetzen, sondern auch, ob die Grundlagen stimmen. Die beste Technik im Billard hilft nichts, wenn das Queue gesplittert ist und der Billardtisch wackelt. Beruflich brauchen Sie ein finanzielles Budget und verfügbares Personal, Kontakte und Beziehungen, eine entsprechende berufliche Position, Status und die dazugehörigen Symbole. All das muss ausreichend vorhanden sein. Aber wann ist schon etwas ausreichend? Keine der genannten Ressourcen ist unendlich – weder von der Menge noch vom Zeitraum her. Auch bei üppig vorhandenen Ressourcen taucht irgendwann und irgendwo eine Knappheit auf. Deshalb muss ein effektiver Machtumgang die verschiedenen Interessen einbeziehen, die eigenen wie die der andern, der Kolleginnen, des Betriebes etc. Was will ich, was wollen die Kolleginnen? Wo gibt es Widersprüche, Ressourcenkonflikte? Wo kann ich wem entgegenkommen, wo muss ich mich auf jeden Fall durchsetzen? Solche Überlegungen setzen voraus, dass man die verschiedenen Interessen erkennt, um dann bewusst Prioritäten zu setzen. Sie müssen entscheiden, welchen Interessen sie folgen: den eigenen, denen der anderen, denen des Ganzen.

Macht und Mikropolitik sind letztlich effektives Verhandeln. Sie klären als Erstes, was Ihr Ziel ist: Was möchte ich erreichen? Und warum will ich es erreichen? Was konkret habe ich davon, wenn ich mein Ziel erreiche? Welches Interesse steckt dahinter? Geht es um Geld oder um Anerkennung, um Zeit oder um Sicherheit? Dann überlegen Sie, was Sie an Ressourcen zu bieten haben und was Sie zu bieten bereit wären, was also Ihr Ressourceneinsatz ist. Danach klären Sie das Gleiche für Ihre Verhandlungspartner. Müssen Sie möglicherweise gar nicht gegeneinander um eine Position kämpfen, weil der andere eigentlich sowieso in den Vorruhestand gehen will? Können Sie inhaltliche Entscheidungsspielräume gegen ein Repräsentationsbudget tauschen? Auch wenn Sie die Verhandlungen nur in Ihrem eigenen Kopf führen, haben Sie damit eine Grundlage für Ihre eigenen machtpolitischen Entscheidungen.

Ressourcen müssen stets bewusst und zielgerichtet eingesetzt werden, was immer wieder Entscheidungen erfordert: Dazu gehören kurzfristige, momentane Entscheidungen wie »Mache ich jetzt Feierabend oder bleibe ich noch eine Stunde länger«, aber auch langfristigere wie »Soll diese Abteilung aufgelöst werden oder übernehme ich die Leitung«. Es geht um die Ressourcen der eigenen Zeit und der eigenen Position, des wirtschaftlichen Nutzens wie der Handlungsfähigkeit des Betriebs.

Konflikte um Ressourcen produzieren Veränderungsdruck, der wiederum eine wichtige Voraussetzung für nachhaltige Veränderungen ist. Wer etwas verändern will – im eigenen Interesse oder im Interesse der Organisation –, muss immer Ressourcen und Interessen berücksichtigen, und zwar der verschiedenen Akteure. Welche Interessen verfolgen die Einzelnen, welche Alternativen zur Veränderung gibt es für wen, und welche Koalitionspartner ergeben sich hieraus? Aus dieser Analyse entwickelt man dann eine mikropolitische Gesamtstrategie.

Betriebliche Handlungs- und Entscheidungsprozesse sind nicht vorrangig sachrational, sondern vor allem sozial-rational zu verstehen. Auch sogenannte »Entscheidungsträger« unterliegen einem Prozess, den man in der Neurowissenschaft »bounded rationality« nennt; das bedeutet, dass ihre Entscheidungen auch von Gefühlen und Wertvorstellungen, Vorlieben und Abneigungen abhängig sind – genauso natürlich wie die Entscheidungen und Reaktionen ihrer Mitarbeiterinnen. Mikropolitik bezieht diese Emotionen gezielt ein. Insbesondere in Veränderungsprozessen in Unternehmen wird die Gefühlsebene der Betroffenen häufig übersehen. Man hat ja genügend anderes zu tun; und es gibt ja »gute und dringende Gründe«, warum die Veränderungen vollzogen werden sollen. Das Ergebnis: Die neuen Strukturen, Regeln und Vereinbarungen sind im günstigsten Fall unwirksam, schlimmstenfalls werden sie in ihr Gegenteil verkehrt.

Der Veränderungsprozess selbst ist eine gute Gelegenheit für Intrigen: Produktänderungen und betriebliche Umstrukturierungen, Fusionen und Insolvenzen bieten gute Bedingungen. Denn Veränderungen bringen das Machtgefüge in Bewegung, bringen Unsicherheit und die Möglichkeit, etwas zu zerstören oder nachhaltig weiterzuentwickeln, im guten wie im schlechten Sinne, mit sauberen wie mit unsauberen Methoden. In jedem Fall müssen die Ressourcen und Interessenkonflikte erkannt und berücksichtigt werden – die eigenen, die der anderen und die der ganzen Organisation. Sonst wird es schwer, Veränderungen durchzusetzen. Dies gilt für Chefs wie für Mitarbeiter, für große und kleine Veränderungen. Und zwar langfristig, nicht erst auf den letzten Drücker.

Mikropolitisches Agieren und Intrigenmanagement haben viel gemeinsam: Beide erfordern ein nachhaltiges und kontinuierliches Beobachten, ein bewusstes und ständiges Entscheiden und Handeln und viel Flexibilität. Mikropolitische Kompetenz beinhaltet ein äußerst flexibles Handeln, immer in Rückkopplung zur jeweiligen Interessenlage des Gegenübers, in die man sich permanent hineinversetzen muss. Nötige Informationen müssen auch auf informellem Weg beschafft werden; die informellen Wege und Kontakte der anderen gilt es zu erkennen, die fremden Kontaktnetze und Spielregeln zu nutzen. Eigene Netzwerke auf Gegenseitigkeit müssen aufgebaut werden und hieraus Bündnispartnerinnen entwickelt werden. Und nicht zuletzt ist Strategieentwicklung nötig – und zwar eine, die auf die jeweiligen Personen und ihre Interessen ausgerichtet ist.

## Von Intuition, Schmoozing und Ohnmachtsstrategien

Alles das klingt sehr überlegt und durchdacht. Ist es auch, aber auch Intuition ist ein wichtiges Werkzeug: das sogenannte Bauchgefühl, eine relativ spontane Eingebung, die auf Erfahrungen beruht, eine Erkenntnis, die nicht immer begründet werden kann, zumindest nicht, wenn es schnell gehen muss oder man wenig weiß. Intuition spielt eine große Rolle, wenn es um die Einschätzung von Menschen geht: wenn man Bündnisse sucht und informelle Informationskanäle anzapft. Machtstrukturen müssen erspürt und aufgespürt werden, man verhandelt mit dem Umfeld und macht potentielle Gegner zu Unterstützerinnen. Dafür muss man unbedingt den eigenen Marktwert erkennen, nach außen deutlich machen und gezielt nutzen. Intuition ist auch für das eigene Wohlbefinden wichtig: Schutzräume im eigenen Arbeitsbereich wollen aufgebaut und genutzt werden, Menschen ausfindig gemacht, die prinzipiell eher »auf meiner Seite« stehen. Auch der Austausch mit »Feinden« gehört dazu – das Bier mit dem Gegner, der Smalltalk mit der Konkurrentin. Und nicht zuletzt sollte der Spaß nicht fehlen, Machttaktiken anzuwenden, auszuprobieren und weiterzuentwickeln. Nicht alles ist harte, sachliche Arbeit und auch nicht nur kräftezehrende Beziehungsarbeit. Es gehört auch Schmoozing dazu – ein relativ neues Wort, dessen lautmalerischer Klang seine Funktion eindeutiger beschreibt als die deutsche Definition: das Hegen und Pflegen des soziokulturellen »Raumklimas«. Plaudern und Flanieren gehören dazu, in der Teeküche und vor dem Kopierer, durch Flure und Gänge, wobei nebenbei Informationen ausgetauscht und Bündnisse vertieft werden.

Alle diese Taktiken sind für sich genommen alltäglich. Sie sind nicht verwerflich oder schmutzig, können aber so gebraucht werden, weshalb viele sie grundsätzlich und vehement ablehnen.

»Ich mag das nicht, dieses Rumgestehe und Rumgetratsche. Die Arbeit bleibt liegen, und es wird sowieso nur schlecht über die anderen geredet«, empörte sich ein Teilnehmer im Intrigenseminar. Es folgte eine heftige Diskussion unter den Teilnehmenden, bei der die Vor- und Nachteile erörtert wurden. Er war zwar nicht restlos überzeugt; bekam aber viele Anregungen, wo ihm selbst eine bessere Mikropolitik in der Vergangenheit genützt hätte.

Wenn Politik der kunstgerechte Umgang mit der Macht ist, so ist Mikropolitik der kunstgerechte Umgang mit Macht in der Organisation. Was aber ist »kunstgerecht«? Und ist Kunst wertfrei? Gibt es so etwas wie »gute Mikropolitik« und »schlechten Machtgebrauch«? Wo ist die Grenze zwischen Ge-brauch und Miss-brauch? Und was ist – unabhängig von der moralischen Bewertung – »kluges« Vorgehen im Sinne von nützlich, effektiv und wirksam?

Bei allen geschilderten Strategien gibt es natürlich Taktiken, die offensichtlich moralisch schlecht erscheinen. »Ausschalten«, »ausbooten«, und »kaltstellen« klingen wie Handlungsbeschreibungen aus Kriminalfilmen. Ist es aber immer noch schlecht, wenn man den »bösen Gegner« ausbootet? Und wie ist das bei Taktiken wie »informelle Informationswege nutzen« oder »Freiräume schaffen«, die neutral oder sogar positiv klingen? Was aber, wenn auf diesen Wegen Gerüchte gestreut werden, um ungestört den eigenen Interessen nachzugehen? Die Bewertung obliegt dem und der Einzelnen, abhängig vom konkreten Vorgehen, der Situation sowie dem Ziel.

Da scheint es einfacher, generell alle machtpolitischen Techniken und Tricks abzulehnen und dies moralisch zu begründen. »Keine Macht haben« ist aber nicht möglich – genauso wie es nicht möglich ist, nicht zu kommunizieren. »Nicht-Macht« ist auch Macht. Einige entwickeln hieraus die »Ohnmachtsstrategie« – ebenfalls ein mikropolitisches Strategiebündel. Es beinhaltet beispielsweise Schmeicheleien und Gefälligkeiten, das Nutzen von Konflikten und von Schwächen. Statt auf die eigene Macht zu setzen, spielt man damit, sich klein zu machen, abhängig zu scheinen, um sich dadurch indirekt Freiräume zu sichern. Dazu gehört beispielsweise »sich um andere kümmern« oder sich selbst als »gut«, »naiv«, »fleißig« oder »zu kurz gekommen« darzustellen. Nicht immer ist diese mikropolitische Ohnmachtsstrategie den Handelnden bewusst. Einige haben sie sich einfach nur angewöhnt; dennoch ist sie schwer abzulegen, gerade wenn man oder frau damit bisher erfolgreich war.

Frau Beier, Geschäftsführerin eines kleinen Pflegedienstes, hatte einen Konflikt mit einer der zehn Pflegerinnen, die zwar alle angestellt waren, aber auch nach Leistung bezahlt wurden. Frau Beier fühlte sich von ihr ständig kritisiert, nicht anerkannt und nicht wertgeschätzt. Als der Konflikt eskalierte, rief sie laut um Hilfe. Mit fast jeder der anderen Pflegerinnen beriet sie sich, was sie tun solle. Sie zeigte sich offen für alle Kritik und Verbesserungsvorschläge. Alle bemühten sich um sie, die ja so sehr litt unter der Situation. Aber keiner wusste, dass sie schon längst gehandelt und die entsprechende Pflegerin entlassen hatte. Es war keine Lüge, denn niemand hatte sie direkt danach gefragt. Und war es böser Wille, Taktik oder einfach »ihre Art«, wie sie sich verhielt? Auf jeden Fall bekam sie so Zuspruch und Verständnis und uneingeschränkte Loyalität nach der von ihr gefällten Entscheidung, obwohl diese sehr umstritten war.

Mikropolitik ist alltäglich, sie geht über in Fleisch und Blut, weshalb sie vielen nicht bewusst ist. Sie wird effektiver, wenn man sich der Verhaltensweisen bewusst ist, wenn man sich Ziele setzt, sie zu bewussten Strategien formt und hieran die Taktiken ausrichtet. Mikropolitik ist Machtpolitik – auch wenn man angeblich keine Macht will. Da jeder Mensch mikropolitisch aktiv ist, sollte jeder sich mit Macht auseinandersetzen. »Gut« ist eine Strategie erst einmal dann, wenn sie erfolgreich ist. Die moralische Bewertung steht auf einem anderen Blatt – wobei ein jeder sich für sich persönlich damit beschäftigen muss.

Der Unterschied zwischen bloßen Machtstrategien und Intrigen misst sich an Kriterien, und zwar den Kennzeichen von Intrigen: Steckt ein Plan dahinter, ist das Vorgehen hintergründig, wird es zielgerichtet verfolgt und gibt es mindestens drei Akteure? Die Frage, was ist noch gut und was ist schon böse, und die Unterscheidung zwischen beidem muss ein jeder selbst vornehmen. Genauso wie die Definition von Erfolg. Denn Erfolg misst sich am Ziel: Erfolg ist die Verringerung der Differenz zwischen dem, was ich jetzt habe oder bin, und dem, wo ich hinwill. Zwischen dem Hier und Jetzt und dem Dann und Dort, was und wo auch immer es sein mag. Den Weg dazwischen sollte man und frau nicht allein gehen. Womit wir bei einer zentralen Strategie wären – einer Machtstrategie, die sich auch in und bei Intrigen bewährt hat; bei ihrer Durchführung, ihrer Abwehr und vor allem der Prävention gegen Intrigen.

## Gemeinsam statt einsam: Von Netzwerken und Seilschaften

Netzwerken gilt als DAS Erfolgsrezept überhaupt, ist in diversen Ratgebern zu lesen. Natürlich! Ohne Netzwerke kein Erfolg, und ohne Netzwerke keine Intrigenabwehr. Während Netzwerke als positiv gelten, werden Seilschaften negativ bewertet. Sie gehören angeblich dahin, wo vieles Hässliche passiert, bei »schmutzigen Geschäften« in der Politik oder in der Mafia. Dabei kommen Seilschaften aus der Welt der klaren Luft und weiten Sicht, des loyalen Miteinanders, der Verlässlichkeit und des gemeinsamen Ziels: Rauf auf den Gipfel! Eine Seilschaft ist eine Zweckgemeinschaft auf Zeit, nicht unbedingt eine Freundschaft. Sie ist eine Gemeinschaft von Unterschiedlichen, die ihre verschiedenen Stärken klar sehen und sich verständigen, wie das Ziel, der Gipfel, angegangen werden soll. Dabei ist der Gipfel ein gemeinsames Ziel, aber ein Ziel auf Zeit. Die Motivation, das Ziel zu erreichen, kann durchaus variieren. Dem einen geht es darum, endlich einen 8000er zu bezwingen, der andere schielt vielleicht auf den damit verbundenen Werbevertrag. Und jeder und jede Einzelne kann mit einer Seilschaft durchaus unterschiedliche weitere Ziele verfolgen: »Hilfst du mir auf diesen Gipfel, dann gehe ich mit dir auf den anderen« – den ich eigentlich gar nicht erklimmen will.

Aus Bergseilschaften lässt sich viel lernen: für den Umgang mit beruflichen Karrieren wie für den Umgang mit Intrigen. Am Anfang wird das Ziel genau in den Blick genommen: Wie sieht er aus, der Gipfel, von Westen und Osten, Norden und Süden? Wer hat ihn bereits wie erklommen? Welche Ausrüstung ist dafür nötig? Dann erst wird die Route ins Auge gefasst: Von wo ist der beste Aufstieg? Was brauche ich und was habe ich? Wann gehe ich am besten los und mit wem? Der Einstieg in den Berg muss sorgfältig gewählt, das Wetter ständig beobachtet werden. Eine geht vor, sichert sich und meldet »Stand«. Dann folgt der nächste. Die Kommandos sind klar. Und eine jede kann sich darauf verlassen, dass sie gesichert wird. Werden die Bedingungen zu schlecht – die äußeren oder die inneren –, wird der Rückzug angetreten. Man kann es ja ein anderes Mal wieder versuchen. Wenn die Schwächen und Widrigkeiten sorgfältig analysiert wurden.

Eine Seilschaft ist kein Netzwerk. Sie ist eindeutig vertikal gegliedert, während das Netzwerk eine Struktur von jedem mit jeder ist. Eine Seilschaft hat jemanden »vorn«, die vorangeht und der die anderen in fester Reihenfolge folgen, wie Sprossen in einer Strickleiter. Ein Netzwerk dagegen hat mehrere Knoten, von denen eine Vielzahl von Verbindungen ausgehen, wie bei einem Spinnennetz. Seilschaften setzen ein eng umrissenes gemeinsames Ziel voraus, Netzwerke brauchen dies weniger, auch wenn ihnen klare Ziele guttun. Sie sind eher ein Ressourcentopf: durch ihre Vielfalt, die zahlreichen Verzweigungen, die unzähligen Möglichkeiten. Sind Netzwerke zu unübersichtlich, kann man sich in ihnen verfangen und verstricken: Man investiert viel Zeit und Arbeit und bekommt nichts heraus als Gemeinsamkeit. Netzwerke brauchen Knoten: dezentrale Zentren, Menschen, die besonders wichtig sind für den Zusammenhalt, die Festigkeit und Tragfähigkeit. Und die dadurch auch eine gewisse Macht haben, die die Nichtknoten nicht haben. Diese Macht wird meist nicht vergeben, sondern entsteht durch »machen«: durch eine aktive Rolle, durch Mikropolitik.

Netzwerke braucht man im Job und im sonstigen Leben, das ist unbestritten. Sie sind wichtig für die eigene Mikropolitik. Zusätzlich aber sind Seilschaften wichtig. Wenn Sie hiermit Berührungsängste haben, nennen Sie es versuchsweise Geschäftsbündnis: ein Zusammenhang mit klaren Rollen und Aufgaben und einem klaren Ziel. Ein Zusammenhang, in dem eine das letzte Wort hat – das Intrigenopfer, es ist am stärksten von den Konsequenzen betroffen –, und zwar dann, wenn man die anderen, die man kennt und einschätzen kann, um ihre Meinung gefragt hat.

Netzwerke wie Seilschaften gehören zu Intrigen dazu – auch auf der Ebene der Opfer, oder sagen wir besser: bei denjenigen, die Intrigen abwehren. Beide Bündnisformen sind nicht im Handumdrehen aufzubauen, sondern gezielt und nachhaltig. Spätestens wenn Sie in einer Intrige stecken, ist eine Seilschaft sinnvoll, mit der Sie Ihre Abwehrstrategie umsetzen. Vorher und unabhängig von Intrigen brauchen Sie bereits funktionierende Netzwerke: nicht nur für die potentielle Intrigenabwehr, sondern vor allem für die Prävention.

»Aus drei mach zwei« hatte ich das Beispiel der drei Geschäftsführer genannt, von denen einer in die Wüste geschickt wurde, nach Hamburg. Miller und Schrieber, die Täter, hatten einen guten Draht zum Vorstand. Ob es schon eine Seilschaft war, lässt sich von außen nicht sagen. Brohler, das Opfer, hat es im Nachhinein als solche empfunden.

Heute, von Hamburg aus, sieht er Miller als denjenigen, der die Seilschaft in Frankfurt geführt hat. Klar, der Vorstand hatte offiziell das Sagen; aber Miller hat die Innenpolitik im Betrieb bestimmt, wer an welche entscheidende Stelle kommt. Brohler sieht Miller und Schrieber als eine Seilschaft, in der der Vorstand nur Mittel zum Zweck, eine Art Steigeisen war. Aber wer war sonst noch in der Seilschaft? Er will es eigentlich gar nicht wissen. Das sollte er aber, und das weiß er auch. Denn wenn es wirklich eine gute Seilschaft ist, dann bindet sie auch andere Filialen ein: Frankfurt und Berlin, vielleicht Rotterdam und Kopenhagen fallen ihm ein. Und Hamburg, wo er seit kurzem sitzt, fehlt ihnen das etwa noch in der Seilschaft? Er wird einen genauen Blick auf seine neue Belegschaft werfen. Es war seine Frau, die ihn drauf gebracht hat. »Weibliche Intuition«, hat sie gesagt. Seine Finanzerin in Hamburg sei eine Machtfrau, meint sie. Die würde es exzellent verstehen, ihre eigene Mikropolitik zu gestalten. Die habe doch sicher einen sehr guten Draht nach Frankfurt; und vielleicht wolle die ja mal die Filiale übernehmen, an seiner Stelle. Ihm selbst fehlt der gute Draht nach Frankfurt, die ständige Verbindung zu seiner alten Betriebsstätte und vor allem zum Vorstand. Das weiß er auch. Immer noch ist die Verletzung groß; und er findet »dieses ständige Anbändeln« eher lästig. Er ist halt kein Machtmensch. Aber er ist lernfähig. »Noch mal ziehe ich nicht um«, hat ihm auch seine Tochter gesagt. Er muss aufpassen. Und vielleicht geht er doch noch mal ans Seil, versuchsweise, Bergwandern im Urlaub.

## Der Blick aus der Loge: Und wenn ich nicht das Opfer bin?

»Was ich tue, wenn ich Opfer werde, weiß ich nun. Was aber, wenn ich in eine Intrige reingezogen werde?«, fragte mich ein Teilnehmer eines Intrigenseminars. Die zehn Abwehrschritte helfen auch dann. Sie müssen Ihre Lage genau analysieren, sich über Ihre Interessen klar werden, die Konsequenzen bedenken, eine Entscheidung fällen und Ihren Plan konsequent umsetzen. Wozu auch immer Sie sich entschließen: Man kann sich nicht nicht verhalten. Auch abwarten und Kaffee trinken – womöglich noch mit dem Opfer oder dem Täter – ist ein Verhalten. Augen schließen und von intrigenlosen Zeiten träumen stoppt nicht das Geschehen, in dem Sie Akteur sind, und sei es nur als Publikum.

Intrigen leben vom Publikum, wie ich im Eingangskapitel ausgeführt habe. »Ich habe ja nicht mitgemacht, und ich habe das auch nicht gutgeheißen«, erklärte der Seminarteilnehmer weiter. Auch wenn Sie der Inszenierung keinen Beifall zollen, gewährleisten Sie durch Ihre bloße Anwesenheit, dass diese stattfindet. Und sei es nur, weil Sie die scheinbare Öffentlichkeit herstellen. Niemand verlangt von Ihnen, laut »Buh« zu schreien und mitten in der Aufführung demonstrativ den Saal zu verlassen. Schlecht wäre es allerdings nicht, denn Ihr Nachbar nimmt es möglicherweise zum Anlass, ebenfalls zu gehen, wozu er sich vorher nicht getraut hat. Auch ein Leserbrief in der Lokalzeitung wäre nicht schlecht; auf jeden Fall sollten Sie Ihren Bekannten erzählen, wie schlecht Sie die Aufführung fanden. Das nützt nichts? Probieren Sie's aus. Sie genieren sich, weil der Autor so bekannt, der Regisseur berühmt und die Karten so teuer waren? Stehen Sie dazu. Man kann sich irren.

Wenn keiner sich traut zu kritisieren, dann geht das Stück womöglich in die Wiederaufführung, weil es so erfolgreich war. Und dann traut sich erst recht niemand, sich kritisch darüber zu äußern.

Kritiker an Intrigen riskieren natürlich, nicht gehört, nicht ernst genommen oder sogar selbst beschuldigt zu werden. Deshalb brauchen Sie Material und Beobachtungen, die Sie gesammelt haben, quasi als Beweis, zum Untermauern Ihrer Argumente. Und Sie brauchen einen Plan, wie Sie vorgehen. Alle Ratschläge für Intrigenopfer gelten auch hier. Wenden Sie sich an eine vertrauensvolle Person oder Stelle, innerhalb oder außerhalb des Betriebs: eine Kollegin, den Chef, die Konfliktbeauftragte etc. Mehr dazu finden Sie unter der Intrigenabwehr wie unter Intrigenprävention.

### Es ist nie zu spät – auch wenn es schon vorbei ist

Nun wissen Sie, was Sie tun müssen: Ihr Zehn-Punkte-Programm haben Sie parat, Ihre Ressourcen analysiert und Ihr Waffenarsenal inspiziert. Sie kennen sich aus mit Gerüchten und Gruppen, mit Macht und mit Mikropolitik. Und Sie haben ein gutes Netzwerk. Sie glauben, Sie haben all das angewandt bei der letzten Intrige gegen Sie. Und dennoch ging es schief, und Sie wollen den Intrigenvorfall nur noch vergessen? »Hätte ich doch damals auf meinen Bauch gehört, hätte ich sie doch nie eingestellt«, sagte eine Personalleiterin. Nur: Was nützt ihr dieses »hätte«? Es ist vorbei, die Intrige passiert. »Schluss, aus und vorbei. Nun will ich es vergessen«, erklärte sie weiter. Das ist menschlich verständlich, aber nicht unbedingt sinnvoll. Auch wenn die Intrigen bereits erfolgreich durchgeführt wurden, lohnt es sich, einen Blick zurück zu werfen und das Geschehene sorgfältig zu analysieren, beispielsweise anhand der zehn Abwehrschritte. Lernen Sie aus der Vergangenheit, damit dies in Zukunft nicht wieder passiert. Dazu gehören auch die Fragen: Was hätte ich damals anders machen können? Warum habe ich es nicht gemacht? Nicht im Sinne einer Schuldzuweisung an sich selbst, sondern als nachträgliche Analyse. Was hat mir gefehlt dazu? Was hätte es mir ermöglicht, dies zu tun? Dies sind Fragen mit Konsequenzen für die Zukunft, Handlungsanweisungen und To-do-Listen, damit es möglichst nicht wieder dazu kommt.

Denn die beste Intrigenabwehr ist immer noch die Prävention.

# TEIL III: VORBEUGEN IST BESSER ALS ABWEHREN

Intrigenabwehr erfordert viel Energie, Überlegung und Erfahrung. Aber wer hat die schon, vor allem Letztere? »Einmal Intrige, nie mehr Intrige«, meinen die meisten – irrtümlicherweise nach meiner Erfahrung. Denn viele der Menschen, mit denen ich über Intrigenerlebnisse redete, hatten mehrere Beispiele – aus dem Privatleben wie aus dem Beruf, aus der Anfangszeit ihrer Karriere wie aus der Zeit der Etablierung. Dabei waren sie keineswegs besonders als Opfer geeignet: weder besonders vertrauensselig noch besonders misstrauisch, weder besonders gutwillig noch besonders böswillig. Waren sie vielleicht nur besonders aufmerksam geworden auf das Thema Intrige? Sicher, die Erfahrung hatte bei einigen von ihnen den Blick geschärft, jetzt, nach den verschiedenen Intrigen. Ansonsten waren sie nicht anders als andere Menschen, die keine oder nur eine einzige Intrigenerfahrung zu haben glaubten.

Ob gegen Sie eine Intrige gestartet wird, haben Sie nicht unbedingt in der Hand. Ob und wie Sie darauf vorbereitet sind, hingegen schon. Am besten präpariert ist man durch eine am eigenen Leib erfahrene Intrige – jedoch nur, wenn Sie diese bewusst aufgearbeitet haben.

Eine Frage war in meinen Interviews immer besonders wichtig, für mich und dieses Buch wie für die Interviewten selbst. »Was würden Sie heute anders machen als damals? Was haben Sie bei der zweiten, der dritten Intrige anders gemacht?« Eine schwierige Frage für die meisten. Einige mussten erkennen, dass sie trotz mehrfacher Erfahrung sich immer gleich und gleich erfolglos verhalten hatten und noch immer nicht wussten, wie sie sich ein nächstes Mal wehren sollten. Andere hatten aus ihren Erfahrungen bewusst gelernt, Konsequenzen gezogen, mussten aber dennoch erfahren, dass es selbst mit einem ausgezeichneten System von Intrigenabwehr nicht immer gelingt, eine Intrige zu verhindern. Alle Erkenntnisse und Überlegungen zur Intrigenerkennung und Intrigenabwehr sind gut, nützlich und wirksam. Aber all dies ersetzt nicht die Vorbeugung gegen Intrigen.

Prävention erfolgt letztlich in den gleichen Schritten wie die Abwehr, ist aber ein hiervon getrennter Vorgang. Dabei ist es wichtig, die Verantwortungsebenen und ihre potentiellen Akteure zu unterscheiden: Dies ist erstens das direkt betroffene Individuum, das frühere Opfer und seine Kolleginnen. Zum Zweiten gibt es die Ebene der Chefs, also diejenigen, die die Gesamtverantwortung für das Unternehmen und damit auch die potentiellen Opfer haben. Und drittens ist es die Ebene der gesamten Firma, der Organisation und ihres Umfelds. Hierzu zählen die gesamte Belegschaft, die Aufsichtsräte und auch das gesellschaftliche Umfeld mit Gewerkschaften, Arbeitgeberverbänden, Berufsverbänden und Standesorganisationen.

## Was Sie als Einzelne (für sich) tun können: Das Zehn-Punkte-Programm

Bei der Intrige ist es wie bei der Mundpflege: Besser Zähne putzen als Zähne ziehen. Ersteres müssen Sie aber schon selbst tun. Das macht die Einsicht häufig so schwierig und das entsprechende Handeln erst recht. Prophylaxe ist Arbeit; sie erfordert Disziplin, Zeit und vor allem Einsicht, und die beginnt im Kopf – egal ob es um Zähne geht oder um Intrigen.

## 1. Überprüfen Sie Ihre Glaubenssätze

Sie glauben, alle Menschen sind gut? Ein solcher Glaubenssatz ist genauso hinderlich und falsch wie sein Gegenteil. Personalisieren Sie diese Sätze: Wer ist gut? Wer hat Ihnen bereits geschadet oder schaden wollen?

Sicher werden Sie für beide Fälle jemanden finden. Im Zweifelsfalle fangen Sie bei sich selbst an nach dem Motto »Ein jeder packe sich an die eigene Nase«. Sind Sie selbst gut? Nur gut? Haben Sie selbst noch nie jemandem geschadet? Es ist nicht verwerflich, an die eigene Bequemlichkeit, den eigenen Vorteil zu denken. Nützliche Erfindungen wurden getätigt, um sich die Arbeit leichter zu machen; und eine gute Portion Eigennutz kann geschäftsfördernd sein. Nicht umsonst gibt es Boni und Provisionen in vielen Geschäftsfeldern. Selbst hinter scheinbar nett gemeinten Hilfestellungen kann sich eine unlautere Absicht verbergen. Auch bei denen, die eigentlich professionell für Hilfe zuständig sind.

 **Vorsicht: Hilfe!**
Eine meiner Kolleginnen aus dem Coaching-Bereich berichtete von einer bekannten Autorin und Trainerin, nennen wir sie Anke Seidelmann, die ihr angeboten hatte, sie bei ihrem nächsten Buchprojekt zu unterstützen. Meine Kollegin war begeistert und erleichtert, in naher Zukunft eine erfahrene

Mentorin an ihrer Seite zu haben, die ihr die verhasste und ungewohnte Akquise bei Verlagen erleichtern könnte. »Stellt euch vor, die bekannte Anke Seidelmann will mein Buchkonzept haben und dann mit ihrem Verleger reden«, erzählte sie sichtlich erleichtert in der Intervisionsrunde, einer Beratungsrunde vertrauter Kollegen. »Was heißt das, sie will es haben?«, wurde vorsichtig nachgefragt. »Na, sie will es haben, um die Idee beim Verlag unterzubringen«, antwortete sie leicht irritiert. Aus den Berichten der Kollegen erfuhr sie dann, dass die besagte Trainerin dafür bekannt war, unterstützend aufzutreten, um dann gute Ideen selbst umzusetzen, mit ihrem guten und bekannten Namen. Denn schließlich gingen auch ihr immer wieder die Ideen aus, die sie aber brauchte, um im schnelllebigen Trainingsgeschäft oben zu bleiben.

Ideenklau ist ein unmittelbar überzeugendes Motiv, geht es doch um Geld und Image. Man muss nur darauf kommen, dass das dahintersteckt, hat doch die besagte Anke Seidelmann bereits beides, Geld und Bekanntheit. Verbunden mit der Selbstvermarktung, andere Frauen zu fördern, wohlwollende Unterstützerin zu sein, ist es zumindest eine miese Taktik, mit dem Potential zu mehr. Denn das eigennützige Angebot kann mittels gekonnter Täuschung zum Intrigenwerkzeug werden.

Trauen Sie sich, scheinbar gut gemeinte Angebote zu hinterfragen: Was könnte das Interesse desjenigen sein, der Ihnen Hilfe anbietet? Auch wenn Sie nicht auf »unlautere Motive« stoßen, kann das hilfreich sein. Beispielsweise um eine gut gemeinte Hilfe mit gutem Gewissen annehmen zu können, weil Sie so erfahren, dass die Hilfe dem Helfenden selbst Spaß bringt.

Wenn Sie nicht ablassen können, daran zu glauben, dass Menschen gut sind – vielleicht haben Sie ja sogar recht –

dann halten Sie's doch mit Karl Valentin, der sagte: »Der Mensch ist gut, aber die Leut' sind schlecht.«


## 2. Machen Sie Intrigen gegen Sie unattraktiv

Hinter Intrigen stecken Ressourcenkonflikte. Diese lassen sich meist nicht vermeiden, da Ressourcen selten unendlich sind. Ihr Job lässt sich nicht einfach verdoppeln, Ihr Budget auch nicht. Auch können Sie nicht alles Attraktive teilen oder wollen dies nicht. Kurz: Ressourcenkonflikte sind unvermeidbar. Sie müssen sich ihnen stellen und Ihrem Umfeld signalisieren, dass Sie von diesen Konflikten wissen. In vielen Fällen können Sie Konkurrenten um Ressourcen offen darauf ansprechen und ihnen verdeutlichen, dass Sie auf Auseinandersetzungen vorbereitet sind und dank Ihrer Erfahrung auch Intrigen abwehren werden.

»Ich weiß, dass Sie gerne meinen Job hätten, Herr Schmidt«, sagte ein Abteilungsleiter zu seinem Kollegen, der seit einiger Zeit schlecht über ihn redete, und fuhr fort: »Ich weiß auch, dass Sie einen guten Draht zu unserem Chef haben. Aber ich warne Sie: Unterschätzen Sie nicht meinen Kontakt zum Vorstand.« Eine klare Kampfansage. Häufig reicht das bereits aus, um den Intriganten zu stoppen, bevor er den ersten Schritt des Intrigenplans umsetzt.


## 3. Gucken Sie genau hin: Persogramm, Konfliktlandkarte, Netzwerkanalyse & Co

Selbst wenn alles um Sie herum ruhig erscheint: Werfen Sie regelmäßig einen genauen Blick auf Ihr Umfeld. Welche Menschen sind um mich herum? Was hat sich da verändert? Wer ist gegangen, wer gekommen? Wie in einem Organigramm zeichnen Sie die Menschen um sich herum auf, in ihren Verbindungen und Positionen zueinander, ein Persogramm. Möglicherweise hilft es, zwei verschiedene Zeichnungen zu machen: einmal die Situation während der Intrige und zum heutigen Status oder etwa zum Stand vor einem Jahr und zum jetzigen Stand. In welchem Bereich häufen sich Veränderungen? Empfinden Sie diese als positiv oder negativ, unterstützend oder potentiell gefährlich? Wenn Sie eine solche Analyse mehrmals gemacht haben, werden Ihnen die Veränderungen schnell auffallen.

Strukturelle oder personelle betriebliche Änderungen können alte Konflikte lösen, aber auch neue mit sich bringen. Gibt es neue Abteilungen, neue Zuständigkeiten und neue Strukturen? Machen Sie sich eine Skizze oder besser zwei: Da die alte Struktur, hier die neue. Klingelt es irgendwo, so kennzeichnen Sie den potentiellen Konfliktherd, zum Beispiel mit einem roten Pfeil. Eine OPA® durchzuführen ist sicher verfrüht. Aber dennoch lohnt es sich, beim Opernbesuch das Thema im Hinterkopf zu haben.

Fertigen Sie auf Basis des Persogramms und des Organigramms Ihres Betriebs außerdem eine Konfliktlandkarte an – eine Darstellung, in der Sie alle Abteilungen und die informellen Gruppierungen, alle wichtigen Personen und alle vergangenen und gegenwärtigen Konflikte verzeichnet haben. Beschränken Sie sich auf die wichtigen, sonst zeichnen Sie ja gleich einen ganzen Atlas. Wo war der letzte Konflikt? In welcher Abteilung oder welchem Team, bei welchen Personen? Wo wird Ihrer Meinung nach der nächste sein und warum? Was ist aus den alten Konflikten geworden? Sind sie wirklich vorbei, schwelen sie im Untergrund oder flammen sie gerade wieder auf, in anderen Konstellationen, mit neuen Mitarbeiterinnen? Wenn Ihre innere Stimme einen

Warnhinweis gibt, so machen Sie sich eine Notiz. Geben Sie dem potentiellen Konflikt einen Namen und einen kleinen Eintrag in Ihre Konfliktlandkarte. Ein kurzer Ausflug mit dem virtuellen Helikopter – ein gedanklicher Flug über die Szene, der distanzierte Blick von oben – hilft, den Überblick zu bewahren, und ist besonders bei schönem Wetter, also ohne Konfliktherde, eher ein Genuss als eine Pflicht. Dabei benutzen Sie neben der sachlichen Analyse Ihre Intuition als Werkzeug. Trauen Sie Ihrem Bauchgefühl; denn dieses ist ein komplexer, wohlklingender Dreiklang aus guter Wahrnehmung, profundem Wissen und erworbener Weisheit, sprich Erfahrungen. Intuition dient als ein Informationsfilter; sie ignoriert die Informationen, die weniger wichtig sind. Damit zeichnet sie ein Gesamtbild der Situation, und zwar häufig in Sekundenschnelle. Danach gilt es, dieses näher zu ergründen.

»Ich bin ein rationaler Mensch; aber ich habe gelernt, auf mein Gefühl zu achten«, sagt Frau Konz, eine Ökonomin, die eher auf harte Zahlen achtet. Sie arbeitete als Vorstand in der Immobilienbranche. Nach einer Intrige gegen sie erweiterte sie ihr Handwerkszeug: »Intuition reicht zwar nicht; aber wenn ich ein komisches Bauchgefühl habe, höre ich darauf, nehme mir die Zeit und setze mich hin, um glasklar zu analysieren.«

Der Kern Ihres Umfelds, Sie selbst, verdient eine besondere Betrachtung. Was ist aus Ihrer Achillesferse, Ihrer Schwäche, Ihrem wunden Punkt aus der Vergangenheit geworden? Gibt es neue Achillesfersen? Woran lohnt es sich zu arbeiten, wenn Ihr Schwachstellenspeicher, ihre permanente Auflistung der Sollbruchstellen, leer ist? Wenn Sie keine wunden Punkte finden, umso besser; dann verfügen Sie aber nach dieser Suche über eine aktualisierte Bestandsaufnahme Ihrer Ressourcen.

Frau Konz weiß, dass ihr eigenes Engagement eine Schwäche ist. Sie verliert dann den Blick für ihr Umfeld. Insbesondere männliche Kollegen fühlen sich dann von ihr überrannt, nicht wertgeschätzt. »Ich muss daran denken, sie zu pampern«, nennt sie das: sie loben, sie sehen, ihnen immer wieder neu ihren Platz geben.

Die Konfliktlandkarte und der Schwachstellenspeicher dienen als Checkliste, auf welche Stellen Sie besonders achtgeben müssen. Beide sind zusätzlich eine gute Basis für Ihre persönliche Netzwerkanalyse – ein weiteres Intrigenpräventionswerkzeug, mit dem Sie sich gleichzeitig auch Ihrer eigenen Ressourcen vergewissern und Ihre Mikropolitik optimieren können. In die Netzwerkanalyse beziehen Sie die Menschen aus dem weiteren Umfeld ein, nicht nur aus dem direkten beruflichen Kontext. Schreiben Sie auf, was diese Personen jeweils als Ressource zu bieten haben: verlässliche Freundschaft oder prominente Kontakte, einen Schrebergarten oder Aktienmarktkenntnis – alles zählt. Eine Bewertung und Gewichtung muss nicht sein, zumindest nicht in diesem Zusammenhang. Listen Sie einfach Personen und Ressourcen auf. Verbinden Sie nun die einzelnen Menschen miteinander: Wer ist zentral? Wer steht mit wem in Verbindung? Wer ist ein Netzwerkknoten? Heraus kommt eine Art mind map. Was haben Sie selbst als Ressourcen zu bieten? Listen Sie auch das auf, am besten auf einem Extrablatt. Der Austausch der Ressourcen muss nun nicht direkt erfolgen, sondern kann Umwege über andere Mitglieder des Netzwerkes nehmen nach dem Prinzip der »ausgleichenden Gerechtigkeit«: Sie geben Ihr Spezialwissen im Computerbereich an den Nachbarn, dieser seine Kontakte an die Mutter des Freundes seiner Tochter, diese Mutter wiederum ihre Konfliktkompetenz an den Kindergarten, und Sie profitieren davon, weil Ihr Enkel diesen einmal besuchen wird, wenn er erst mal geboren ist ... Auf diesen Ausgleich zu vertrauen ist kein Glaubensbekenntnis an das Gute, sondern schlichte Statistik und Erfahrung. Wahrscheinlich gibt es in Ihrer Netzwerkanalyse verschiedene Netzwerke. Schauen Sie nach Überlappungen und ob sich Netzwerke wiederum vernetzen können. Das schützt vor Löchern zwischen den Netzen.

Mit diesen Materialien haben Sie eine gute Basis, Intrigenanfälligkeiten zu identifizieren und gezielt im Blick zu haben – die Schwachpunkte in den Personen um Sie herum, den Strukturen oder in Ihnen selbst.

Frau Konz, die ihren Job durch eine Intrige verlor, achtet inzwischen sehr darauf, ihren Freundeskreis nicht zu vernachlässigen. Sie arbeitet seltener an Wochenenden und hat dadurch auch Zeit für ein berufliches Netzwerk, besser gesagt zwei. Neben dem ihrer Berufsorganisation ist sie einem branchen- und funktionsübergreifenden Frauennetzwerk beigetreten. Hier kann sie offener darüber reden, wie sie in Zukunft männliche Seilschaften umgeht, und sich vielleicht selbst eine aufbauen – dann aber netzwerkübergreifend.


### 4. Lernen Sie, cool zu bleiben

Es ist gut, sich seiner eigenen Emotionen bewusst zu sein; aber man sollte sich nicht von ihnen hinreißen lassen. Alles, was dem Emotionsmanagement dient, dient auch der Intrigenprävention.

Welche Emotionen bringen Sie in Rage? Fragen Sie sich konkret, was Sie in der jeweiligen Situation fühlen. Ist es Wut? Oder Neid? Angst oder Hilflosigkeit? Einengung oder Verletzung? Wenn Sie wissen, was Sie fühlen, fällt es Ihnen leichter, herauszubekommen, was und wer die Ursache ist und wo Ihre Handlungen ansetzen sollten. Ist es die Wut, weil Ihr Kollege Sie ungerechtfertigterweise beschuldigt hat, einen Fehler gemacht zu haben? Oder ist es der Neid auf ihn, dass er sich selbst so gut verkaufen kann? Im ersten Fall liegt Ihr Handlungsbedarf bei ihm, im zweiten bei Ihnen selbst: Sie sollten sich einen Entwicklungsplan machen, wie Sie mittelfristig lernen, sich besser selbst darzustellen.

In der konkreten Situation gilt es erst einmal, cool zu bleiben, nicht auszuflippen, sondern souverän zu reagieren. Denn vielleicht will er sie ja nur zu einer unüberlegten Reaktion hinreißen, um Ihnen genau dieses »nicht professionelle« Verhalten dann vorzuwerfen.

Konfliktverhalten hat viel mit Emotionen zu tun: mit Ängsten und früheren Erfahrungen. Möglicherweise reagieren Sie mit einer Systematik, die wenig mit der jeweiligen Situation zu tun hat. Das Opfer-Retter-Täter-Spiel, ein fast automatisch ablaufendes Rollenspiel, funktioniert in der Realität immer wieder, in allen Zusammenhängen. Zu jedem Opfer gibt es einen Täter. Und wenn beide sich gefunden haben, ist die Retterin nicht weit. So wie es Menschen gibt, die immer wieder in die Rolle der Geschädigten und Beleidigten, Ausgegrenzten und Nicht-Wertgeschätzten kommen, gibt es Menschen, die hierfür verantwortlich gemacht werden. Und immer ist jemand zur Stelle, die genau diese Konstellation anprangert und dem Opfer Unterstützung gewährt. Haben Sie eine bestimmte Rolle inne? Sind Sie immer diejenige, die hilft? Oder der, der schuld ist, der Täter? Die, der man helfen muss oder will?

### Der ewig Schuldige
»Es gibt solche T-Shirts mit der Aufschrift ›ich bin schuld‹. So eines sollte ich mir anziehen«, klagte Manfred Dorint im

Coaching. Schon wieder war er in einer Organisation gescheitert. Ein Mann, der schnell den Überblick gewann über Strukturen, schnell war mit seiner Kritik am Bestehenden, schnell und
direkt mit seinen Verbesserungsvorschlägen. Deshalb wurde
er nicht gemocht. Ob im Verein oder im Betrieb, im Elternbeirat
oder in der Eigentümerversammlung, er zog Aggressionen auf
sich und litt darunter. Ihm wurde vorgeworfen, Angestellte
schlecht zu behandeln, Berater zu vergraulen und Verwalter
zu behindern. Immer wieder war er es, der schuld war. Dabei
wollte er doch immer nur das Beste. Als es ihm zu viel wurde
und er darunter zu leiden begann, begriff er, dass er sich mit
seiner offenen Kritik zu schnell und zu stark exponierte. Den
Organisationen und Unternehmen tat seine direkte Art gut; er
brachte sie in Schwung, war Motor für Veränderung. Doch er
selbst setzte sich ständig Konflikten aus, war Zielscheibe von
Angriffen derjenigen, denen er auf die Füße trat. Er war lästig
und unbequem, wo auch immer er hinkam. Die Reaktionen
der Kollegen konnte er auf Dauer nicht aushalten. Er lernte,
sich häufiger zurückzuhalten, auch mal zu warten, bis jemand
anderes aktiv wurde. Dafür sammelte er systematisch seine
Erfahrungen mit solchen kritischen Situationen, notierte sich,
wie er sich verhalten hatte und wann er erfolgreich war, ein Er-
folgstagebuch. So unterbrach er das Muster seiner leidvollen
Erfahrungen und lernte aus seinen »guten Erfahrungen«. Denn
Erfolg unterstützt weiteren Erfolg.

Ob Opfer, Täter oder Retter – jede dieser Rollen birgt eine
Gefahr in sich, sofern es sich wiederholende Muster sind.
Zwar gibt es keine geborenen »Opfertypen«, aber es gibt
Menschen, die quasi automatisch Hilfsbedürftigkeit signa-
lisieren. Was die einen dazu bringt, sie zu unterstützen,
andere aber wiederum auffordert, draufzuschlagen.
Wenn Sie bei sich ein Muster entdecken, unter dem Sie

leiden, so gibt es die Möglichkeit, sich Unterstützung zu holen, um alternative Wege und Rollen für sich ausfindig zu machen und einzuüben. Vielleicht leiden Sie auch noch nicht, sondern wollen einfach etwas Neues erproben, mal die Täterin spielen oder das Opfer. Spielen Sie ruhig, in kleinen Alltagssituationen oder in Rollenspielen in Seminaren; das ist ungefährlich. Wenn Ihre jetzige Rolle Ihnen gefällt, dann machen Sie weiter so, bis sie Ihnen langweilig wird oder jemand anderes sie Ihnen wegnimmt.

Schauspielerinnen lernen, ihre Rolle überzeugend zu spielen, aufzubrausen oder zu weinen, verzweifelt zu sein oder cool, wie es das Drehbuch erfordert, diese Rolle aber nach dem Dreh wieder zu verlassen. Auch wenn Ihre berufliche Rolle sich nicht so sehr von Ihrer privaten unterscheiden mag: Als Managerin sind Sie nicht Mutter, als Controller nicht Schwiegersohn. Wenn Sie im Privatleben nicht rauskommen aus Ihrer beruflichen Rolle, nicht runterkommen vom Anspannungspegel, müssen Sie das lernen. Eine Entspannungstechnik gehört heute zu den beruflichen Grundkompetenzen. Dabei gilt es, die Technik herauszufinden, die zu einer selbst passt: zur Person, den Lebensumständen etc. Dies hilft auch in beruflichen Situationen, wenn Sie Ihre Gefühle nicht angemessen unter Kontrolle haben, beispielsweise schnell aufbrausen oder weinen. Auch wenn Sie nicht gleich die Verstellungskunst eines Intrigentäters beherrschen müssen, sollten Sie doch die Fassung bewahren können, wenn es nötig ist. Denn wenn Sie aus der Rolle fallen, geben Sie möglichen Intriganten Ansatzpunkte, Sie zu treffen; und unter starken Emotionen verliert man schnell mal den Überblick und übersieht die drohende Gefahr.

## 5. Bleiben Sie dran – Material auswerten

Bleiben Sie dran am Geschehen und an sich selbst; führen Sie kontinuierlich Buch über das, was Sie stört und was Sie erfreut. Dies muss kein Tagebuch sein, ein Wochen- oder Monatsbuch reicht, sofern Sie nicht direkt in einer Belastungssituation stecken. Eine ständige gespannte Habachtstellung ist nicht nötig; aber sich kontinuierlich zu fragen, was belastende und was beglückende Umstände des beruflichen und persönlichen Alltags sind, ist eine Frage von Achtsamkeit – vor allem gegenüber sich selbst, aber auch gegenüber sich anbahnenden Konflikten oder Intrigen.

Welche Methode für Sie passt, können nur Sie entscheiden: eine SWOT-Analyse einmal im Jahr oder eine Bilanz am Ende des Monats, ein Glücksbuch am Ende der Woche oder ein Erfolgsbuch am Ende des Tages erfordern zwar Zeit, aber wie viel, das bestimmen Sie. Und es ist Zeit, die gut investiert ist und sich auszahlt.

»Ich bin kein Tagebuchschreiber. Das ist was für kleine Mädchen«, berichtete ein Manager im Konfliktmanagementseminar selbstironisch. »Aber seit dem Hörsturz vor vier Jahren vergebe ich mir selbst Punkte – für jeden Lebensbereich. Immer am Letzten des Monats.« Er liebt Systematiken, deshalb hat er sich eine Excel-Tabelle erstellt, die er »meine FFs« nennt, mit den Säulen Fitness, Familie, Freunde, Finanzen, Fimmel. Mit Letzterem meint er seine Ideen und Kreativität. In jeder Kategorie vergibt er jeweils ein bis fünf Punkte für den vergangenen Monat und achtet darauf, dass nicht nur der Gesamtwert nicht unter seine kritische Marge von durchschnittlich drei Punkten kommt, sondern auch der Wert in jeder einzelnen Spalte.

Eine gute Work-Life-Balance macht Sie widerstandsfähiger bei möglichen intrigenhaften Angriffen. Wenn Sie wissen, was Sie an sich haben und was Ihnen guttut, ist es einfacher, die Ressourcen zu pflegen und sich kontinuierlich zu stärken.

## 6. Treffen Sie Entscheidungen

Ergebnis Ihrer verschiedenen Analysen und Bilanzen sind mögliche Konflikte, die – wenn sie sich nicht von selbst erledigen können – gelöst und entschieden werden müssen. Vielleicht beschäftigen Sie sich schon lange damit, Ihre Stelle zu wechseln; eine Entscheidung oder die notwendigen Schritte schieben Sie aber immer wieder auf. Dann können Sie sich fragen:»Was brauche ich noch, um eine Entscheidung fällen zu können? Was ist der nächste, kleinste Schritt in Richtung einer Entscheidung oder Wegesänderung?« Abonnieren Sie eine Stellenbörse im Internet oder überarbeiten Sie Ihren Lebenslauf, wenn Sie schon lange unzufrieden sind mit Ihrer jetzigen Position. Besorgen Sie sich, was Sie für den nächsten kleinsten Schritt brauchen, gehen Sie diesen und dann Schrittchen für Schrittchen die weiteren. Manchmal aber kann eine Entscheidung wirklich nicht gefällt werden, weil die fehlenden Informationen unbeschaffbar sind, weil Für und Wider sich die Waage halten. Dann sollten Sie sich entscheiden, den Plan fallenzulassen. Erklären Sie den Entscheidungszwang für erledigt und gucken Sie, was passiert. Vielleicht ist das Problem damit erledigt. Sie können auch versuchen, erst mit der einen, dann mit der andern Entscheidung im Kopf zu leben. Entscheiden Sie sich auf Probe, beispielsweise »Ja, ich kündige zum Jahresende«. Dann leben Sie mit dieser Entscheidung ein paar Tage oder eine Woche, ein Zeitraum, den Sie vorher festsetzen sollten und der noch ohne Konsequenzen möglich ist. Danach machen Sie die

Gegenprobe: »Ich kündige nicht und bleibe die nächsten zehn Jahre im Betrieb.« Wie fühlt sich diese Entscheidung an? Beobachten Sie dann, was passiert: Mit welcher Variante ging es Ihnen gut? Mit welcher nicht? Was ist aufgetaucht an Gefühlen, Gedanken, Fragen?

Unzufriedenheit macht Sie anfällig im Job: Sie begehen mehr Fehler und ernten damit berechtigte Kritik. Unmotiviertheit wirkt ähnlich. Und wenn Sie geistig abwesend sind, von einer anderen Position, einem anderen Leben träumend durch Ihren Arbeitsalltag gehen, werden Sie weder die Stolpersteine und Fallen noch die Warnsignale bemerken, die im Vorfeld von Intrigen sichtbar werden.

## 7. Suchen Sie Verbündete und überprüfen Sie Ihre Netzwerke

Außenpolitik in eigener Sache ist eine kontinuierliche Aufgabe, wenn sie effektiv sein soll. Auf Grund der vorherigen Schritte verfügen Sie über einen guten Überblick, wen Sie um sich herum haben, wie Ihr Netzwerk aussieht, auf wen Sie sich verlassen können, wer Sie unterstützt »in guten und in bösen Tagen«, wie es so schön heißt. Auch gute Netze muss man ab und an kontrollieren, ob sie löchrig geworden sind; man muss sie pflegen, damit sie halten. Sind sie gar zu brüchig geworden, sollte man sich von ihnen verabschieden, genauso wie von Netzwerken, die nur formal auf dem Papier existieren oder in denen Geben und Nehmen unausgeglichen sind. Was man nicht reparieren kann, muss man ersetzen. Dies gilt für Netze wie auch für Seile und Seilschaften.

»Als ich aus dem Betrieb ausstieg und mich selbständig machte, stand ich ganz allein da. Nein, mich hat da niemand unterstützt von den alten Netzwerken«, gestand der Informatiker. Er fing ganz von vorn an, baute sich völlig neue Kontakte auf. »Das war hart. Aber besser als alte Netze flicken, die nicht mehr taugen zum Fischefangen«, meinte er. Was so knallhart klang, war harte Arbeit, auch Trauerarbeit.

Menschen mit zwei Arbeitsorten sind hier besonders gefordert. »Ich hatte keine Chance gegen die Intrigenspiele in Berlin. Denn ich war ja in Hessen, nur einmal die Woche in Berlin. Und die Hintergrundgespräche, die laufen ja jeden Tag.« So beschreibt Andrea Ypsilanti ihre Situation vor ihrem Scheitern. »Ich hatte ja keine Agenten in Berlin, die das für mich erledigen konnten.« Und wenn dann andere vor Ort die Fäden ziehen, fällt es schwer, sie anders zu knüpfen. Journalisten geben offen zu, wie wichtig ihnen die schnellen, persönlichen Kontakte zu den Politikern sind. Die Grenzen zwischen Informationsgespräch, Networking und Männerkumpanei nach dem Motto »eine Hand wäscht die andere« sind fließend.

Besonders gefährdet sind Wochenendpendler. Von Montag bis Freitag, am Arbeitsort, arbeiten sie nur, zu Hause am Samstag und Sonntag wollen sie nur Ruhe. Das Arbeitsnetz wird nicht geknüpft, das Heimatnetz nicht gepflegt. Und irgendwann besteht die Gefahr, dass sie zwischen den beiden zu Boden gehen. Da muss noch nicht mal eine Intrige kommen.

»Ich war diejenige, die immer nur anreiste«, erzählt Frau Engel, die früher als Trainerin in einer Bildungsinstitution arbeitete. Es war ein Leichtes, sie rauszukatapultieren. »Das passiert mir nicht noch mal«, sagt sie. Auf die Frage, wie sie sich schützt, meint sie: »Ich komme nicht mehr in diese Situation! Ich habe mich aus diesen Kreisen zurückgezogen«, sie arbeitet nicht mehr in der Branche. Eigentlich hätte Frau

Engel wissen müssen, dass es nicht DIE Intrigantenkreise gibt. Denn es war nicht ihre erste Intrigenerfahrung; aus ihrer Zeit als Politikerin kannte sie das Phänomen nur zu gut. Nun ist sie selbständige Trainerin und Buchautorin, zwei weitere Felder, die von Konkurrenz geprägt sind, bei denen es um Profil geht, um Macht und Geld. Ja, sagt sie, als ich sie darauf hinweise. Das stimme zwar. »Aber ich bin jetzt eher eine Einzelgängerin, lasse mich nicht so auf Zusammenarbeit ein.« Eine verständliche Schutzreaktion, die aber auch verletzlich macht. Denn es fehlen die Personen, die warnen können, Informationen über mögliche Angriffe überbringen, beobachten, wo man selbst nicht sein kann, und eine Lobby bilden.

Berufliches Einzelkämpfertum und das Vermeiden von Zusammenarbeit ist ein psychisches Unter-die-Decke-Kriechen. Man fühlt sich behütet und beschützt, sieht aber nicht mehr, wenn sich jemand anschleicht. Und der schmale Sehschlitz führt nur nach vorn. Was und wer von hinten kommt, wird nicht entdeckt. Wer unter die Decke kriecht, muss sich vorher jemanden suchen, der oder die draußen aufpasst. Potentielle Verbündete müssen frühzeitig geworben und gepflegt werden – nicht erst in der Not der Intrige.

## 8. Überprüfen Sie Ihre Entscheidung

Sie können sich getäuscht haben in Ihrer Entscheidung, in der konkreten Intrigenabwehr wie auch in den Fragen um Ihre berufliche Zukunft. Denn Menschen ändern sich, Interessen und das Umfeld auch. Sie selbst ändern Ihre Pläne, Ihre Bündnispartner tun dies auch. Pläne sind dazu da, geändert zu werden, sooft dies erforderlich ist. Die Schwäche von Fünfjahresplänen ist nicht, dass sie einen so langen

Zeitraum umfassen, sondern dass sie nicht ständig überprüft und angepasst werden.

»Erst habe ich mich nicht getraut, es zu sagen; ich hatte doch schon den Arbeitsvertrag unterschrieben. Aber als
dann meine Freundin mit mir abends auf den neuen Vertrag
anstoßen wollte, brach ich in Tränen aus.« Zum Glück traf
Frau Klein auf eine geübte Zuhörerin und vor allem Frage-
rin, die nach und nach deren Bauchgefühle zum Vorschein
brachte. »Ich hatte den Eindruck, ich komme wieder in die
alten Strukturen, die gleiche Sandwichposition in der Führung, die Kultur des Imponiergehabes. Und daran war ich ja
schon mal gescheitert.« Frau Klein entschied sich gegen den
Job, machte den Vertrag rückgängig und sich selbständig.
Sie weiß zwar nicht, ob sie wirklich in der Firma Schwierigkeiten bekommen hätte, beispielsweise mit Intrigen, aber
sie weiß, dass es ihr nun gut geht.

Denken Sie in größeren Zusammenhängen und Zeiträu-
men, wenn Sie Ihre Entscheidungen überprüfen. Das Rück-
gängigmachen mag zwar erst einmal peinlich sein, aber die
Folgen einer falschen Entscheidung haben eine größere
Halbwertzeit. Bevor Sie sich unwiderruflich festlegen, stellen Sie sich Ihr Leben in fünf Jahren vor, fünf Jahre nach
der Entscheidung. Malen Sie sich konkret die Situation aus,
beispielsweise wie Sie montags morgens an Ihren Arbeitsplatz gehen, freitags abends ins Wochenende. Wie fühlen
Sie sich? Was erzählen Sie Ihrer Familie, wie die Woche
war? Was, denken Sie, würde Ihr Mann Ihnen antworten?
Was hätte sich in Ihrem privaten Umfeld verändert, was beruflich, beispielsweise an Ihrer Position? Notieren Sie sich
alles, was Ihnen einfällt. Und nun machen Sie das Gleiche
mit der gegensätzlichen Entscheidung, beispielsweise wenn
Sie diesen Job nicht annehmen. Möglicherweise kommen
Sie durch diese Zukunftsreise im Kopf auf eine ganz an-

dere Entscheidungsmöglichkeit, eine dritte Option, an die Sie bisher noch gar nicht gedacht haben. Und nun wägen Sie die Konsequenzen für die Zukunft ab und entscheiden sich definitiv. Das wird hilfreich sein für Ihr Wohlbefinden und Sie damit widerstandsfähiger machen in den Engpässen und Konflikten der Zukunft, die es in jedem Fall geben wird, auch wenn es nicht unbedingt gleich Intrigen sein müssen.

## 9. Planen Sie und setzen Sie den Plan um

Haben Sie einen Plan für Ihr berufliches Vorwärtskommen? Oder wollen Sie vielleicht nicht vorwärtskommen, sondern nur möglichst bequem auf dem derzeitigen Stand und Posten verbleiben? Für beides braucht es einen Plan, eine Strategie. Die natürlich immer wieder angepasst werden muss an die sich verändernden Verhältnisse, an Ihre sich möglicherweise wandelnden Wünsche. Deshalb ist es wichtig, regelmäßig Bilanz zu ziehen für sich selbst, unabhängig vom Personalentwicklungsgespräch mit dem Vorgesetzten. Schreiben Sie sich Ihre persönliche Bilanz als Termin in den Kalender, machen Sie daraus ein regelmäßiges Ritual: einmal im Jahr mindestens; egal ob zwischen den Jahren oder am letzten Tag des Sommerurlaubs, vor Ihrem Geburtstag, am Hochzeitstag oder immer am 1. Mai. Suchen Sie sich ein festes Datum, ein Vorgehen und einen Ort, den Sie damit verbinden.

Wenn Ihnen dies nicht reicht, so können Sie sich professionell unterstützen lassen: zum Beispiel durch ein jährliches Coaching, in dem Sie Ihre beruflichen und privaten Ziele neu überdenken, schauen, was im letzten Jahr erfolgreich war, was Sie verändern oder verbessern wollen.

So verlieren Sie Ihre eigene Zukunft nicht aus den Augen. Es schult das strategische Denken und fördert damit die Intrigenkompetenz.

## 10. Stärken Sie sich

Resilienz, die Fähigkeit in widrigen Umständen, nach Fehlschlägen und Abstürzen wieder aufzustehen, diese Erfahrung zu verarbeiten und hieraus Konsequenzen für die Zukunft zu ziehen, ist eine Eigenschaft, die jeder Mensch braucht – nicht erst, wenn er in eine Intrige geraten ist. Grundlage ist Selbstwirksamkeit: die Möglichkeit, durch eigene Anstrengung etwas zu bekommen oder zu bewirken, egal ob es Geld, eine Beförderung, die Anerkennung oder die Verbesserung eines Produkts ist. Selbstwirksamkeit hat viel mit Ihrem Job, Ihren Aufgaben, dem Betrieb und seiner Kultur zu tun. Diese Voraussetzungen haben Sie bereits in den vorherigen Schritten überprüft. Hier ist die oben beschriebene Intrigen-SWOT – Stärken und Schwächen, Chancen und Risiken – eine gute Ausgangsbasis. Die Kategorien Stärken und Chancen betrachten Sie auf den Ebenen Ihrer Person, der Umgebung und der sozialen Beziehungen, daraus ergibt sich eine Datenbank Ihrer Ressourcen. Schwächen und Risiken gilt es eher einzudämmen, es sei denn, sie bieten in sich eine Ressource und Chance.

Auch sich stärken macht Arbeit. So paradox es klingt: für sich zu sorgen und nicht nur für die anderen, muss manch eine erst lernen. Vor allem Frauen vernachlässigen ob der Sorge für Kind und Kegel, Kollegin und sogar Konkurrentin häufig das eigene Wohlergehen und Wohlsein. Selbstsorge ist Intrigenprävention und bedeutet, achtsam zu sein, nah dran am Geschehen zu sein – an sich selbst wie an der Umgebung. Es heißt, Hindernisse und Verhinderer, Störungen und Störer genauso zu erkennen wie Unterstützungen und Unterstützer, Kletterhilfen und Kletterpartnerinnen.

Und wenn all diese Präventionsmaßnahmen nicht geholfen haben, es dennoch zu einer Intrige gekommen ist, wenn es zu spät war einzugreifen? Intrigenopfer, die unter dieser Erfahrung leiden, können durch den »Genesungsprozess« und den Entwurf eines Präventionsprogramms die Intrige verarbeiten. Dabei hilft darüber reden und darüber schreiben – beispielsweise in Form eines Briefes an den Täter, den sie nicht abschicken müssen. Für einen Täter-Opfer-Ausgleich, wie er inzwischen bei Straftaten angewandt wird – also »Wiedergutmachung« durch Entschuldigung, ein öffentliches Schuldeingeständnis und beispielsweise wohltätige Ausgleichsmaßnahmen –, ist es möglicherweise schon zu spät. Auch symbolische Formen der Verarbeitung können helfen, aggressive wie versöhnliche: Danken Sie dem Täter für die Intrigenkompetenz, die er Ihnen beschert hat. Planen Sie eine Gegenintrige, die Sie nicht durchführen. Schicken Sie den Täter gedanklich in die Intrigenhölle. Das kann eine einsame Insel sein, auf der es keine Intrigenopfer, keine Verbündeten und keine Stakeholder gibt, nur den Intriganten selbst, allein mit seiner Tat und seinen neuen Plänen, die er nicht mehr verwirklichen kann. Oder malen Sie sich aus, was sonst wohl das Schlimmste für ihn wäre; Sie kennen ihn ja inzwischen ganz gut.

# Aufarbeitung schützt: Der Blick zurück nach vorn

Ein wichtiger Erfolgsfaktor für Prävention ist, den Blick auf die Vergangenheit zu riskieren. Der Blick zurück dient der Aufarbeitung, um die möglicherweise gemachten Fehler in Zukunft besser vermeiden zu können.

### Wie bei meinem Vorgänger

Meine Suchanfrage nach Interviewpartnerinnen zum Thema Intrige befriedigte nicht nur meinen Wissensdurst, sondern auch das Erkenntnisinteresse der Gesprächspartner. So ging es auch Frau Konz, die ihren Job als Vorstand in der Immobilienbranche durch eine Intrige verloren hat. Sie hatte bereits viel über das Geschehen nachgedacht und beginnt unser Gespräch mit einem kleinen Organigramm, das die Struktur des Intrigenumfelds verdeutlicht: ein Aufsichtsratsgremium, bestehend aus fünf Personen: vier Männern und einer Frau, einer ist Vorsitzender; diese fünf waren die Chefs des zweiköpfigen Vorstands, zwei gleichberechtigter Personen, sie selbst und ihr Kollege, der vermutliche Intrigant. Die Beziehung zwischen ihrem Kollegen und dem Vorsitzenden des Aufsichtsrats war eher eng, die zwischen ihr und dem Vorsitzenden distanziert.

Zunächst versteht sie sich gut mit ihrem Vorstandskollegen, der im Übrigen ihr ehemaliger Chef und Förderer ist. Nach knapp zwei Jahren beginnen die Konflikte, sechs Monate später ist sie bereits raus. »Es war eine Intrige. Ich habe Beweise«, sagt sie, »schwarz auf weiß.« Erst sei es ja nur ein Gefühl gewesen, das Gefühl, dass sich irgendetwas in ihrer Beziehung zum Aufsichtsratsvorsitzenden geändert habe. Ihr Vorstandskollege habe es sie spüren lassen. »Irgend etwas ist oberfaul«, habe

216

sie gedacht; aber »ich bin auf der stärkeren Seite.« Sie fühlte sich unangreifbar, wegen ihrer Leistungen. Gerade noch hatte sie ein Projekt überaus erfolgreich hinter sich gebracht.

Was tun mit einem Gefühl? Frau Konz bedenkt sachlich etwaige Konsequenzen. »Wenn es stimmen sollte, dass der Vorsitzende gegen mich ist, so müsste ich an die anderen im Aufsichtsrat herantreten«, überlegt sie. Sie spricht die einzige Frau an und bekommt den Rat: »Nehmen Sie sich zurück! Treten Sie nicht so in den Vordergrund.« Sie weiß bereits, dass sie allgemein als »toughe Hexe« gilt und nicht als »nett«. Aber dies ist nun mal ihre Persönlichkeit, sie ist eher eine Einzelkämpferin, aber eine sehr gute Arbeiterin. Sie vertraut auf ihre Arbeit und darauf, dass die anderen diese wertschätzen. »Eigentlich hätte ich es von vornherein wissen müssen. Bei meinem Vorgänger ist das ähnlich abgelaufen«, sagt sie. Auch er war ein »interner Aufsteiger«. Genau wie sie wurde er von ihrem jetzigen Vorstandskollegen empfohlen und in dieser Position durchgesetzt. Und es gab noch eine Parallele: Auch bei ihrem Vorgänger war ihr Vorstandskollege der Chef gewesen. Als sie intern in den Vorstand berufen wurde, fragte sie, warum denn ihr Vorgänger ginge. »Wir haben ihn abbestellt, weil er es an Sorgfalt hat fehlen lassen im Umgang mit Verträgen«, das wurde ihr gesagt. Sie hätte stutzig werden müssen; denn sie wusste, dass genau dies eine Qualität ihres Vorgängers gewesen war. Heute vermutet sie, dass der ehemalige Förderer seinen Schützling abgesägt hat, als er ihm nicht mehr genehm war oder zur Konkurrenz wurde. Nun ist sie dran.

Zweieinhalb Jahre hatte sie diese Position; zweieinhalb Jahre hat sie durchgearbeitet, von Montag bis Sonntag, sich verausgabt, aber mit Erfolg. Das Motiv ihres Konkurrenten, ihres Vorstandskollegen, nennt sie »Eifersucht. Auf meinen Erfolg«. Sie machte den Fehler, dies zu übersehen. Kurz bevor die Konflikte begannen, hatte sie noch eine Rede gehalten, zur Eröffnung eines Projekts, und ihn dabei nicht ausdrücklich öffentlich gelobt. Sie erkennt dies heute als einen ihrer mikropolitischen Fehler, neben ihrem Einzelkämpfertum. Sie stehe nicht gern im Mittelpunkt. Er dagegen sei ein Machtmensch, möchte die Fäden in der Hand haben, gefragt werden. Mit dem Personal kam sie gut aus; er aber zog es systematisch auf seine Seite. Mit Erfolg. »Erst war die Sekretärin noch nett zu mir. Als sie aber merkte, dass ich abgesägt werden sollte, zog sie sich auch zurück. Die Mitarbeiter neigen sich zur Macht«, nennt sie das heute.

Als die beiden gemeinsam einen beruflichen Fehler machen, bleibt sie korrekt. Er aber manipuliert die Protokollerstellung; im Entwurf fügt er seine Änderungen ein, ohne sie kenntlich zu machen, bevor er ihn weiterschickt. Inhaltlich distanziert er sich mit seinen neuen Formulierungen von ihren gemeinsamen Beschlüssen, eine Neuigkeit. Da geht sie in die Offensive. »Willst du mich abschieben?«, fragt sie ihn direkt. Nein, es gehe ihm nur um den Selbsterhalt. Im Hintergrund kontaktiert er den Aufsichtsratsvorsitzenden. Auf meine Frage, was das Interesse der Aufsichtsräte gewesen sei, sie abzusägen, sagt sie nur: »Die haben einfach mitgemacht, die wollten keine Arbeit haben.« So haben sie auf das Urteil ihres Kollegen vertraut, den sie ja bereits länger kannten als sie. Es ist also beschlossene Sache, bevor es beschlossen wurde: Man trennt sich von Frau Konz.

Ihr Kollege beginnt bereits, die Nachfolgesituation zu gestalten, als sie noch gar nicht abberufen ist; die Prokura soll an die Hausjuristin gehen. Den entsprechenden Vermerk bekommt sie schon gar nicht mehr zu sehen, geschweige denn, dass sie Stellung beziehen kann. Sie resigniert, sagt sich: »Du kannst das nicht mehr aushalten.« Sie wird abberufen, ohne selbst angehört zu werden. Das sei nicht nötig und nicht sinnvoll, wurde ihr gesagt. Der Grund sei ja Vertrauensverlust.

Heute erkennt sie ihre Fehler: »Ich bin mit meiner Arbeit vorangerannt. Ich hätte mehr auf meinen Kollegen gucken sollen.« Insbesondere als ihr Erfolgsprojekt in die Endphase ging, hatte sie eine sehr arbeitsintensive Zeit. »Da habe ich mich zu wenig um ihn gekümmert.« Dabei war er bekannt für das Spinnen von Netzwerken und kleine Intrigen. »Er hat die Fähigkeit, andere von sich abhängig zu machen.«

Dabei wusste sie eigentlich, wie es ihrem Vorgänger ergangen ist. Das hätte sie warnen können. Möglicherweise war es von Anfang an eine falsche Entscheidung, meint sie heute; denn eigentlich wollte sie den Posten gar nicht. »Ich wollte da ja gar nicht hin. Aber wenn ich gefragt werde, dann mache ich es.« Wenn sie vorher eine »5-Jahres-Vision« gesponnen hätte: »was ist in 5 Jahren, wenn ich diesen Job annehme«, wäre ihr das möglicherweise klar gewesen und sie hätte die Beförderung abgelehnt.

Der Täter hatte einige Stakeholder, die zu Verbündeten wurden. Die Juristin, verantwortlich für die Protokollnotiz, die aufstieg und einen Dienstwagen bekam, der Controller, der die Wirtschaftlichkeitsberechnung mit entsprechendem Kommentar schrieb und dafür wertgeschätzt wurde, die Sekretärin des Kollegen, die es genoss, Geheimnisträgerin zu sein, und damit Macht bekam. Frau Konz selbst hatte keine wirklichen Verbündeten: Ihre eigene Sekretärin litt mit ihr, war aber machtlos. Der Rest der Mitarbeiter hielt sich raus. Natürlich, ihre Familie unterstützte sie. Aber was konnte die ausrichten!

Sie hätte Verbündete im Aufsichtsrat suchen können, aber wie? »Sollte ich den Kollegen anschwärzen? Nein, das wollte ich nicht. Ich wollte die Hierarchieebenen einhalten.« Vielleicht hätte es sie gerettet, vielleicht auch nicht. Ein taktischer Fehler war es auf jeden Fall. Insbesondere da sie vom guten Draht ihres Kollegen in den Aufsichtsrat wusste.

Was bleibt, ist Enttäuschung. »Das gesamte Gremium hat mich

enttäuscht! Und wie sie nachher ihre Macht ausgeübt haben.« Der Assistentin der Geschäftsführung wurde verboten, mit ihr zu sprechen. Die Kollegen spielen mit. Nach der Intrige kommt das direkte, offene Mobbing, Gesten, Geräusche. »Ein Kollege fing an zu pfeifen, wenn er mich sah. Ein Siegespfeifen. Es war ekelhaft.« Die Situation am Schluss auszuhalten, das ist schwer. Sie hat es ausgehalten, bis zum letzten Tag, ist nicht einfach weggeblieben oder krank geworden. Genützt hat es ihr nichts.

Einige Monate war sie arbeitslos, bevor sie eine andere Stelle fand. Hier hat sie näher hingeguckt; sie hat sich erkundigt, was mit ihrem Vorgänger passiert ist, um zu vermeiden, dass es ihr ähnlich geht. Sie hat sich die Betriebsstrukturen näher angeschaut und versucht, das Organigramm zwischen den Zeilen zu lesen. Immerhin ist sie nicht in einer Sandwichposition und keine interne Aufsteigerin, ein Vorteil. Sie hat informell mit anderen Mitarbeitern geredet. Dann hat sie mit der Entscheidung »ja, ich nehme den Job« und »nein, ich nehme ihn nicht« jeweils einen Tag auf Probe gelebt und sich danach ausgemalt, wie es wohl sein wird, wenn sie einmal fünf Jahre im Betrieb gearbeitet haben wird. Alles stand auf »ja«.

Auch wenn sie nun im Non-Profit-Bereich arbeitet, glaubt sie nicht mehr, dass hier alle »gut« sind. Sie nimmt sich Zeit fürs Netzwerken, pampert ihren direkten Kollegen und Konkurrenten, arbeitet nicht zu viel und bemüht sich, nicht immer besser und schneller zu sein als die anderen, zumindest nicht offensichtlich. Diese Grundsätze stehen auf ihrem Präventionsprogramm, zusammen mit konkreten Tätigkeiten wie Kegeln, Kino und Kollegen Loben – alles einmal im Monat. Das hängt über ihrem Schreibtisch, verschlüsselt natürlich.

# Was ist Chefinnen-Sache? 10 Schritte zu einem intrigenfreien Betriebsklima

Chefs sind für Intrigen verantwortlich, manchmal in der Rolle der Täter, manchmal als Opfer, in jedem Fall aber in ihrer Rolle als Vorgesetzte: Arbeitgeber sind zur Fürsorge für die Arbeitnehmerinnen verpflichtet; Bürgerliches Gesetzbuch, Arbeitsschutz- und Arbeitssicherheitsgesetz und auch das Betriebsverfassungsgesetz binden sie daran. Es wurden schon Vorgesetzte verurteilt, weil sie dem Mobbing tatenlos zusahen, wie vom Arbeitsgericht Dresden im Jahr 2003. Der Schutz vor physischer wie psychischer Gefahr ist zur Gesundheitsvorsorge wie zur Intrigenprävention nötig. Dies reduziert sich nicht auf Arbeitsschutz im klassischen Sinne. »Als bei uns im Betrieb der Staatsanwalt auftauchte, da zitterte die Vorstandsebene«, erzählt eine Personalmanagerin. Ein tödlicher Wegeunfall eines Mitarbeiters hatte sie alarmiert. Dieser war hochgradig belastet und am Rande des Burnouts. Auch wenn letztlich dem Arbeitgeber juristisch kein Vorwurf zu machen war: Die staatsanwaltschaftlichen Untersuchungen brachten neue Erkenntnisse über die Arbeitsbelastungen und entsprechende innerbetriebliche Konsequenzen.

Chefs müssen aufpassen auf die Belegschaft und den Betrieb, das Betriebsklima, die Konfliktkultur, die strukturellen Bedingungen, die intrigenförderlich oder intrigenhinderlich sein können. Außerdem sind sie Vorbild im Umgang mit Konflikten. Eine komplexe Aufgabe.

Bei der Intrigenprävention gelten für sie die gleichen Schritte wie für die anderen direkt Betroffenen. Deshalb beschränke ich mich an dieser Stelle auf ein paar Besonderheiten für Chefs.

## 1. Kopfbarrieren erkennen

Ja, es kann auch Ihren Betrieb treffen – auch wenn Sie das Gute auf dem Schilde und in der Satzung führen. Auch wenn Sie Ihre Mitarbeiterinnen sorgfältig ausgesucht haben, alle im Betrieb Ihre Werte, also die des Betriebs, des Leitbilds, unterschreiben, Sie ein Konfliktmanagementsystem haben und anscheinend alle zufrieden sind.

»Wir hatten doch alles: eine Mobbingbeauftragte und Gesundheitsmanagement, flexible Arbeitszeit und Home Office. Ich konnte es einfach nicht glauben, dass es bei uns Intrigen gibt«, sagte Frau Xanter, Geschäftsführerin eines mittelständischen Betriebs. So übersah sie die Anzeichen: die Beschwerde einer Mitarbeiterin, das angespannte Klima. Sie hatte doch selbst so viel getan für einen Vorzeigebetrieb in Sachen Konfliktmanagement. Sie konnte es nicht fassen, dass sie versagt habe.

Hatte sie auch nicht. Sie konnte nichts dazu. Deshalb: Nehmen Sie's nicht persönlich, wenn Ihr Betrieb trotz aller Maßnahmen nicht intrigensicher ist; auch Sie haben nicht alles in der Hand. Frau Xanter ließ sich beraten – nicht zu einem noch besseren Konfliktmanagementsystem, nicht zu guter Unternehmensführung, sondern ganz persönlich: Wie sie selbst gelassener, geduldiger und gnädiger mit sich selbst umgehen könnte.

Zwar gibt es keine direkten »Intrigenbranchen«, aber besondere Gefahr droht dort, wo Ruhm und Geld angeblich überhaupt keine Rolle spielen, wo es nur um »das Gute an sich« geht, die Wohltätigkeit, weil dort niemand mit dem Schlechten rechnet. Gerade im sozialen Bereich droht die Gefahr, sich mit den eigenen Glaubenssätzen ein Bein zu stellen. Wer glaubt schon, dass Menschen in der Wohltätigkeitsbranche nicht das Wohl, sondern das Wehe der

Kollegen im Kopf haben und dies dann auch noch aktiv, hinterhältig und planvoll verfolgen. Hier werden Intrigen besonders spät entdeckt, da Hinterhältigkeit noch weniger einkalkuliert und durchschaut wird

Auch ich selbst kam anfangs nicht darauf, den sozialen Bereich als Zielgruppe für meine Intrigenseminare zu sehen. Ich kontaktierte vor allem Wirtschaftsunternehmen oder -verbände. Bis ein Kollege, der in der Schweiz das Bildungsprogramm für einen Wohlfahrtsverband konzipierte, meinte: »Das ist genau das, was die brauchen.« Er kannte sich aus in der Welt derjenigen, die für das »Gute« zuständig waren. Die Intrigenseminare für Führungskräfte aus Wohlfahrtsverbänden und karikativen Einrichtungen kamen gut an. »Das darf doch nicht wahr sein« war nicht nur der Seminartitel, sondern ein Gedanke, den ich häufiger im Seminar hatte. Was ich hier von den Teilnehmern an Intrigen erfuhr, bereicherte meinen Fundus enorm.

Es geht schon lange auch ums Geld im sozialen Bereich. Man muss nicht nur überleben, sondern auch Gewinn machen. Eine legitime Sache, die aber leicht zur persönlichen Bereicherung und zum betrügerischen Vorgehen werden kann. Ob Treberhilfe oder Tierheim: Schicke Villen, schicke Autos, schicke Freundinnen und schicke Reisen wollen finanziert werden – eben auch mit Spendengeldern, durch Steuer- und Sozialleistungsbetrug, Veruntreuung und Ausbeutung. Nicht immer steckt dahinter von vornherein ein ausgefeilter Plan; manches mag sich auch im Tun entwickeln, wenn die Täter sich mehr und mehr verstricken, sich Verbündete suchen und Stakeholder ins Spiel kommen. Aber hier ist der soziale Bereich nicht anders als sonstige Wirtschaftsbereiche und nicht anders als der Non-Profit-Sektor: Wenn es nicht ums Geld geht, dann um die Macht; geht es nicht um Liebe, dann um Anerkennung.

Das primum movens ist auch in der Kirche nicht anders. Auch sie ist nicht frei von Fälschungen und Lügen, Geldwäsche und persönlicher Bereicherung, physischer und psychischer Gewalt, wie Affären um mehr oder weniger prominente Würdenträger oder Institutionen wie die Vatikanbank zeigen. Was davon Wahrheit und was Intrigen sind, ist schwer herauszufinden; denn der Wille der Organisation, das Dunkle ins Licht zu rücken, ist hier besonders schwach ausgeprägt. Kein Wunder, dass die Vermutungen um Intrigen auf fruchtbaren Boden fallen.

All diese Skandale haben zu Recht das Misstrauen gegenüber dem Wirtschaftszweig »Soziales« erhöht, merkwürdigerweise aber nicht die persönliche Vorsicht gegenüber den einzelnen »Gutmenschen«. Das kann für Sie gefährlich werden.

## 2. Notsituationen verringern, Intrigen unattraktiv machen

Natürlich können Sie nicht alle Konflikte ausräumen; aber Sie können Maßnahmen treffen, dass Konflikte mit transparenten Mitteln ausgetragen werden. Signalisieren Sie Ihre Intrigenkompetenz als Chefin und dass Sie Intrigen nicht dulden werden, sondern konsequent verfolgen.

Notsituationen reduzieren bedeutet auch, die möglichen Ressourcenkonflikte zu reduzieren, indem Sie jede Ressource möglichst ausreichend zur Verfügung stellen. Das bedeutet: Entscheidungsspielräume, gute Arbeitsbedingungen schaffen und so weiter. Oft sind es kleine Dinge wie eine ausreichende Wertschätzung gegenüber den Mitarbeitern, die den Unterschied zwischen »gut« und »höchst gefährlich« machen.

### 3. Genau hingucken

Haben Sie selbst Angst vor Konflikten? Dann ist Ihr Unternehmen intrigenanfällig. Wer als Chefin nicht kontinuierlich nach möglichen Konfliktherden Ausschau hält, wie ein Waldhüter nach der schwelenden Zigarette zur Sommerzeit, wird das Feuer zu spät bemerken. Insbesondere vor und in strukturellen Änderungen sollten Sie Sorgfalt walten lassen; denn in diesen Zeiten kommt es eher zu Intrigen.

### 4. Cool bleiben

Wenn Sie einen Konflikt entdeckt haben und einbezogen wurden, verlieren Sie nicht die Fassung. Dies hilft nicht den Konfliktpartnerinnen und auch nicht Ihnen selbst. »Cool bleiben« heißt aber nicht, kalt zu sein; Distanz waren heißt nicht, sich nicht kümmern. Machen Sie sich Ihre Rolle klar, Ihre Verantwortung und wo diese endet. Planen Sie das weitere Vorgehen in Ruhe. Selbstverständlich sollten Chefinnen mit gutem Beispiel vorangehen: Emotionsmanagement, Entspannungstechniken, Konfliktkompetenz sind ein »Muss« für Chefs.

### 5. Material auswerten

Vertrauen Sie nicht auf einzelne Aussagen Betroffener. Beobachten Sie selbst, was passiert, sammeln Sie Hinweise, im Zweifelsfall auch Beweise. Stellen Sie Kriterienlisten auf, an denen Sie merken, dass eine Intrige im Gange ist oder dass ein Konflikt einer ist, mit dem Sie sich beschäftigen müssen. Erstellen Sie für den gesamten Betrieb eine Konfliktlandkarte: Wo war der letzte Konflikt? In welcher Abteilung oder welchem Team, bei welchen Personen? Wo wird Ihrer Meinung nach der nächste sein und warum?

## 6. Entscheidung treffen

Entscheiden Sie, was zu tun ist. Es gibt einige wenige Konflikte, bei denen abwarten und aussitzen sich lohnen – wenn der entsprechende Mitarbeiter beispielsweise kurz vor der Verrentung steht oder sowieso bald geht. Bei den meisten unbearbeiteten Konflikten hilft das Abwarten nur dem Täter, seine Taktik zu schärfen und weitere Waffen zu sammeln, die er nach und nach einsetzt.

## 7. Verbündete suchen

Sie können nicht alles allein machen, dafür fehlt Ihnen vermutlich die Zeit und auch die Kompetenz. Denn Konfliktkompetenz muss man sich erwerben. Und nicht immer sind Sie als Chef die geeignete Person, um in einen Konflikt einzugreifen. Delegieren Sie – an eine interne Konfliktschlichtungsinstitution, an externe Mediatoren und Beraterinnen. Und sichern Sie Ihr Vorgehen ab: mit den zuständigen Personen wie Betriebsrat, Frauenbeauftragter, Ihren Vorgesetzen.

## 8. Entscheidung überprüfen

Halten Sie das Beschlossene und Getane im Blick. Überlegen Sie noch mal, was die Alternative wäre. Was würde passieren, wenn Sie das Gegenteil von dem tun, was Sie nun beschlossen haben? Das klärt den Blick und ermöglicht neue Gedanken.

Jedes Managementsystem sollte beobachtet, evaluiert und möglichst ständig verbessert werden; das gilt auch für ein Konfliktmanagementsystem und fürs Gesundheitsmanagement. Überprüfen Sie regelmäßig, ob diese Instrumente etwas taugen.

## 9. Plan weiterverfolgen

Geben Sie sich nicht damit zufrieden, dass Sie Mitarbeiter zur Mediation geschickt haben. Fragen Sie nach, betreiben Sie Konflikt-Controlling. Nicht nur, dass Sie sonst Geld und Zeit zum Fenster hinausgeworfen haben. Es ist wie bei einem zu früh abgesetzten Antibiotikum: Die Resistenzen müssen das nächste Mal mit anderen Mitteln bekämpft werden.

Nachhaltige Konfliktbearbeitung bedeutet, dass Sie selbst als Auftraggeberin in den Prozess einbezogen werden. Auch Sie bekommen Rückmeldung über mögliche strukturelle oder auch personale Schwächen Ihrer Organisation, die den Konflikt mit bedingt haben. Dabei sind Sie selbst als möglicher Mitverursacher nicht ausgenommen. Stehen Sie dazu und planen Sie ein, dass nach einem Konflikt weitere Arbeit auf Sie zukommt.

## 10. Sich stärken

Auch Vorgesetzte haben Schwächen. Und auch Vorgesetzte wollen gelobt werden. Sorgen Sie dafür, dass Ihre Maßnahmen in aller Munde sind: Ihre Intervention im Konfliktfall wie das Konfliktinterventionssystem, das Sie eingeführt haben. Sorgen Sie dafür, dass Sie Anerkennung für Ihre Tatkraft, Ihr geplantes und konsequentes Vorgehen bekommen. Es muss nicht jede einverstanden sein; aber jeder muss wissen, dass Sie sich gekümmert haben.

Zum Sichkümmern gehört auch, sich distanzieren zu können, sich als nicht zuständig zu erkennen oder als nicht kompetent, um hier aktiv zu werden. Fehlt es Ihnen an Konfliktkompetenz, so können Sie sich selbst weiterbilden und weiterentwickeln, sich coachen oder beraten lassen. Das ist nicht nur gut für Sie, sondern auch für die Organisation. »Der Fisch stinkt vom Kopf her«, heißt es, oder »Man kehrt die Treppe von oben«. Ein gutes Vorbild bewirkt Wunder, ein schlechtes Katastrophen.

Hiervon können die Chefs ein Klagelied singen, deren Unternehmen, Verband oder Verein in den letzten Jahren in der Presse aufgetaucht sind; die Schlagzeilen »Betrug und Bestechung«, »Korruption und Veruntreuung« sind vielleicht verschwunden, das schlechte Image und die entsprechenden ökonomischen Folgen aber noch lange nicht.

Intrigenprävention ist eine komplexe Angelegenheit, eine Sache der gesamten Unternehmenspolitik: Ein entsprechender Führungsstil gehört dazu, ein entsprechendes Leitbild, eine nachhaltige Personalpolitik, Fehler- und Konfliktkultur etc. Das ist Ihnen nun alles zu viel? Ja, das ist es; aber Sie müssen ja nicht alles auf einmal angehen, und konkrete Hinweise folgen noch. Sie sind selbst auch noch als Chef Opfer einer Intrige? Niemand passt auf Sie auf, Sie haben niemanden »über sich«, keinen Aufsichtsrat, kein international board, keine oberste Aufsichtsbehörde? Dann müssen Sie sich umso mehr selbst stärken, sich um sich selbst kümmern. Suchen Sie sich so schnell wie möglich

Unterstützung außerhalb Ihres Betriebs, in Ihrem Interesse und im Interesse Ihrer Mitarbeiter.

 ### Die gute Chefin

Konflikte waren nicht ihre Stärke; das wusste Frau Leiden. »Du bist einfach zu gutgläubig«, sagte ihre Freundin immer wieder zu ihr. Und gutgläubig durfte sie nun wirklich nicht sein als Geschäftsführerin eines mittelständischen Betriebs in der Werkzeugbranche. Sie wollte, dass es alle gut haben im Betrieb. Das war zunehmend schwer, da die Zahlen seit längerem nicht mehr gut aussahen. So wusste sie um den Stress, den ihre Mitarbeiter und natürlich sie selbst hatten, konnte keine Zulagen mehr zahlen und musste auch das Gesundheitsförderprogramm erst mal auf Eis legen. Aber eines leistete sie sich: ihr regelmäßiges Coaching in Konfliktmanagement. Denn sie wusste, wenn sie selbst mit den Konflikten nicht umgehen konnte – und Konflikte gab es natürlich immer –, dann würden es auch ihre Mitarbeiterinnen nicht können. Es fiel ihr immer noch schwer, Konflikte als etwas Gutes anzusehen, grundsätzlich sah sie es ja ein. Aber im Konkreten kosteten sie sie einfach zu viel Zeit. Und cool bleiben war auch nicht ihr Ideal. Sie konnte schon mal so richtig ausflippen, einen Mitarbeiter anschnauzen oder auch leicht panisch reagieren, wenn etwas nicht klappte. Aber seit sie dies wusste und allen gesagt hatte, war es besser geworden. Sie entschuldigte sich, wenn »es« mal wieder passiert war, und versprach, daran zu arbeiten.

Seit dem letzten großen Konflikt – ein Mitarbeiter und eine Mitarbeiterin hatten sich ganz übel bekämpft – machte sie sich einmal im Monat Notizen, zeichnete die Konfliktlandschaft auf. Die beiden hatten sich übrigens nicht geeinigt; die eine musste sie dann abfinden. Das war ihr schwergefallen. Auf den anderen, den verbleibenden, hatte sie nun ein besonderes

Auge; nicht auf ihn persönlich, sondern auf die Abteilung, das Umfeld, in dem der Konflikt von damals angesiedelt war.

Verbündete in Sachen Konfliktmanagement hatte sie nicht im Betrieb, zumindest keine offizielle Stelle; es gab keine Ressourcen beispielsweise für eine interne Konfliktberaterin. Aber sie beriet sich in ihrem beruflichen Netzwerk mit Kolleginnen, die in ähnlichen Positionen waren: Führungsfrauen, besonders solchen in Männerdomänen. Hier hatte sie auch das Beispiel des Konflikts vom letzten Jahr eingebracht. Ihre Kolleginnen meinten, sie habe einen Fehler gemacht. Sie hätte beide rauswerfen sollen, manchmal stellte sie sich vor, wie die Abteilung dann heute aussähe. Ja, vielleicht hatten sie recht. Sie würde diese Überlegungen bei ihrer weiteren Personalplanung berücksichtigten. Bis dahin aber musste sie aufpassen, dass sie selbst nicht zu viel arbeitete. Sie hatte schon wieder Einschlafschwierigkeiten. Aber sie wusste, was sie tun musste.

Eine gute Chefin zu sein heißt nicht, alles richtig zu machen. Aber man sollte sich dessen bewusst sein, was man falsch gemacht hat und möglicherweise trotzdem weiter falsch macht.

Apropos Chefin: Ist Ihnen schon mal aufgefallen, dass im Falle der Intrige ums Trojanische Pferd immer von Odysseus als Chef der Griechen die Rede ist, aber auf Seiten der Trojaner ein solcher Anführer nicht genannt wird? War es deshalb vielleicht schier unmöglich, die Intrige abzuwehren, weil sie gar keine Chefin hatten? Egal, die Intrige ist passiert. Und im Nachhinein ist man immer schlauer. Wie schlau sind Sie jetzt im Fall Troja? Ich hatte Sie ja gebeten, über mögliche Präventionsmaßnahmen der Trojaner für die Zukunft nachzudenken.

## Zu spät: Intrigenprävention in Troja

Nehmen wir mal an, die Trojaner hätten doch eine Chefin gehabt oder sich nach der Intrige eine zugelegt – als erste und wichtige Präventionsmaßnahme. Wenn eine Intrige gegen eine Gruppe abgewehrt werden soll, ist Führung besonders notwendig, egal ob sie formal ist oder informell, aus einer Person besteht oder einem Gremium – nur anerkannt muss sie sein; und diese Führung muss die ganze Gruppe in einer gemeinsamen Intrigenabwehr führen. Also was hätte die Chefin angeordnet?

Nach kriegerischen Angriffen greifen Völker fast automatisch zur Aufrüstung: ein größeres Heer, bessere Abwehrwaffen, ein Schutzwall. Eine kluge trojanische Chefin hätte all dies nicht getan; denn ihre Niederlage hatte ja nicht an den Mauern gelegen, die etwa nicht standgehalten hätten. Und ein Heer, groß und stark genug, um die Griechen oder andere feindliche Völker im Falle eines weiteren Angriffs offensiv zu schlagen, konnten sich die Trojaner nicht leisten. Möglicherweise hätte die Chefin versucht, Trojas Fähigkeit zu verbessern, lange Belagerungen auszuhalten. Sie hätte also die Vorräte in der Stadt vermehrt oder die Möglichkeiten, sich solche während einer Belagerung zu beschaffen, beispielsweise durch eine effektive Landwirtschaft. Wir haben keine Ahnung, wie groß die zur Verfügung stehende Fläche innerhalb der Stadtmauern war; hierzu sagt die Sage nichts aus. Aber wir spinnen hier ja auch nur Ideen. Keinesfalls wollen wir ja behaupten, wir hätten im Falle von Troja alles besser gemacht.

So gut solche Maßnahmen gewesen wären: Auch ausgehende Vorräte waren in der Sage nicht die Ursache für die Niederlage; diese lag wie so oft letztlich im Kopf. Die

Trojaner gingen zwar richtig davon aus, dass die Griechen nichts Gutes im Schilde führen. Aber sie glaubten an die griechische Ideologie der Göttergaben, in der lebendige Menschen und hölzerne Pferde als Opfer dargebracht werden. Dieser Brauch schien den Trojanern realistisch, weil sie selbst eine ähnliche Ideologie hatten. Dieser Glaube ließ die Falle zuschnappen und die Intrige gelingen. Mehr Wissen über die Griechen, ihr Denken, ihre Annahmen und Gewohnheiten hätte den Trojanern weitergeholfen.

Ein Geheimdienst dient einer solchen Wissensmehrung, ist aber gleichzeitig ein Apparat, der sich auch verselbständigen kann. Eine nachhaltig denkende Chefin würde den Aufbau von realen menschlichen Kontakten unterstützen, den kontinuierlichen Austausch mit potentiellen Gegnern, um diese besser zu verstehen. Der Aufbau von Netzwerken und Seilschaften in die Gegnerschaft hinein könnte diese Kontakte stabilisieren und im notwendigen Fall strategisch handlungsfähig machen. Heute würde man zu Städtepartnerschaften und Begegnungsprogrammen greifen; das Deutsch-Französische Jugendwerk ist so aus der schlechten Erfahrung entstanden – Vorbeugen durch Völkerverständigung.

Sicher wäre es damals zu Trojas Zeiten schwer gewesen, solche Strukturen aufzubauen. Die Zeit war politisch zu schnelllebig; Gegnerschaften änderten sich ständig; und die Ressourcen für solche Kontakte waren äußerst beschränkt. Funk und Fernsehen gab es ebenso wenig wie Flugzeuge, Filme, das Feuilleton oder die Nachrichten »aus aller Welt«. Immerhin gab es offensichtlich bereits multikulturelle Ehen; Helenas Exmann saß im hölzernen Pferd der Gegner. Fast wäre die Intrige ja deshalb geplatzt. Die trojanische Chefin könnte solche Partnerschaften fördern, was aber wiederum Reisen und Völkerverständigung vorausgesetzt hätte. Auf der individuellen Ebene könnte sie Schulungen in sozialer Kompetenz verpflichtend machen: sich in die Gegner hineinversetzen, sich vorstellen, was ich, Trojaner, an Stelle eines Griechen, der vor meiner Stadtmauer lagert, seit Wochen, dem nun die Vorräte ausgehen, getan hätte. Käme ich, Grieche, dann nicht auf eine List? Welche List könnte das sein? Aber der Gedanke an Schulungen und »social skills« war damals noch nicht verankert. Die trojanische Chefin wäre ihrer Zeit weit voraus gewesen. Und: Sie wäre allein gewesen. Die damalige Konstitution eines Staates sah keine Führungsgremien und -institutionen vor, nur einzelne Führer, die sich mehr oder weniger von einzelnen Personen beraten ließen. Prävention ist aber eine Sache der gesamten Organisation; von daher hätte eine noch so kluge trojanische Chefin es schwer gehabt, wirklich wirksame Präventionsmaßnahmen zu verankern.

Da haben die Chefs heutiger Massenorganisationen bessere Voraussetzungen ...

## Alle dabei: Was ist Sache der ganzen Organisation?

Auch Chefs und Chefinnen sind nur Menschen, auch wenn sie noch so klug und weit voraus denken und handeln und mit noch so gutem Beispiel vorangehen; und sie sind Einzelpersonen. Intrigenförderliche Faktoren sind manifeste Bestandteile der Organisation; sie zu ändern erfordert ein abgestimmtes und konsequentes Vorgehen der gesamten Organisation – sprich der entscheidenden Gremien und Verantwortlichen – mit einer Strategie, die an den unterschiedlichen Ecken, Ebenen und Abteilungen ansetzt, und zwar gleichzeitig und mit langem Atem. Zugegeben, das ist eine große Aufgabe. Anhand von sechs Säulen einer konfliktfähigen Institution werde ich sie weiter hinten handhabbarer machen.

Die persönlichen Handlungsspielräume der möglichen Intrigenopfer, die Verantwortung der Kollegen, die Zuständigkeiten der Chefs und die strukturellen Faktoren der Organisation greifen ineinander. Meist ist nicht einer verantwortlich, wenn etwas schiefgeht, sondern dann hat das Zusammenspiel versagt. Am Beispiel einer Organisation, die einen hohen Anspruch an sich selbst hat und die vieles richtig macht, zeige ich Ihnen vorher noch, was man dennoch alles falsch machen kann. Ich nenne es das Leid mit dem Leitbild.

Intrigenabwehr und Intrigenprävention bedeuten für Organisationen Ähnliches wie für Einzelpersonen, für Betroffene und ihre Chefs. Sie müssen die strukturellen Voraussetzungen dafür schaffen, dass die zehn Schritte verankert sind, zum selbstverständlichen Alltag der Organisation werden. Hierzu gehört eine gute, klare und gerechte Bereitstellung von Ressourcen, eine ehrliche und beständige Analyse der konfliktförderlichen Faktoren und sie so weit wie möglich zu beheben. Organisationen müssen ebenso wie Einzelpersonen ihre Glaubenssätze überprüfen. Diese drücken sich in ungeschriebenen Gesetzen aus, in der Unternehmensphilosophie, dem Leitbild, den Imagebroschüren.

Auch Organisationen, die ein explizites politisches Leitbild haben, sind gefährdet, ihren eigenen Glaubenssätzen zu erliegen: Sei es, weil es neben den offiziellen Annahmen auch implizite konträre Annahmen gibt; sei es, weil einer der Glaubenssätze lautet, dass man so zu sein glaubt, wie man sagt, dass man sei. Denn schließlich gilt »Wer's glaubt, wird selig«.

### Das Leid mit dem Leitbild

Sie haben an sich geglaubt – an die gute Organisation, die Leitidee und an sich selbst, die Führungskräfte. Und sie glaubten, sich immer weiter verbessern zu müssen. Dennoch kam es zu massiven Fehlern und intrigenähnlichem Vorgehen in dieser Vorzeigeinstitution der Weiterbildungsbranche. Ihr Glaubensbekenntnis: »Wir überprüfen und verbessern unsere Arbeit kontinuierlich. Wir stellen uns der internen und externen Bewertung. Wir sorgen für transparente Geschäftsabläufe. Wir pflegen einen produktiven Umgang mit Vielfalt.« Von streitbarer Toleranz ist die Rede und einem Ort für offene Debatten, von Selbstbestimmung und dem produktiven Umgang mit Vielfalt, einem produktiven Miteinander.

## Der Blick des Chefs

»Wir haben viel Zeit und Energie investiert in die Entwicklung unseres Leitbildes«, sagt Herrmann Friedrich, einer der drei Vorstandsmitglieder dieser Organisation. »Das haben erst mal nicht alle eingesehen. Aber nun sehen wir den Erfolg.« Die Weiterbildungsinstitution hat Vorbildcharakter gegenüber ihren Kunden, Organisationen im politischen Raum, kleinen und mittleren Unternehmen. Sie macht sich selbst zum Modell und vermittelt ihre Organisationsprinzipien anderen Unternehmen in Schulungen. Sie investiert viel in die interne Weiterentwicklung. Mitarbeiterinnen und Führungskräfte haben ein hohes politisches Bewusstsein. Und sie stellen sich immer wieder der Kritik und der Bestätigung der Aufsichtsgremien, durch Wahl.

»Als ich gewählt wurde, hatte ich schon ein bisschen Angst, ob ich die Anforderungen wirklich erfüllen kann«, sagt Herrmann Friedrich, »und mir war klar, dass ich nicht stehen bleiben darf.« Er hatte Führungserfahrung. »Allerdings hatte ich nie ein Seminar dazu besucht. Und das habe ich bisher auch nicht nachgeholt.« Der eigene Anspruch an eine kooperative Führung – gegenüber den Mitarbeiterinnen wie im Führungsteam – sei häufig anstrengend. Aber »Wir pflegen eine demokratische Unternehmenskultur«, heißt ja ein Glaubenssatz. »Ich weiß ja, dass meine Stärke nicht auf der sozialen Ebene liegt«, gibt er zu. »Aber ich lasse mich dafür auch kritisieren, von meinen Vorstandskollegen wie auch von Mitarbeitern.« Dafür erwarte er aber auch, dass es umgekehrt möglich ist, Kritik zu üben. Eine gute Konfliktkultur ist ihm ein Anliegen; und er glaubt, dass die Organisation diese habe.

Allerdings muss er auch wirtschaftlich arbeiten. »Dafür bekomme ich meine Zahlen, über Kosten und Einnahmen und die Daten der Personalstruktur.« Die Personalkürzungen der letzten Jahre sieht er kritisch, meint aber, die Umstrukturierungen hätten auch ihr Gutes gehabt. »Insgesamt ist unsere Belegschaft eindeutig jünger geworden, motivierter und professioneller.« So weit der Blick eines Chefs, ein Blick von innen.


Der Blick von außen


Die Weiterbildungsinstitution war ein gutes Vorbild, in ihrer Unternehmens-, Personal- und Führungspolitik. Sie war erfolgreich, gut angesehen in der Öffentlichkeit und wuchs, aber sie hatte Finanzprobleme. Seit Jahren war klar, dass der Personaletat zu hoch war im Verhältnis zu den Gesamtausgaben. Aber niemand wollte die Bremse ziehen. Denn jeder Verantwortungsträger hatte seinen Bereich, der besonders wichtig war; da sollte natürlich nicht gekürzt werden. Im

Gegenteil: Der Erfolg hatte Folgen, zog Arbeit nach sich, Verwaltungsarbeit, Öffentlichkeitsarbeit, Planungs- und Umsetzungsarbeit. So wurde weiterhin Personal eingestellt, wo es nötig erschien.

War es schlichtes Weggucken? Ein gravierender Fehler der mittelfristigen Finanzplanung? Oder lag die Ursache in der Personalentwicklung? Denn niemand schaute, wo die vorhandenen Ressourcen, sprich die Angestellten, möglicherweise hätten besser eingesetzt werden können; weitergebildet, weiterentwickelt, in der konkreten Arbeit unterstützt. Wer laut genug jammerte und eine entsprechende Lobby hatte, dem wurde jemand zur Seite gestellt, befristet und schlechter bezahlt. Es gab natürlich Weiterbildung: hier einen Kurs, da eine Maßnahme. Wer wollte, die durfte, wenn sie konnte – sprich: wenn die Zeit es zuließ. Aber es gab keinen Personalentwicklungsplan.


## Der Blick von innen

War es ein Managementfehler oder war es Strategie? Meine Gesprächspartnerin, Brigitte Ehlert, Mitarbeiterin von Hermann Friedrich, hält beides für möglich. Ihr Blick von innen – inzwischen von außen, weil ihr gekündigt wurde – sieht folgende Möglichkeit: Der Vorstand hat die Situation eskalieren lassen, damit es nicht mehr anders ging, als Personal zu entlassen. Er hat einen so großen Druck aufgebaut, dass der Aufsichtsrat den einschneidenden Kürzungen zustimmen musste.

Gehen wir davon aus, es war ein Plan. Das Ziel der Intrige war dann, Personalkosten einzusparen und sich nebenbei genau von den Mitarbeiterinnen zu trennen, die man besonders gern loshaben wollte, den teuersten und gleichzeitig unbequemsten. Diese kamen aus einer Vorgängerorganisation, hatten bessere Arbeitsverträge und einen andern Geist, eine andere Arbeitsphilosophie. Ein Phänomen, das aus der Wirtschaft nach Fusionen bekannt ist. Man wirft die verschiedenen Organisationen zusammen, stülpt ihnen mehr oder weniger demokratisch eine angeblich gemeinsame Philosophie auf und kümmert sich nicht mehr um die unterschiedliche Geschichte und Kultur. Wenn es hoch kommt, wird die Unterschiedlichkeit als Problem gemanagt; in den seltensten Fällen wird sie als Chance gesehen und genutzt. Dabei hatte die betreffende Organisation sich sogar »Diversität« auf die Fahne und in die Leitlinien geschrieben; es gab Quotierungen für »Unterschiedlichkeiten«, Geschlecht, Herkunft. Aber die Unterschiedlichkeit der Ursprungsorganisationen war angepasst und angeglichen worden. Ein verbreiteter Fehler im Umgang mit verschiedenen Kulturen.

Es dauerte lange, bis das finanzpolitische Problem überhaupt an die Oberfläche kam. Denn niemand hatte ein Interesse daran. Der Vorstand nicht, weil er sonst unbequeme Maßnahmen hätte verkünden und durchsetzen müssen, die Mitarbeiterinnenvertretung nicht, weil sie nur vage Anzeichen sah und keine Unruhe wollte.

Dann tauchte das Gerücht auf, es gebe eine »schwarze Liste« derjenigen, die man loswerden wolle. Eine Kollegin sprach Brigitte Ehlert darauf an. »Ihr seid die Nächsten« – »ihr«, das waren einige Kollegen aus der alten Vorgängerorganisation. Frau Ehlert suchte und fand Hinweise. So wurde ein Vorstandsmitglied in der Presse zitiert, man sei »gezwungen gewesen, Altlasten zu übernehmen«; mit den Altlasten waren die Mitarbeiter aus der Vorgängerorganisation gemeint. Mehr passiert noch nicht; eine konsequente Personalpolitik ist nicht zu entdecken. Der Betriebsrat sieht keinen Ansatz, tätig zu werden, die Belegschaft auch nicht.

Zwei Jahre später tauchen wieder Gerüchte auf, die sich verdichten: »Die Personalplanung kann auf Dauer nicht funktionieren.« Das aktiviert das Umfeld der Organisation, die Aufsichtsorgane und die interessierte Öffentlichkeit. Außendruck baut sich auf. Der Vorstand muss (und darf) handeln; von Umstrukturierungen ist die Rede. Brigitte Ehlert erfährt, dass in ihrem Bereich zwei Führungspositionen zu einer einzigen umgewandelt werden sollen; eine der Positionen hat sie inne. Sie wird gefragt, ob sie diese neue Position dann übernehmen wolle. Sie antwortet, dass sie die Doppelspitze als erfolgreich ansieht. Da wird ein anderer Gang eingelegt: Die Kritik an ihr verhärtet sich. Eine Beraterin wird eingeschaltet, die mit Frau Ehlert klären soll, ob sie als alleinige Leiterin in Frage käme. Eine Zwangsberatung ohne klaren Auftrag und vor allem ohne klare Kriterien. Nach dem Beratungsgespräch vermittelt die Beraterin einer Vertreterin des Vorstands, Frau Ehlert käme nicht in Frage. Die Vorstandsvertreterin reagiert zurückhaltend und erwähnt, es sei der Mann im Vorstand, der explizite Kritik an Brigitte Ehlert übe.

Schuld und Zuständigkeiten werden hin und her geschoben. Brigitte Ehlert geht in die Offensive und stellt ihn zur Rede. Eine gute Strategie; denn hier erfährt sie die Gründe seiner Kritik an ihr, die sie nun wenigstens kennt: Es sei ihr Verständnis von Leitung, das er nicht teile und nicht für effizient halte. Zu diesem Zeitpunkt gibt es kein verschriftlichtes und explizites Führungsleitbild in der Organisation. Implizit herrscht der Widerspruch zwischen »demokratisch« und »alle mitnehmend« auf der einen, dem Anspruch nach »Effektivität« und »Klarheit« auf der andern Seite. Diese beiden Pole wurden nicht in konkrete Verhaltensleitlinien für die Führung übersetzt. Den Widerspruch lösen die Betroffenen für sich persönlich, irgendwie pragmatisch. Brigitte Ehlert führt eher kooperativ und im Team, was ihr Vorgesetzter als unklar und nicht führend empfindet. Eine Situation, wie sie in vielen Organisationen vorkommt.

## Beratungsbedarf: Auch für Berater

Diese Unklarheiten und Widersprüche zu bemerken und konsequent aufzulösen fällt Organisationen schwer; häufig wird die Wichtigkeit eines allgemein verbindlichen Führungsverständnisses nicht gesehen. Kommt es zu Schwierigkeiten, so werden sie als die Schwierigkeiten der Individuen angesehen, die individuell gelöst werden sollen, wenn auch mit professioneller Unterstützung von außen. Der Berater soll dann meist den einzelnen Mitarbeiter fit machen oder aber abschießen. Dies kann böser Wille und Intrigenwerkzeug, aber auch ein Zeichen dafür sein, dass die Auftraggeberinnen im eigenen, intrigenanfälligen System gefangen sind. Ein System, dem sich auch Berater häufig nicht entziehen können. Es ist für sie schwierig, dieses Setting von Beginn an zu durchschauen. So werden sie leicht Teil des Systems. Hätten sie genügend Distanz und Durchblick, müssten sie den Auftrag in dieser Form ablehnen und auf einem umfassender Auftrag bestehen, im Sinne einer Organisationsberatung oder zumindest einer umfassenden Führungskräfteentwicklung. Allerdings riskieren sie damit, den Auftrag zu verlieren, da der Kunde oft bloß an einer kurzfristigen, individuellen Lösung interessiert ist.

Im Fall von Brigitte Ehlert war das Ergebnis der Beratung von Anfang an klar: »Wir können dich nicht mehr halten«, so wurde es ihr von einem der Vorstandsmitglieder überbracht. In ihren Augen war es kein Zufall, dass es die weibliche Vorsitzende war. Die Frau ist auserkoren als Überbringerin der schlechten Nachricht, der Mann als der eigentlich Verantwortliche bleibt im Hintergrund. Die eine Seite schickt die andere vor, die sich aber vorn wiederum hinter der hinteren verstecken kann. Und beide gemeinsam hinter den imaginären Oberen, den Aufsichtsgremien.

Brigitte Ehlert war damit zum Abschuss freigegeben. Dann setzt in der Regel ein Prozess ein, der ebenso brutal wie »natürlich« ist: Die anderen machen mit. Kollegen und Kolleginnen erkennen, dass da jemand schwach ist. Sie nutzen die Gelegenheit, die Aufmerksamkeit von den eigenen Schwächen ab und hin zu den Fehlern der anderen zu lenken. Insbesondere die mittlere Ebene sieht, dass ihre Vorgesetzte nicht mehr die Unterstützung von oben hat, vom Vorstand. Sie orientiert sich um. Ein Teufelskreis: Je mehr von unten die Unterstützung fehlt, umso mehr stimmt die Kritik von oben. Hier werden Mitarbeiterinnen schnell zum applaudierenden Publikum. Brigitte Ehlert reagiert verunsichert; zudem war in ihrem Umfeld zwei weiteren Mitarbeitern gekündigt worden. Sie glaubt, es seien die ausgewählt worden, die die mittlere Führungsebene kritisiert hätten. Eine verständliche Entscheidung, wenn sich die Führung uneingeschränkte Unterstützung sichern will. Das aber passt nicht zum offiziellen Leitbild einer lernenden Organisation und des gleichberechtigten Miteinanders.

Ein Leitbild macht noch keine Kritikkultur, flache Hierarchien keinen besseren Umgang miteinander. In diesem Fall dienten sie dazu, Verantwortung abzuschieben und die mittlere Führungsebene zu funktionalisieren. Der Vorstand beauftragt einen Kollegen von Brigitte Ehlert, den weiteren Schritt zu vollziehen, ein Kollege, der mit ihr in Konkurrenz steht. Dieser vermittelt ihr eine doppelte Botschaft: »Wir wollen noch mal über deine Arbeit reden«, bestellt er sie zum Gespräch; als sie sagt, sie wolle gern jemanden mitbringen, antwortet er: »Du kannst auch mit deinem Rechtsanwalt kommen.« Da ahnt sie, was auf sie zukommt. Im Gespräch macht ihr der Kollege ein Trennungsangebot. Er wird zum Werkzeug der unklaren Unternehmenspolitik und macht mit. Für ihn ist es eine Chance, sich einerseits loyal gegenüber dem Vorstand zu zeigen und andererseits eine unbequeme Kollegin loszuwerden. Ein Verbündeter, Stakeholder und Täter in einem, gleichzeitig aber auch Opfer des unprofessionell agierenden Vorstands.

Selbst professionellere Vorstände sind in Krisensituationen häufig überfordert. Sie machen den Spagat zwischen unklarem Führungsleitbild und persönlicher Haltung; sie sind verantwortlich für eine Unternehmenssituation, die sie gleichzeitig nicht vor sich verantworten können. Insbesondere wenn Führungspositionen nach politischen Kriterien besetzt werden, spielen Führungskompetenzen und -erfahrungen bei der Auswahl eine geringe Rolle. Den Auserkorenen ist es häufig nicht mehr möglich, Führung zu lernen. Auch wenn sie selbst bei sich Defizite erkennen, fehlt meist das Einsehen der Organisation und die Zeit. Anderes ist wichtiger – das Geld, das Image, die Politik, die Arbeit, das öffentliche Erscheinungsbild. Wenn Führungskräfte dann zum Coach gehen, dient es häufig nur der persönlichen Schadensminimierung, einer Burnout-Prophylaxe kurz bevor es zu spät ist, ein paar Anpassungstechniken an einen stressigen Führungsalltag. Die systematischen strukturellen Probleme der Organisation zu erkennen übersteigt häufig das Setting von Coaching – für den Coach wie für den Coachee.

In der Organisation von Brigitte Ehlert fehlte eine Evaluierung der Vorstandsarbeit, ein Qualitätsmanagement-System für die internen Prozesse. Hier waren die hehren Glaubenssätze, der politische Anspruch möglicherweise eine Barriere. Man will ja das Gute. Wirtschaftsunternehmen handeln in diesem Punkt häufig konsequenter, wird ihr Unternehmensergebnis doch an harten Zahlen gemessen.

Brigitte Ehlert zog die persönliche Notbremse. Ein Coaching machte sie schon seit längerem, eine Anwältin hatte sie auch. Sie klagte gegen ihren Arbeitgeber und gewann. Finanziell bilanzierte sie einen Erfolg; das erste Trennungsangebot wurde bei weitem übertroffen. Und auch persönlich ist sie froh, sich gewehrt zu haben. »Ich habe viel gelernt, über Konflikte und über mich selbst.« Wäre sie heute in einer solchen Situation, würde sie sich stärker schützen. Aber sie bezweifelt, dass sie noch mal eine solche Leitungsposition annimmt. Zu groß sei der Verlust an Lebensqualität. Sie hätte früher gehen sollen, eher und intensiver eine Alternative suchen. Jetzt klopfe sie ihre Jobangebote gezielt nach problematischen Führungsstrukturen ab. Sie hat für sich Kriterien, was eine gute Unternehmensstruktur ist und was nicht, und eine Liste von Frühwarnzeichen. »Ja, ich würde heute früher gehen, wenn ich merke, was da läuft«, sagt sie.

Sie beobachtet auch heute noch die Organisation weiter. Die »alten« Mitarbeiterinnen sind inzwischen alle weg; die Personalstrategie ist also aufgegangen. Der Vorstand hat dazugelernt: Der Führungsbegriff wird diskutiert, Beratung setzt grundsätzlicher an, aber die strukturellen Bedingungen bleiben; die Organisation hat weiterhin ihre anspruchsvollen Glaubenssätze und Leitbilder, die aber zu wenig in konkrete Richtlinien umgesetzt werden. Fragen hierzu wären: »Woran konkret merke ich, dass wir tolerant sind, dass wir ständig selber lernen? Was kann ich als einzelne Mitarbeiterin dafür konkret in meinem Arbeitsalltag tun und was muss ich tun im Sinne meines Arbeitsvertrages?«

Oft ist die Verantwortung zwischen den verschiedenen Führungsebenen unklar, sind die Hierarchien unklar definiert. Was »flach« bedeutet, muss ganz konkret ausgeführt werden: Wer darf wem was sagen, was anordnen? Faires Miteinander ist gut, das schließt Konkurrenz nicht aus. Jedoch wird Konkurrenz oft tabuisiert. Als politische Organisation ist man stark von Außenfaktoren abhängig – in diesem Fall auch von Mehrheitsverhältnissen durch Wahlen, die man nicht selbst beeinflussen kann; entsprechende Abhängigkeiten werden häufig schöngeredet. Dies alles sind intrigenfördernde Strukturen.

Auch Organisationen als Ganzes müssen sich in Distanz zu sich selbst begeben, sich selbst von außen betrachten und beobachten. Der virtuelle Gang auf den Balkon des Hauses reicht hier nicht aus. Man muss schon vor die Tür gehen und das ganze Gebäude von außen betrachten, die Gesamtansicht und die Architektur. Und da selten die gesamte Organisation das Haus zusammen verlässt, sind es immer die Einzelnen, die den Blick von außen riskieren und nach innen ins Gebäude zurückspiegeln müssen.

## Sechs Säulen und ein Dach:
## Die nichtintrigante Organisationsarchitektur

Auch wenn alle beschriebenen Akteure ihre Verantwortung wahrnehmen, ist das Ergebnis noch nicht unbedingt in die Architektur der Organisation übergegangen. Das Engagement muss sich strukturell niederschlagen, in entsprechenden Regeln und Rahmenbedingungen, in Kultur und Klima. Nichtintriganz wird von Personen gelebt; aber sie darf nicht von den Einzelnen abhängig sein; sonst wackelt das

Gebäude bei der ersten Erschütterung, im Sturm oder wenn einer das Haus verlässt.

Erste Säule: Transparenz – Klarheit – Information

Unglaublich, aber wahr: In vielen Unternehmen gibt es keine aktuellen und aussagekräftigen Stellenbeschreibungen. »Keine Zeit«, und »Es funktioniert ja auch so« sind die gängigen Begründungen. Eine genaue Stellenbeschreibung und ein daraus abgeleitetes konkretes Anforderungsprofil machen tatsächlich Arbeit, die sich aber in vieler Hinsicht rentiert. »Es macht doch nichts«, heißt es, wenn so etwas fehlt; dabei macht es sehr viel. Neben Fahrlässigkeit oder Nachlässigkeit steckt häufig auch System dahinter: Was nicht festgelegt ist an Leistungen und Gegenleistungen, an Rechten und Pflichten, kann auch nicht eingefordert werden. Man kann alles erwarten und mit allem unzufrieden sein. Und das gilt für alle Seiten, Vorgesetzte ebenso wie Mitarbeiter, wobei die Machtfrage meist für den Arbeitgeber beantwortet wird.

Diese mangelnde Transparenz bereits in grundlegenden strukturellen Bedingungen ist eine exzellente Nährlösung für Konflikte. Die Mitarbeiterinnen haben Anlass zu Vermutungen, dass sie zu Aufgaben verdammt sind, die eigentlich nicht ihre sind. »Meine Kollegin hat einen kleineren Bereich und bekommt mehr Geld«, ist so ein typischer Verdacht, aus dem dann auch eine Intrige werden kann. Und die Vorgesetzten haben Anlass zur Vermutung, dass die Mitarbeiter ihre Aufgaben nicht erledigen. »Das ist doch drin in seiner Position. Warum macht er es dann nicht!«

Besonders wenn es darum geht, jemanden loszuwerden, werden lückenhafte Stellenbeschreibungen zur Allzweckwaffe. Arbeitsverträge geben meist wenig her, um Arbeitsaufträge zu erteilen oder abzulehnen. So wird von Arbeitgeberseite auf dieser unklaren Grundlage mit Abmahnungen und Kündigungen gedroht, werden Arbeiten zugeschanzt und Verantwortung entzogen. Vielfach wird nicht nur mit den legalen Möglichkeiten, sondern auch am Rande der Illegalität agiert – gut beraten von Beraterinnen und Anwälten. Da wird jemand mit Arbeit überhäuft oder kaltgestellt, überfordert oder unterfordert, mit dem Ziel, ihn oder sie weichzuklopfen, noch mehr zu verunsichern oder zum Aufgeben und Einlenken zu zwingen. Dies geschieht nicht zufällig, sondern strategisch geplant, hintergründig und konsequent umgesetzt, so lange, bis das Ziel erreicht ist. Leider ist dies moderne Personalführung und nicht selten, wie ich bei einem Weiterbildungsträger der Wirtschaft erfahren musste. Im Vorgespräch zu einem Vortrag zu Konflikten schlug die Geschäftsführung den Titel »Intrigen als Instrument der Personalentwicklung« vor und antwortete, als sie meine Überraschung sah: »Das ist doch die Realität.« Ich musste ihr recht geben.

Arbeitnehmerinnen lassen sich in ihrer Verunsicherung auf Änderungskündigungen ein oder werfen gleich das Handtuch; Krankschreibungen, Burnout und erzwungene »freiwillige« Kündigungen sind die Folge dieser »Personalentwicklung«. Einige wenige Arbeitnehmerinnen wehren sich vehement: anwaltlich mit Anzeige, wenn sie genügend gegen den Arbeitgeber in der Hand haben, oder mittels eigener Intrige, wenn die strategischen Voraussetzungen und ihre persönlichen Möglichkeiten passen.

»Er hat es häufiger so gemacht, der Personalchef, nicht nur bei mir«, berichtet Frau Mehler, eine IT-Expertin. »Er wollte mich loswerden und benutzte die Kollegen dazu.« Sie selbst saß direkt einer Kollegin gegenüber, die für den

Empfang zuständig war und mit der sie sich gut verstand. Jeden Mittag ging ihre Kollegin mit den anderen essen, zusammen mit dem Personalchef. Sie wurde nie gefragt, ob sie mitkomme; also blieb sie zurück und fungierte in der Zeit als Empfangssekretärin, eine Tätigkeit, für die sie eindeutig überqualifiziert und nicht eingestellt war. Sonstige Aufgaben wurden ihr immer weniger erteilt. Bis eines Tages der Personalchef vorbeischaute und ihr mitteilte, ihre Performance sei suboptimal. Sie sei ja quasi Empfangsdame geworden. Als Frau Mehler sich beklagte, sie habe ja auch nichts zu tun und werde wohl kaltgestellt, grinste er und sprach von mangelnder Eigenaktivität. Sie ging zum Betriebsrat, der ihr aber nicht helfen konnte; denn es war nichts nachweisbar. Allerdings hatte Frau Mehler auch den Eindruck, dass sich die Kollegen keine besonders große Mühe machten. Nach einigen Monaten ging sie auf das »großzügige Angebot eines Auflösungsvertrags« ein. Was sie erst jetzt erfuhr: Einige ihrer Kollegen waren genauso kurz vorher gegangen, nachdem sie ebenfalls zunächst kaltgestellt worden waren.

Kalte Kündigung und heißer Abriss – zwei Verfahren, die schwer nachzuweisen sind. Es wird heimlich ein Feuer gelegt, und wenn das Objekt abgebrannt ist, wird neu gebaut, was sonst nie genehmigt worden wäre. Die Auftraggeber sind Investoren, die Chefs oder die Personalabteilung, die Spielräume für Neueinstellungen haben oder »Altlasten« loswerden wollen. Manchmal schlagen Mitarbeiter aus unklaren Stellen- und Aufgabenbeschreibungen Kapital. Es trifft dann vor allem Kolleginnen, auf die bei fehlenden Regelungen Arbeit und Verantwortung abgeschoben oder denen attraktive Aufgabenbereiche entzogen werden.

Wer Intrigen führen oder fördern will, lässt Verantwortung und Aufgaben gezielt im Unklaren. Wer präventiv wirken will, sorgt für klare Stellen- und Aufgabenbeschreibungen mit eindeutigen Vertretungsregeln.

Ähnliches gilt für die Information über die Gehaltsstruktur. In vielen Unternehmen gehört es zum guten Ton, darüber zu schweigen, was der und die andere verdient. Damit werden nicht nur Lohnunterschiede zwischen Männern und Frauen kaschiert, sondern auch zwischen denen, die gut und denen die besser verhandelt haben. Wenn auch nicht alle alles wissen müssen, gehört doch Transparenz der Gehaltsstruktur zur guten Unternehmensführung. In etlichen Betrieben wird das Schweigen über das Gehalt sogar von oben verordnet; so wird es gezielt zum Instrument, das zwischen allen Zwietracht sät.

**Was ich nicht weiß, macht mich erst heiß**

In einem Verband der Umweltpolitik sollte es den Mitarbeiterinnen per Arbeitsvertrag und Betriebsvereinbarung untersagt sein, über ihr Gehalt zu reden. Etwas, was rechtlich im Übrigen nicht durchzusetzen ist. Aber man hielt sich dran. Nur die Lohnbuchhalterin hatte den Überblick und natürlich die Geschäftsführerin selbst. Sie hatte sich damit die Möglichkeit gesichert, eigenhändig Geschenke und Anerkennung zu vorteilen, und damit ein wichtiges Machtmittel in der Hand behalten. Niemand wusste vom anderen, wie viel er oder sie verdient. Die, die einige Rosinen abbekommen hatten, fühlten sich besonders gewürdigt, auch wenn sie nicht ahnten, dass ihr Kollege nicht Rosinen, sondern einen ganzen Weinberg mehr erhielt als sie selbst. Und die, die nichts abbekommen hatten, dachten, es ginge im Prinzip allen gleich. Dieses System der Geheimhaltung kam ins Schwanken, als die Geschäftsführerin längere Zeit krank war und ihr Stellvertreter von dem System erfuhr und handeln musste. Eine der Arbeitnehmerinnen hatte bei ihm auf ihren besonderen Privilegien bestanden – dem Recht auf uneingeschränkte Überstunden und dem finanziellen Ausgleich hierfür, etwas, das im Gesamtbetrieb eigentlich ausgeschlossen war. Er ging in die Offensive und ließ die Gehälter und die Nebenvergütungen öffentlich machen. Ein Sturm der Entrüstung brach los. Vor allem bei denen, die auf der Gunstliste der Geschäftsführerin standen oder zu stehen glaubten. »Ein Fass war aufgemacht« oder auch »die Büchse der Pandora«. Angriffe und Blockaden, Gerüchte und Totstellreflexe folgten. Der Stellvertreter selbst wurde sowohl gelobt als auch in Grund und Boden verurteilt. Er hatte etwas in Gang gesetzt, dessen Folgen er wohl selbst nicht hatte abschätzen können. Eine ganze Weile dauerte es, bis wieder Ruhe eingekehrt war. Das intransparente System allerdings war damit abgeschafft. Auch weil dieser Vorfall den Sturz der Geschäftsführerin beschleunigte.

Ein solches Vorgehen kostet die Mitarbeiterinnen Kräfte und Nerven, das Unternehmen Personalkosten, Qualitätsverlust in der Arbeit, Imageverlust und so weiter.

Unklare Stellenbeschreibungen und geheime Gehaltsstrukturen sind die häufigen kleinen Geheimnisse in Unternehmen und Organisationen. Aktuelle Unternehmensziele und Entwicklungen sind häufig das große Tabu. Wenn sie kommuniziert werden, dann noch lange nicht transparent und verständlich. Oft heißt es lapidar »wir müssen sparen« oder »wir müssen uns nun besonders anstrengen«. Dies fördert Unsicherheit, das Gefühl, die Entwicklung nicht beeinflussen zu können, und kann damit ein intrigenförderliches Klima verstärken.

Zweite Säule: Mitbestimmung/Mitentscheidung

Eine gute Informationspolitik ist die Voraussetzung für eine Mitentscheidungskultur. Sie muss alle entsprechenden Gremien umfassen, Betriebs- oder Personalrat, Ausschüsse, Arbeitsgruppen und Steuerungsrunden. Aber auch das allein reicht nicht aus. »Wir haben doch schon so viele Gremien!«, klagte eine Führungskraft, die im Coaching auf die strukturellen Fehler des Unternehmens stieß. »Und immer noch beschweren sich die Mitarbeiter, sie könnten nicht mitreden!« Die Mitarbeiterinnen hatten recht: Denn sie waren zwar formal beteiligt, saßen bei allen wichtigen Entscheidungen dabei, hatten aber letztlich gar keinen Einfluss. Die Sitzungen waren ein Ab-Sitzen und Bei-Sitzen, aber kein Mit-Entscheiden. Und währenddessen blieb ihre eigentliche Arbeit liegen. Entscheidungsgremien müssen auch wirkliche Entscheidungskompetenz haben; sonst sind sie bloßes Alibi und Mehrbelastung. Mitarbeiterbefragungen, die ernst gemeint sind, helfen, kritische Punkte frühzeitig erkennen und beheben zu können.

Neben den formalen Mitbestimmungsmöglichkeiten sind die informellen wichtig. Dazu gehören Dialogkultur, ein fließender Austausch zwischen elektronisch und »face to face«, in »Social Media« und »Sozialräumen«, mit Blogs und Betriebsausflügen. Neben den zeitlichen Räumen und technischen Möglichkeiten müssen auch »physische« Räume bereitgestellt werden, also attraktive Teeküchen, Aufenthaltsräume etc. Auch wenn letztlich wenige die Entscheidungen fällen, verbessert der Beteiligungsprozess im Vorfeld die Entscheidungen und erhöht ihre Akzeptanz.

Mitbestimmung ist im Übrigen keine Frage von flachen oder starken Hierarchien. Gerade wenn es keine einlineare Machtstruktur gibt, wenn Macht über verschiedene Ebenen und Organe, Abteilungen und Gremien verteilt ist, können die verschiedenen Machtquellen gegeneinander ausgespielt werden, sich blockieren und damit wirkliche Mitbestimmung innerhalb wie außerhalb der Gremien unmöglich machen. Zur Mitbestimmung gehört auch ein wirksames Beschwerde- und Ideenmanagement. Dieses ist gleichzeitig ein Schutz vor Korruption und Intrigen.

Etliche Skandale wurden auf Grund der Hinweise von Ex-Mitarbeitern aufgedeckt. Sei es, weil diese sich rächen wollten oder weil sie – nun aus dem Betrieb ausgeschieden – ihre Verantwortung wahrnehmen konnten, ohne dadurch ihre Stelle zu riskieren. Vielen Betrieben entgehen wertvolle Hinweise auf Missstände, wenn sie nicht die Möglichkeit schaffen, dass solche Hinweise anonym von innen gemacht werden können.

Sogenanntes Whistleblowing – also das Zutagefördern von ungesetzlichen, ethisch zweifelhaften Praktiken des Unternehmens oder einzelner Mitarbeiter – ist ein Faktor von Qualitätsmanagement und auch Intrigenprävention. Whistleblowing ist ein Alarmsystem. Wo dieses nicht gewünscht ist, werden Whistleblower mit allen Mitteln bekämpft wie im Fall der hessischen Steuerfahndung. Zwei der Akteure haben hierfür übrigens 2009 den Whistleblower-Preis verliehen bekommen. Betriebe, die es begrüßen, installieren einen elektronischen anonymen Briefkasten, gemanagt von der Personalabteilung, oder greifen zu externen Anlaufstellen wie beispielsweise Anwaltskanzleien. Wichtig ist aber, dass diese Einrichtungen gezielt beworben werden.

»Bei uns weiß – glaube ich – niemand, dass es so was gibt«, sagt Sabine Bringer, die Personalreferentin in einem süddeutschen Versorgungsunternehmen. Kein Wunder, dass es nicht in Anspruch genommen wird. In einigen Unternehmen gibt es bereits sogenannte »Silent Employees«, die niemand kennt, auch wenn alle von ihnen wissen. Sie sind Teil des »Mystery Management«, eines gezielten, verdeckten Controllings, bei dem klar definierte Betriebsvorgänge überprüft werden. Testmitarbeiter evaluieren beispielsweise die Entscheidungsfindung in Vorstandsbüros, ohne dass dies den zu Überprüfenden bekannt ist. Es geht dabei nicht um ein Spitzelsystem gegenüber den »Kleinen«, sondern die obere Ebene wird beobachtet, um Skandale zu verhüten. Ein solches System verlangt neben einer gewissen Unternehmensgröße sorgfältige Planung, Routine, Anonymisierung und Objektivierung und ist sicher nicht für jeden Betrieb geeignet.

Ein einfaches internes Beschwerdemanagement sollte aber auf jeden Fall vorhanden sein. Aber auch ein solches muss sorgfältig aufgebaut und ständig weiterentwickelt werden, wenn die Beschwerdeinstanz nicht zur bloßen Meckerecke werden soll und diejenigen, die Kritik anbringen, zum Nestbeschmutzer oder Nörgler abgestempelt werden sollen.

Allgemein müssen Mitbestimmung, Mitentscheidung und Mitgestaltung eingebunden sein in eine gute Konfliktkultur und Transparenz.


Dritte Säule: Konfliktkultur


»Wir alle gemeinsam, ›solidarisch‹, das war die Betriebsideologie«, erzählte eine Trainerin, Frau Engel, über ein Weiterbildungsinstitut. Eine Ideologie, die Auseinandersetzung verhinderte und in ihrem Fall zu hintergründigen Machtkämpfen führte mit der Folge von Ausschluss.

Es gibt eine Reihe von Unternehmenssparten, die für eine solche Ideologie besonders anfällig sind: Institutionen im sozialen Bereich, solche mit einem politischen Anspruch, Institutionen, die eine positive Streitkultur zu ihrem Markenzeichen machen, die sich professionell mit Konflikten beschäftigen, Unternehmen, die von einer großen Gleichheit ihrer Mitarbeiter ausgehen – weil sie alle einer bestimmten Minderheit angehören, eine bestimmte Weltanschauung haben etc. Im Fall der Trainerin Engel handelte es sich um eine rein weibliche Institution. »Hier liefen ganz viele Gespensterdebatten. Das, worum es eigentlich ging, die Konflikte wurden nicht angesprochen. Von niemandem. Erst recht nicht von der Institutsleitung.«

Das verbreitete Klischee, dass Frauen Konflikte eher scheuen als Männer, traf hier wohl zu. Andere rein weibliche Organisationen gehen hiermit jedoch anders um. Die Weiberwirtschaft, ein Unternehmerinnenzentrum in Berlin, hat die Konfliktklärung institutionalisiert: Das sogenannte Klärwerk, eine Mediationseinrichtung, wird bei Konflikten eingeschaltet. Viele Organisationen haben inzwischen interne Mediatoren oder externe Stellen, mit denen sie kontinuierlich zusammenarbeiten. Grundlage sind häufig Dienst- oder Betriebsvereinbarungen, die den Umgang mit Konflikten oder Mobbing regeln.

Auch in den öffentlichen Verwaltungen ist das Problem angekommen und wird institutionell angegangen. So haben beispielsweise verschiedene Berliner Bezirksämter und Senatsverwaltungen Dienstvereinbarungen zum Umgang mit Konflikten entwickelt. Hervorgegangen sind diese teilweise aus Vereinbarungen zu Mobbing. Nachdem man gemerkt hat, dass andere Auseinandersetzungsformen viel häufiger auftauchten, hat man sich zu umfassenderen Vereinbarungen entschlossen; zum Teil wird hier zwischen Konflikt, Mobbing und Belästigung unterschieden.

Konfliktbeauftragte sind – im Rahmen ihrer Dienstzeit

und weisungsfrei – freiwillige Ansprechpartner für Konfliktfälle. Eingebunden sind sie in eine institutionalisierte Ansprech- oder Koordinierungsstelle, die meist in der Personalentwicklung angesiedelt ist. Gesetzliche Grundlage für das Handeln ist das Allgemeine Gleichstellungsgesetz (§ 7 Abs. 1 AGG) sowie die Fürsorgepflicht der Dienststelle nach Beamtenrecht und Bürgerlichem Gesetzbuch (BGB § 618). Dabei wird den Führungskräften eine besondere Verantwortung zugesprochen, Konfliktsituationen zu erkennen, rechtzeitig auf Lösungen hinzuwirken und bei hoch eskalierenden Konflikten zu intervenieren. Mitarbeiterinnen haben das Recht, die Unterstützung der Konfliktbeauftragten in Anspruch zu nehmen. In einigen Vereinbarungen gibt es auch die Pflicht, Konfliktberaterinnen oder Führungskräfte auf Konflikte hinzuweisen, auch wenn sie nicht daran beteiligt sind. Natürlich immer, ohne dass ihnen Sanktionen oder Nachteile daraus erwachsen sollen.

Das Verfahren der Konfliktlösung ist meist zweistufig: Kommt es nicht zur Lösung durch die Konfliktberaterinnen, so wird eine Schlichtungs- oder Koordinierungsstelle eingeschaltet, und damit Vorgesetzte, Personalrat und Personalvertretungen. Am Ende droht das dienst- und arbeitsrechtliche Vorgehen mit Eintrag in die Personalakte etc. Zum Konzept gehören auch Aufklärung und Fortbildung über Konflikte; Konfliktkompetenz wird als eine zentrale Führungsanforderung in die Personalbeurteilung aufgenommen, und die Maßnahmen sollen kontinuierlich evaluiert werden, um das Konzept weiterzuentwickeln.

Wirtschaftsunternehmen haben tendenziell eine größere Freiheit in der Ausgestaltung, da sie weniger formale Regeln beachten müssen. Aber die Verfahren sind ähnlich. Die Verantwortung der Führungskräfte ist in jedem Fall zentral: Sie müssen die Ressourcen bereitstellen – personelle, zeitliche und auch sachbezogene wie einen Etat für Fortbildung und externen Sachverstand. Mehrstufige Verfahren sind sinnvoll; außerdem sollten interne wie auch externe Vermittlerinnen, Berater oder Mediatorinnen einbezogen werden (können).

Ein solches Verfahren zu etablieren dauert lange. Schon bevor man überhaupt ein Konzept im Betrieb vorschlägt, ist viel Zeit vergangen: mit der Entwicklung einer guten Strategie, vielen Gesprächen, viel Überzeugungskraft und einer sorgfältigen Suche nach Bündnispartnern. Eben eine gute Mikropolitik! Denn nicht jeder Betrieb wünscht sich ein solches System oder ist davon überzeugt, dass es nötig ist. Herr Singer hat es in seinem Unternehmen versucht. »Konflikte? Wo gibt es die denn bei uns?«, reagierte ein Vorstandsmitglied. Seine scheinbare Frage war eine klare Aussage: »Die darf es hier nicht geben«, verbunden mit einer Warnung: »Lassen Sie die Finger davon! Oder haben Sie hier schon wieder etwas zu meckern?«

Das wird Sabine Bringer hoffentlich nicht passieren; sie arbeitet an einem Konfliktmanagementsystem und weiß, mit wem sie reden muss und wie sie es am besten »verkauft«, nämlich im Rahmen der Gesundheitsprävention. Dafür gibt es in vielen Betrieben Programme. Klar, »Gesundheit« klingt positiv, Konflikte immer noch eher negativ, auch wenn sie es nicht sind.

Wenn Sie ein Konfliktmanagementsystem verankern wollen, sollten Sie auch auf Namen achten, den Namen des Systems wie auch die Namen der Verbündeten. Suchen Sie sich anerkannte Stakeholder und beziehen Sie sie ein: die Personalabteilung, die Sozialberatung, Betriebsrat und Betriebsarzt beispielsweise, aber auch Einzelpersonen. Das bringt Reputation, schafft Vertrauen und verhindert Konkurrenzen.

Auch bei gutem strategischem Vorgehen dauert es meist

Jahre, bis ein Konfliktmanagementsystem verankert ist. Das mag man als zu lang empfinden; aber allein die Diskussion über die Notwendigkeit bewirkt einiges. Ist ein System dann etabliert, muss es bekannt gemacht werden, damit es überhaupt genutzt wird. Dafür müssen sich Gewohnheiten ändern, eingefahrene Bahnen verlassen werden, um neue zu nutzen – wie bei neuen Autobahnen, die anfangs ziemlich leer sind, bis sie entdeckt werden. Dann aber müssen Konfliktmanagementsysteme kontinuierlich evaluiert und weiterentwickelt werden.

Institutionalisierte Streitkultur muss nicht an eine eigene Institution gekoppelt sein, also eine Abteilung, ein Büro oder ein Gremium. Feste Regeln für Konfliktbewältigung und vor allem gute Vorbilder von »oben« sind häufig schon ausreichend. Wichtig sind auch »Vorzeigebeispiele« für den gelungenen Umgang mit Konflikten. Das bedeutet: Die praktischen Fälle, bei denen Streit gut bearbeitet und gelöst wurde (das muss nicht immer einvernehmlich sein), stellen die Weichen für die Zukunft. Insbesondere wenn sich Chefs bereit erklären, an der Konfliktbearbeitung mitzumachen, wirkt dies Wunder.

In jedem Fall ist Vertrauen die Voraussetzung – Vertrauen in die Ansprechpartnerinnen; diese müssen innerhalb der Hierarchien möglichst frei agieren können. Und es muss sich lohnen, Konflikte anzusprechen: Es muss wirksam sein, sei es für die betroffene Person, dass ihr selbst geholfen wird, sei es, dass das zugrunde liegende Problem angegangen wird. Dies kann das Verhalten eines bestimmten Mitarbeiters sein, aber auch ein zugrunde liegendes strukturelles Problem: die Zusammensetzung des Teams, Über- oder Unterforderung, konkrete Arbeitsbedingungen, das Budget etc. Wichtig ist, dass Konflikte nicht personalisiert werden, wenn sie nicht persönlich sind.

Konfliktmanagement spielt auch bei der Leitbildentwicklung eine Rolle. Verhaltenskodexe können die dahinterliegenden Werte regeln, beispielsweise was Korruption angeht. Der Grundsatz, dass Konflikte als Chance für Entwicklung angesehen werden und man einen konstruktiven, offenen Umgang mit ihnen praktizieren will, klingt gut und ist gut. Aber für den Alltag braucht es praktische Handhabungen, anwendbar für jede Person und jeden Bereich, und sie müssen passen zur Branche, zur Kultur, zum Arbeitsalltag. Konfliktmanagementsysteme müssen passgenau für den jeweiligen Betrieb entwickelt werden. Was braucht das jeweilige Unternehmen, was hat es schon? Welche Strukturen sind bereits da? Wie werden sie angenommen? Was fehlt? Dreh- und Angelpunkt sind die Ansprechpartnerinnen für Konflikte, betriebliche Peers. In einigen Systemen werden sie Konfliktlotsen genannt, denn sie lotsen die Betroffenen durch das weitere Verfahren. Allerdings entscheidet die betroffene Person selbst, ob sie den weiteren Weg gehen will. Konfliktlotsen müssen absolute Verschwiegenheit gewährleisten können und die Sicherheit, dass dem Konflikt nachgegangen wird, wenn die Person es möchte. In einigen Unternehmen folgen dann sogenannte Konfliktkonferenzen, Gremien, die überlegen, was mit dem Konflikt weiter passiert, ob beispielsweise interne oder externe Mediatorinnen eingeschaltet werden.

Ein Konfliktmanagementsystem einzuführen kostet natürlich. Aber es spart auch Kosten: die möglichen Kosten bei Arbeitsgerichten, die Personalkosten durch Krankheit, Umsetzung, Neubesetzung, aber auch die versteckten Kosten, die mit Konflikten einhergehen. Diese näher zu berechnen ist schwer, aber es gibt einige Anhaltspunkte: Eine Stelle wiederzubesetzen kostet laut Bundesministerium für Familie, Senioren etc. mehr als 43 000 Euro im höheren Einkommensbereich. Mobbing in einem Team von sechs Mitarbeitern kostet bei einem typischen Verlauf innerhalb von vier Jahren knapp 290 000 Euro, wie Mobbingberaterinnen schätzen. In den USA gibt es bereits Online-Rechenmaschinen, die Konfliktkosten und die Kosten ihrer Senkung berechnen. Diese auf europäische oder bundesdeutsche Verhältnisse zu übertragen wäre eine im wahrsten Sinne des Wortes verdienstvolle Aufgabe.

Betriebsräte wie Arbeitgeber verweisen teilweise darauf, es gebe ja bereits existierende gesetzliche Konfliktmanagementsysteme wie das Betriebsverfassungsgesetz. Diese sind allerdings unzureichend. Denn Betriebsräte fungieren als Anwalt aller Arbeitnehmerinnen. Sie sind nicht neutral und dürfen es auch nicht sein – ganz anders als Konfliktlotsen, die nicht Partei ergreifen. Konfliktlotsen nehmen dem Betroffenen nicht den Konflikt und die Entscheidung darüber aus der Hand. Sie gehen davon aus, dass Arbeitnehmer für sich selbst eintreten können, selbst verantwortlich bleiben.

Konflikte brauchen Zeit – und eine Konfliktkultur aufzubauen auch. Die scheint in vielen Branchen und Betrieben zu fehlen. Aber wer diese Zeit nicht investiert, wird später viel mehr Zeit brauchen, um die Konflikte zu lösen.

»In meinem jetzigen Betrieb gibt es keine Konflikte, zumindest nicht offen«, meint Norbert Reimert, HR-Manager im Technologiebereich. Die Techniker und Ingenieure ticken anders als in seinem alten Betrieb in der Kosmetikbranche, den er auf Grund einer Intrige verlassen hat. Der Arbeitsdruck ist im neuen Betrieb viel höher; und man arbeitet an und mit Maschinen, nicht mit Menschen. Die Probleme, die entstehen, nimmt ein jeder mit sich nach Hause. Was dort passiert, weiß er nicht. Die Krankheitsrate ist recht hoch, die Scheidungsrate auch. Wenn jemand krank wird, dann ist es meist bereits etwas Ernstes, Magengeschwüre, Herzinfarkt;

und derjenige fällt länger aus. Und wenn es mal knallt im Betrieb, dann knallt es so richtig. Dann wird es laut, und einer geht – erst mal raus vor die Tür und dann häufig weg, in einen andern Betrieb.

Wenn ein Unternehmen es sich leisten kann, immer wieder auf qualifizierte Arbeitskräfte zu verzichten, mag dies eine Strategie sein. Allerdings geht sie auf Kosten der Qualität; denn Austausch, gegenseitige Weiterentwicklung finden kaum statt.

Konfliktmanagement spart Geld. Dabei muss ein Konflikt nicht manifest sein, um teuer zu werden. Genaue Schätzungen sind schwierig, da sie abhängig sind von der Größe und vom Charakter des Unternehmens. Detlev Berning, ein Wirtschaftsmediator und Betriebswirtschaftler, hat anhand zweier realer Beispiele, einer Anwaltskanzlei und eines mittelständischen IT-Unternehmens, die Kosten ermittelt. Mit dem Wissen über die sozialen Geschehnisse nahm er die harten betriebswirtschaftlichen Zahlen in den Blick. Bei der Kanzlei kam er auf eine konfliktbedingte Verringerung des Gewinns von 400 000 auf 280 000 Euro im Laufe eines Jahres. Beim IT-Unternehmen errechnete er eine Verringerung des Betriebsergebnisses um 80 Prozent oder 950 Millionen Euro, ebenfalls innerhalb eines Jahres, wobei er annimmt, dass diese Entwicklung noch weitere Jahre andauern wird.

Schwelende Konflikte verursachen insbesondere dann Kosten, wenn der direkte Kundenkontakt wichtig und der Konflikt auf der Führungsebene angesiedelt ist. Die Arbeitsmotivation der Führungskräfte schwindet; sie fühlen sich nicht wohl am Arbeitsplatz und sind deshalb so oft es geht abwesend. Das Misstrauen gegenüber den Führungskollegen wie dem Personal wächst, weshalb sie in der weniger werdenden Zeit mehr kontrolliert werden. Das verschlechtert das Betriebsklima weiter, weshalb alteingesessenes und qualifiziertes Personal kündigt. Die verbleibenden Mitarbeiterinnen werden mehr kontrolliert, aber weniger geführt, arbeiten deshalb ineffizienter, und das Betriebsklima verschlechtert sich weiter. Die Führung betreut die Kundinnen weniger persönlich und gibt mehr Aufgaben an die Mitarbeiter ab; die Kunden fühlen sich weniger betreut, was zu Vertrauensverlust führt. Die Umsatzeinbußen verstärken sich dynamisch, was sich wiederum auf das Betriebsklima, die Führung und die Motivation auswirkt. »Konflikte lösen Emotionen aus, die sich infektiös verbreiten. Werden Konflikte nicht bearbeitet, setzen diese eine unheilvolle Spirale des Vertrauensverlustes in Gang. In Profit-Organisationen setzen sich Konfliktlagen von oben nach unten schneller durch als umgekehrt«, so Berning. Eine Abwärtsspirale, deren Automatismus durch eine frühzeitige Konfliktbearbeitung hätte gestoppt werden können.

Auch ein noch so gutes Konfliktmanagementsystem verhindert keine Konflikte und auch keine Spannungen. Wohin mit ihnen? Müssen sie unter den Teppich gekehrt werden? Versteckt hinter dem üblichen freundlichen, vertraulichen Umgangston, dem guten Betriebsklima? Oder gibt es Möglichkeiten, sie rauszulassen – idealerweise konstruktiv? Auch wenn es mit der Konstruktivität nicht immer klappt, so ist das besser, als emotionale Ausbrüche zu tabuisieren. Ein Wutausbruch ist zwar nicht schön, auch andere Gefühlsausbrüche irritieren das Umfeld, sie müssen aber in einem »gesunden« Betrieb durchaus möglich und verzeihlich sein. Das beugt Intrigen vor.

## Vierte Säule: Konstruktive Konkurrenz und Kooperation

»Die Konkurrenz ist schuld, dass es Intrigen gibt«, sagt Herr Singer, und er meint die Konkurrenz im Betrieb, nicht die von außen. Selbst wenn er recht hätte: Wie sollte man Konkurrenz abschaffen? Es sind nicht alle gleich, und die Ressourcen sind auch nicht unendlich.

Konkurrenz macht keine Intrige notwendig. Sie lässt sich auch konstruktiv handhaben. Voraussetzung ist, dass sie offen gehandhabt wird und man dazu steht. Konkurrenz, die versteckt wird, tabuisiert, kann nicht offen und fair ausgetragen werden.

Konkurrenz ist an sich nicht schlecht, im Gegenteil. Das Wort kommt von concurrere, zusammen laufen, zu einem gemeinsamen Ziel. Wenn die Spielregeln des Laufs klar sind, verbessert Konkurrenz die Laufleistung. Nicht umsonst suchen sich Marathonläuferinnen Zugläufer, die sie bei der Stange halten, zum Durchhalten animieren. Und auch bei der Kurzstrecke ist es gut, wenn man nicht allein sprintet, sondern mit einem Gegner; allerdings darf der Abstand nicht zu groß werden, man darf sich nicht aus den Augen verlieren. Und es muss die Sicherheit geben, dass Verletzungen der Spielregeln, unzulässige Mittel wie Doping und Fouls geahndet werden. Konstruktive Konkurrenz liegt nicht allein in der Verantwortung und im Vermögen des Einzelnen. Die Umgebung, das Gesamtklima des Betriebs ist letztlich ausschlaggebend, die Konkurrenz- und Kooperationskultur.

In einigen Betrieben ist es üblich, den oder die Beste zu küren: Was in der DDR »Der Genosse des Monats« war, ist gesamtdeutsch in einigen Baumärkten der »Mitarbeiter/Mitarbeiterin des Monats«. Beides ist nicht unbedingt eine belebende Konkurrenz. Das Modell von Grundschulen, in denen jahrgangsübergreifend erste und zweite, dritte und vierte Klasse in einem Unterricht zusammenarbeiten, entspricht schon eher dem Modell konstruktiver Konkurrenz. Die Größeren übernehmen Verantwortung für die Kleineren, die Schnelleren für die Langsameren. Und die Guten lernen an den Besten, dass man noch besser sein kann. Für andere passt vielleicht das System von Fußballmannschaften besser, die sich mit einem sehr großen Kader auf große Turniere vorbereiten. Die »Neuen« bekommen eine Chance, wenn die Etablierten ausfallen, sie sich im Training durch gute Leistung aufdrängen oder auf Grund taktischer Umstellungen ihr Spielertyp plötzlich gefragt ist. Sie konkurrieren untereinander und mit den Arrivierten darum, wer mit zur WM fahren darf. Die Voraussetzung dafür, dass dieses System funktioniert, ist allerdings, dass die Kriterien, was gut ist, klar definiert sind. Der Trainer muss transparent darstellen, was seine Anforderungen sind und dass es sich lohnt, besser zu werden. Wettbewerb muss Spaß machen. Permanenter Leistungsdruck ist da ebenso abtörnend wie permanente Unterforderung. Beides kann frustrieren und krank machen.

Konstruktive Konkurrenz fördert nicht nur die Karriere, sondern auch das Wohlbefinden, nicht nur das betriebliche Ergebnis, sondern auch die Betriebskultur und das Arbeitsklima. Wo Herausforderungen und Entwicklungspotentiale fehlen, droht leicht boreout – ein Phänomen, das einige bereits als Berufskrankheit sehen. Wenn es keinen Anreiz gibt, etwas zu leisten und dafür Würdigung zu erfahren, werden Arbeitnehmerinnen krank oder gehen in die innere Kündigung – mit den entsprechenden wirtschaftlichen Folgen. Wie das Kokon-Karriereprinzip®, das Zusammenspiel von Kommunikation, Konfliktkompetenz und konstruktivem Konkurrenzverhalten, funktioniert, habe ich in einem Buch zusammen mit Ulrike Ley ausgeführt. Kommunikation ist dabei die anerkannte Basiskompetenz zur Karriere. Sie kann und soll aber keine Konflikte verhindern oder schönreden; denn Konflikte können und sollen nicht vermieden werden. Sie bergen Wachstumspotential, für die Organisation wie für die Einzelne. Berufliche Karriere gibt es nicht ohne Konflikte und nicht ohne Konkurrenz. Beidem sollte man nicht aus dem Weg gehen; stattdessen muss man Konflikte und Konkurrenz wagen und hieraus Nutzen ziehen. Nur so lassen sich eigene Interessen durchsetzen, und man kann auch von den Konkurrenten lernen – sowohl von denen, die besser sind, als von denen, die sich lediglich besser darstellen. Kokon bedeutet aber auch Ruhepause, Atem holen, sich schützen und – wie bei der Wandlung von der Raupe zum Schmetterling – Entwicklung, Veränderung und Verwandlung.

Norbert Reimert, der HR-Manager aus dem Technologieunternehmen, hat immer noch persönlich Angst vor Konkurrenz. Und er hat es nicht leicht, in seinem Betrieb konstruktive Konkurrenz zu erlernen. Denn Kooperation gibt es so gut wie gar nicht. In seinem Betrieb sind alle Einzelkämpfer – außer direkt auf der Baustelle; aber damit hat er ja nichts zu tun. Intrigen hat es bisher noch nicht gegeben oder er hat noch keine entdeckt. Aber er ist ja auch erst drei Monate da und wird darauf achten.

Fünfte Säule: Hilfe und Fehlerkultur

Auch Chefs und Chefinnen können nicht alles, müssen sie auch nicht. Sie sollten nur offen dafür sein, zu erkennen, was bei ihnen fehlt, ob sie etwas dagegen tun müssen, und wenn ja, was und wie. Auch Chefs müssen sich weiterentwickeln und weiterbilden. Insbesondere an der Konfliktkompetenz hapert es häufig; in vielen Untersuchungen sehen Mitarbeiter und Führungskräfte diese zwar als eine der wichtigsten Führungsfähigkeiten, gleichzeitig aber auch als eine der größten Schwachstellen.

Kompetenz heißt auch, sich Hilfe zu holen. Sie können nicht alle Konflikte selbst in die Hand nehmen, auch wenn Sie noch so konfliktkompetent sind. Wenn Sie als Chef am Konflikt beteiligt sind oder wenn die mögliche Tragweite des Konflikts Sie überfordert, müssen Sie die Aufgabe abgeben, an jemanden von außen, an einen Profi.

Professionelle Konfliktlösungskompetenz hat den Vorteil, mit Distanz vorzugehen, nicht beteiligt zu sein und damit den Überblick zu bewahren. Sie entlastet Sie: zeitlich und emotional. Allerdings nimmt sie Ihnen nicht die Verantwortung ab. Die bleibt bei Ihnen beziehungsweise den Konfliktparteien. In einem professionell durchgeführten Konfliktmanagementprozess werden Sie selbst als Auftraggeberin einbezogen; Sie werden über die Ergebnisse informiert, selbstverständlich bei gewahrter Vertraulichkeit. Dies schließt auch eine Rückmeldung über Ihre eigenen Anteile im Prozess ein: strukturelle Mängel in der Organisation und/oder Ihr eigenes Führungsverhalten. Auch Sie werden in diesem Prozess lernen.

Hilfe einfordern und Hilfe annehmen ist generell eine zentrale Kompetenz. Viele Fehler passieren aus Angst davor, zu fragen – wie man es richtig macht oder ob einem jemand hilft. Wenn aber das Image als kompetente Kraft dadurch in Frage gestellt wird, so wird niemand Hilfebedarf äußern, eine Schwäche zugeben oder gar einen Fehler eingestehen. Das hat zur Folge, dass Fehler vertuscht werden oder anderen in die Schuhe geschoben – eine wesentliche Ursache für Intrigen. Chefs schieben die Schuld auf ihre

Mitarbeiter, Mitarbeiterinnen auf ihre Kollegen, Kollegen auf ihre Chefs. Dann gewinnt, wer am besten vertuschen, am besten Spuren verwischen und andere Spuren legen kann. Eine Vertuschung hat langfristige Folgen: Was einmal als Fährte gelegt wurde, muss weiterverfolgt werden. So verstricken sich Menschen in Lügen- und Intrigengebäude, nur weil sie zu Beginn einen Fehler gemacht haben.

In Sabine Bringers Betrieb war dies strukturell so angelegt: Von »oben« wurden Unternehmensziele vorgegeben, die nicht umsetzbar waren. Die Manager, die für die Umsetzung verantwortlich waren, wussten dies, hatten Angst vorm Scheitern und delegierten die Aufgaben an die nächste Ebene – die dann regelmäßig ausgetauscht wurde, weil sie »gescheitert« war.

Fehlerkultur heißt nicht, Fehler zu vermeiden, sondern Fehler auch machen zu können, Fehler entdecken zu dürfen, bei sich und bei anderen, und aus Fehlern zu lernen. Das gilt für alle Ebenen im Betrieb; Neulinge sind ebenso wenig ausgenommen wie alte Hasen, untere Ebenen ebenso wenig wie Vorgesetzte.

Fehlerfreundlichkeit ist das Ziel; denn Fehler weisen auf Schwachpunkte, auf noch zu findende Lösungen. Aus Fehlern kann man lernen.

Fehlerfreundlichkeit ist dabei keine persönliche Eigenschaft des Einzelnen, sondern ein Kennzeichen des Betriebes. Eine schlechte Fehlerkultur behindert das Lernen und die Weiterentwicklung – des Einzelnen wie des Betriebes. »In unseren Computerkursen fragen die Leute weniger als früher; und fast keiner klagt mehr über die neuen Programme«, berichtet einer, der betriebsinterne IT-Kurse leitet. Was aussieht wie Kompetenzzuwachs, ist die Angst, Schwächen zuzugeben, vor den Kollegen wie vor den Vorgesetzen. Was erst nur eine kleine Schwierigkeit ist, kann zu Überlastungen führen, mit gesundheitlichen Folgen und mit den entsprechenden betriebswirtschaftlichen Kosten für das Unternehmen.

Zur Fehlerkultur gehört auch eine entsprechende Kritikkultur; ein formales Instrument hierzu sind Mitarbeiterinnengespräche, in denen neben der Wertschätzung für Geleistetes auch die offene Auseinandersetzung mit Nicht-Geleistetem thematisiert wird. Daneben gibt es viele informelle Möglichkeiten. Kritik muss alltäglich werden. Das erfordert viel: gute Beobachtung, soziale Kompetenz, adäquate Kommunikation und Kreativität für bessere Lösungen. Das kostet: Zeit, Offenheit und Übung. Kritik geben und Kritik nehmen ist eine Kernkompetenz, die bei vielen Führungskräften nicht gut ausgeprägt ist. Sie gehen dann mit schlechtem Beispiel voran – und machen noch so gute Fortbildungen ihrer Mitarbeiter, die in Konfliktkompetenz geschult wurden, dann wieder zunichte.

Auch Führungskräfte sollten sich der Beurteilung aussetzen, durch ihre Kollegen wie ihre Mitarbeiter. Und hier gelten die gleichen unabdingbaren Prinzipien: Transparenz und Wirksamkeit. Sonst verkommt Führungsfeedback zum formalen Feigenblatt; es muss frei und freiwillig gegeben werden und frei und offen angenommen werden können. Wenn es von vornherein folgenlos ist, verkommt es zum Alibi für ein angeblich »modernes Führungsverhalten«. Oder zum Machtinstrument, um störende Führungspersonen loszuwerden, beispielsweise als Werkzeug in einer Intrige.

Fehlerkritik muss zwischen allen Ebenen möglich sein – Chefinnen an Mitarbeitern, Mitarbeiterinnen an Chefs, aber auch Mitarbeiterinnen und Chefs untereinander, was zuweilen noch schwerer fällt. »Eine Krähe hackt der anderen kein Auge aus«, sagt man – zu Recht, soll sie ja auch nicht. Aber eine Krähe bringt der andern das Fliegen bei.

Am schwersten fällt wohl die Selbstkritik, und zwar nicht als durchschaubare Demutsgeste oder als scheinheilige Heuchelei, sondern als ehrliche Aussage. »Überzeugt Sie Ihre Selbstkritik?« ist eine bekannte Frage von Max Frisch, die man jeder Mitarbeiterin wie jedem Chef stellen sollte.

## Sechste Säule: Achtsamkeit und Emotionsmanagement

»Hab acht« klingt altmodisch, mit dieser Mahnung haben vor hundert Jahren Mütter ihre Kinder auf den Schulweg geschickt. »Sei achtsam« ist der moderne Appell für Menschen, die sich zur Arbeitsstelle aufmachen. Achtsamkeit meint Achtgeben auf sich selbst wie auf seine Umgebung. Es ist Voraussicht, Vorsorge und Fürsorge, um Bedrohliches und Schädliches abzuwenden – von sich wie von den »Seinen«, von den Mitarbeiterinnen und vom Betrieb. Es bedeutet gleichmütig-akzeptierendes Achtgeben auf alle Phänomene: Wahrnehmung der Gegenwart, der eigenen Gefühle, Gedanken und Handlungen, Geistesgegenwart. Es ist mehr als Konzentration. Neugier, Wissensdrang, Offenheit, Aufgeschlossenheit kommen hinzu. Achtsamkeit ist ein Konzept zur Stressreduktion und Gesundheitsprophylaxe.

Zum Verstand hinzu kommt die Intuition. Und alles das hilft dann zu entscheiden: Was sollen wir tun? Was lassen wir besser sein? Eine Lebenshaltung, in der wir gut zu uns selbst sind. Dafür müssen wir uns kennen, unsere inneren Stimmen wahrnehmen und beachten. Gelten in Ihrem Betrieb Stress und Überarbeitung als Ausdruck von Engagement und Qualität? Dann werden auch alle gestresst und überarbeitet sein oder zumindest so tun. Und beides ist ungesund.

Was aber hält gesund, das fragte sich der Medizinsoziologe Aaron Antonovsky. Sein Konzept der Salutogenese sieht vor allem das sogenannte Kohärenzgefühl als ausschlaggebend an. Kohärenz entsteht dann, wenn die Erfahrungen erstens verstehbar sind, sich zweitens bewältigen und gestalten lassen und wenn sie drittens Sinn machen und sich lohnen (comprehensibility, manageability, meaningfulness). Was zunächst klingt wie ein Konzept individueller Verantwortung und Lebensführung, hat viele Implikationen für Arbeitgeber: Zu Verstehbarkeit gehören eine verlässliche Unternehmenspolitik, die Transparenz von Entscheidungen, die Klarheit der Aufgaben und Verantwortungen, Information über die wichtigen Geschehnisse. Bewältigbarkeit bedeutet, etwas ausrichten oder bewirken zu können und dafür die entsprechenden Ressourcen zu haben, die materiellen wie die sozialen, Unterstützung und Anerkennung. Sinnhaftigkeit zielt auf die Arbeitsinhalte ab, die Werte, das Leitbild des Unternehmens wie die konkrete Tätigkeit; hierzu gehört auch die Kenntnis der Unternehmensziele und Entwicklungen, die den Hintergrund für die Entscheidungen bieten.

»Es machte mich krank, nichts ändern zu können«, erzählte Frau Yandel, Mitarbeiterin in einer Agentur für Arbeit. Sie kündigte. Eine gute Personalpolitik und Intrigenprävention vermögen nicht die Sinnfragen der Mitarbeiterinnen zu klären, aber das Gefühl, etwas bewirken zu können, ist für jeden Menschen zentral. Egal auf welcher Sprosse der Karriereleiter, in welchem Beruf, in welchem Bereich er tätig ist. Das gesamte Personalmanagement, von der Arbeitsplatzbeschreibung und -gestaltung über die Weiterbildung bis hin zu Aufstiegsmöglichkeiten, ein effektives Ideen- und Beschwerdemanagement können dies fördern. Ein betriebliches Ideenmanagement, betriebliches Vorschlagswesen fördert das Gefühl der Selbstwirksamkeit. Werden neue Ideen »belohnt« – materiell, aber vor allem auch intellektuell? Ist es möglich, zu »meckern«, ohne negative Folgen, sprich: Es wird gehört, aufgenommen und bedacht, was an Beschwerden da ist, und etwas Positives daraus gemacht?

»Meine Erfahrung, meine Meinung, meine Ideen werden gehört und berücksichtigt« ist ein wichtiger, subjektiver Eindruck. Idealerweise erfahren Sie diese Wertschätzung in offiziellen Meetings und bei der täglichen Arbeit. Oder Sie können Ihre Vorschläge mittels eines einfachen Briefkastens oder in einem innerbetrieblicher Blog festhalten, um sie mit andern zu bewerten und weiterzuentwickeln. Anerkennungskultur wirkt nicht nur finanziell, sondern auch durch Lob, Wertschätzung und Aufmerksamkeit.

Zur Achtsamkeit gehört ein entsprechendes Gesundheitsmanagement, damit Spannungen abgebaut werden können. Dazu gehören Sportangebote im Betrieb oder auch nur eine geregelte Arbeitszeit, um eine regelmäßige sportliche Betätigung zu ermöglichen. Gesundheitsmanagement senkt Kosten, auch wenn es kostet. Es ist mehr als ein paar Präventionskurse, ein bisschen Rückengymnastik, ein bisschen Yoga. Zu einem wirklichen Gesundheitsmanagement gehören eine solide Datenbasis, eine Maßnahmenplanung und -umsetzung wie auch eine Evaluierung. Aber auch kleinere Einzelmaßnahmen – der rückenfreundliche Schreibtischstuhl, der Bonus für das Fitnessstudio – können schon Wunder wirken: nämlich als Ausdruck von Anerkennung und Wertschätzung gegenüber den Mitarbeitern. Entspannungskurse sind direkter Teil von Konfliktprävention. Sie verbessern dann nicht nur das individuelle Befinden, sondern auch das Gesamtklima im Betrieb.

Die Bundespsychotherapeutenkammer hat in Metaanalysen belegt, dass die Kombination von hohen Anforderungen (knappe Zeit, komplexe Aufgaben) mit einem geringen Einfluss auf den Arbeitsprozess besonders förderlich ist für psychische Erkrankungen. Wenn ich selbst an meiner Umgebung, an den Strukturen und Prozessen nichts ändern kann, so werde ich krank. Das Gleiche gilt für den Zusammenhang zwischen hohem Einsatz und niedriger oder als zu niedrig empfundener Entlohnung und Anerkennung. Die Folgen sind schwerwiegend, für die einzelne Mitarbeiterin wie für den Betrieb: kurzfristig finanziell durch den Ausfall an Arbeitskraft, durch Abwesenheit bei Krankheit oder Präsentismus (die Anwesenheit mit eingeschränkter Leistung); mittelfristig durch die »Ansteckungsgefahr« im Kollegenkreis; langfristig durch das schlechte Image des Betriebs, das es schwieriger macht, motivierte und qualifizierte Mitarbeiterinnen zu binden.

Zur Achtsamkeit gehört ein Emotionsmanagement. Gefühle sind menschlich; sie regulieren das Miteinander, sind Kontrolle, Warnzeichen und nicht zuletzt Quelle des Glücks. Auch im beruflichen Bereich haben sie etwas zu suchen; aber was im Privatleben gelten sollte, gilt hier besonders: Wo viele Menschen zusammenarbeiten, sollte an Stelle des Gefühlsausbruchs der Gefühlsausdruck stehen. Das setzt voraus, dass man sich erstens der eigenen Gefühle möglichst frühzeitig bewusst wird und man zweitens einen adäquaten Ausdruck hierfür findet. Ein entsprechender Rahmen ist hierfür von Vorteil: Man muss Gefühle zeigen können und dürfen, verbal wie nonverbal. Neben der Bewusstheit der eigenen Gefühle kommt das Verständnis, die Einfühlung in die Gefühle anderer, hinzu und dann die Fähigkeit, auch hier in eine angemessene Interaktion zu treten. Emotionale Kompetenz wird dies genannt. Diese ist weder angeboren, noch wird sie in der Ausbildung gelehrt und gelernt; auch der alltägliche Beruf trägt meist weniger bei als das sonstige

Leben. Allerdings kann der Betrieb hier Lernunterstützung leisten: durch gute Vorbilder von oben, durch ein möglichst offenes und akzeptierendes Klima.

Unternehmen sind nicht per se zur emotionalen Kompetenzschulung ihrer Mitarbeiterinnen da; sie werden sich darauf beschränken, alles das, was nicht direkt materiellen Gewinn erzeugt, nur zu schulen, wenn es indirekt Geld bringt. Das spricht für die Schulung von Emotionsmanagement. Emotional inkompetente oder inkontinente – sprich zu Ausbrüchen neigende – Mitarbeiter verursachen direkten Schaden: am Betriebsklima, an der eigenen Leistung wie an der ihrer Kolleginnen. Und emotionale Intelligenz der Mitarbeiterinnen führt nachgewiesenermaßen zu materiellem Gewinn: Der Dreiklang von Emotionswahrnehmung, Emotionsverständnis und Emotionssteuerung wirkt sich entscheidend auf die Arbeitsleistung aus, wie wissenschaftliche Untersuchungen gezeigt haben. Emotionale Intelligenz kommt damit raus aus der »Wohlfühlecke«, hinein in die Abteilung »schwarze Zahlen«. In der Personalauswahl wird sie inzwischen als gute Vorhersagemöglichkeit für die spätere Arbeitsleistung angesehen. Dana Joseph und Daniel Newman von der University of Illinois haben hierzu Untersuchungen durchgeführt. Emotionale Intelligenz führt zu positiveren Gefühlen, erweitert die individuellen Verhaltensmöglichkeiten, macht aufmerksamer, lässt uns besser mit Menschen umgehen und motiviert uns. Es gibt also auch eine wirtschaftliche Begründung für Emotionsmanagement.

Emotionale Intelligenz ist nicht angeboren; man kann sie lernen, und zwar überall, angefangen von der frühen Sozialisation durch Familie, Schule und Peer-Group. Frauen sind hier klar im Vorteil, wenn sie ihre Fähigkeiten und Erfahrungen gekonnt anwenden und über das bloße Verständnis

für andere hinaus dieses auch einsetzen: als Verhandlungs-
kompetenz, Motivierungs- und Führungskompetenz und
als Konfliktmanagementkompetenz.

Da hapert es dann häufig. Frauen leiden stärker darunter
als Männer, wenn es nicht harmonisch zugeht. Während
Männer Konflikten aus dem Weg gehen, kümmern Frau-
en sich um die Betroffenen, wollen Streit schlichten und
haben Verständnis. Wenn es aber um sie selbst geht, um
ihre eigenen Interessen, Anweisungen und Führung und
wenn aus Verständnis Durchsetzung werden muss, haben
Frauen häufig Defizite. Hier herrscht dann weit verbreitet
betrieblicher Weiterbildungsbedarf für weibliche Führungskräfte.

## Entwicklung: Für die Personen und das Unternehmen

Alle diese Säulen sind wichtige Faktoren von Intrigenprävention und Teile einer umfassenden, systematischen Or-
ganisations- und Personalentwicklung: Das Dach darüber
ist die Einsicht, dass Organisationen sich ständig weiterentwickeln müssen. »Personalentwicklung ist Persönlichkeitsentwicklung«, beschreibt Frau Winzer, die Personalleiterin
eines großen Unternehmens im Technikbereich, die heutige Realität – auch wenn sie längst nicht in jedem Unternehmen eingesetzt wird. Hinter Persönlichkeitsentwicklung
steckt dabei weniger der Gedanke, menschlich Gutes zu tun,
als ökonomisch sinnvoll zu handeln. Wenn Unternehmen
höhere Löhne und Boni nicht zahlen können, aber attraktiv
sein, bleiben oder werden müssen, da die Konkurrenz um
Fachkräfte zunimmt, bieten sie Arbeitnehmerinnen den

Bonus der persönlichen Entwicklung und eines guten Betriebsklimas – Personalentwicklung als Konkurrenzvorteil.

Als Intrigenprävention betrifft sie die Personalauswahl, die Zusammensetzung von Teams, Methoden des Spannungsabbaus (Konferenzen, Ausschüsse, Komitees, aber nicht zu groß, alle müssen zu Wort kommen) und vor allem Anerkennungskultur. Diese muss nicht immer auf Geld beruhen. »Über Geld können Sie Leute nicht mehr motivieren; das ist immer zu wenig. Das geht nur über Wertschätzung«, berichtet Frau Winzer. Und Wertschätzung drückt sich in persönlichem Lob aus, aber auch in einer guten Arbeitsumgebung, gut ausgestatteten Büros, Blumenschmuck, kleinen Gesten zum Geburtstag oder zu sonstigen Festtagen etc. Teamentwicklung gehört ebenso dazu. Sie kann dazu führen, frühzeitig Spannungen und Unverträglichkeiten zwischen Teammitgliedern zu erkennen und Lösungsmöglichkeiten zu entwickeln. Der glückliche Mitarbeiter zahlt sich auch ökonomisch aus. Und angesichts des demokratischen Wandels muss ein Betrieb auch mit einem guten Betriebsklima und vielen Entwicklungsmöglichkeiten punkten. Das Betriebsergebnis steigt, und Krankheitszeiten sinken. Und wenn doch jemand krank wird, so dient das Krankheitsrückkehrgespräch nicht als Kontrolle, sondern als Prävention, als Anzeige von Unstimmigkeiten oder Verbesserungspotential in Unternehmen.

Eine solche Unternehmensentwicklung braucht Zeit – für das Unternehmen und für jede Einzelne. Diese muss zur Verfügung gestellt werden. Wer schnell erreichbare, rein an quantitativen Zielen ausgerichtete Unternehmenspolitik betreibt, wird die Entwicklungsziele nicht erreichen. Und Entwicklung macht Arbeit; deshalb muss sie schon im Prozess Spaß machen. Humor hilft dabei, er ist ein wichtiges Mittel der Intrigenprävention: einen Spaß machen über Kolleginnen wie über den Chef und nicht zuletzt über sich selbst lachen. »O Gott, das auch noch«, mögen Sie denken. »Jetzt auch nach Humorarbeit!« Jetzt reicht's an Arbeit.

## Jetzt reicht's – probieren Sie's aus

Ein klarer Dreiklang ist eine gute Basis, und zwar nicht nur in der Musik. Probieren wir also, die Intrigen mit der Harmonielehre in den Griff zu bekommen. Der Grundton ist die Basis: erst mal die Intrige erkennen, ihre Kennzeichen und Werkzeuge erfassen. Davon ausgehend spielen wir den zweiten Ton: Die Terz in der Mitte des Dreiklangs ist die Abwehr. Wenn ich selbst betroffen bin als Mitarbeiter, wenn ich als Chefin Verantwortung in Intrigen habe und selbstverständlich auch als Kollege, der eingreift, unterstützt und auf keinen Fall zum klatschenden Zuschauer werden will. Oben im Dreiklang klingt die Quinte, die Prävention. Am besten wirkt sie lebenslänglich, wieder zum einen als Individuum für mich, dann als Chefin für mich und alle anderen, und noch als Teil der Organisation für den gesamten Laden. Ich gebe zu, das ist viel. Ein großer Dreiklang, der gut klingt und gut zu greifen ist auf dem Instrument. Und damit er noch besser zu greifen ist, gibt es hier noch einen kleinen Anhang, der nicht zuletzt auch etwas zum Lachen bereit hält. Denn wer zuletzt lacht, lacht am besten.

# TEIL IV: WAS SIE NOCH WISSEN SOLLTEN

Sie wissen nun, was Intrigen sind, wie man sie analysiert, abwehrt und langfristig verhindert. Sie wissen, wer alles Verantwortung trägt. Nun haben Sie sicher genug zu tun: als potentielles oder tatsächliches Opfer, als Kollegin, Mitarbeiter oder als Chefin.

Es gäbe noch viele Beispiele und Erklärungen, Ausnahmen und Besonderheiten. Die können Sie dann später mal nachlesen – in einem Ratgeber für fortgeschrittene Intrigantinnen.

Zum Schluss biete ich Ihnen noch einen kleinen Service: die Zusammenstellung der wichtigsten Instrumente und Quellen aus diesem Buch. Suchen Sie sich raus, was für Sie passt. Und wenn nicht: Fragen Sie mich ruhig. Ich existiere. Vielleicht wissen Sie auch selbst die Antwort, was für Sie passt. Dann passen Sie die Instrumente für sich an. Und sagen Sie's mir. Auch ich lerne gern mehr über Intrigen. Mailen oder rufen Sie mich einfach an.

## Persönliche Erklärung: Das wollte ich nicht

Hiermit erkläre ich ausdrücklich, dass ich niemanden zu Intrigen auffordere. Sollte jemand dieses Buch fälschlicherweise so verstanden haben, so ist dies ausschließlich seine/ihre Wahrnehmung. Die Haftung für etwaige Intrigenschäden, seien sie psychischer oder physischer, materieller oder ideeller oder welcher Natur auch immer, ist ausdrücklich ausgeschlossen.

Dennoch hoffe ich, Ihnen Lust auf Intrigen gemacht zu haben. Die Lust, genau hinzugucken und nachzuforschen nach Vergangenem und Gegenwärtigem, sowie die Lust, in die Zukunft zu blicken und mögliche Intrigenszenarien zu entwerfen. Denn auch Spinnen erhöht die Intrigenkompetenz – die Kompetenz, Intrigen zu durchschauen, zu verhindern und zu verarbeiten, wenn sie sich nicht verhindern ließen. Auch spielen wirkt: Es nimmt die Angst, fördert die Phantasie, das strategische Denken und macht zudem noch Spaß. Intrigen haben auch etwas von Spiel. Sie sind entsetzt? Aber spielen Sie nicht gern Mensch-ärgere-dich-nicht und freuen sich, wenn Sie jemanden rausgekickt haben? »Ja aber das ist doch nur ein Spiel, ein Kinderspiel.« Genau. Eines, das weltweit verbreitet ist. Sie spielen sogar eines dieser neuen Strategiespiele, bei denen Sie Länder erobern? Auch nur ein Spiel, es schult das strategische Denken. Klar. Spiele schulen. Deshalb habe ich ein spezielles Intrigenspiel entwickelt, das demnächst auf dem Markt sein wird. Es ist sogar jugendfrei. Vorläufiger Titel: Macht Intrigen. Wer lieber unter Anleitung spielt, kann dies in einem meiner Intrigenseminare tun.

All denjenigen, die meine Intrigenkompetenz verbessert haben, sei hier ausdrücklich gedankt, vor allem denen, die mit mir Gespräche über »ihre« Intrigen geführt haben. Die meisten waren Opfer, die mich in ihre Fehler und Fallen und Verarbeitung haben einblicken lassen. Etliche waren Verbündete, Stakeholder oder auch Täterinnen; häufig ließ sich das eine vom anderen auch schlecht sauber trennen!

Ich bin mir sicher, Sie haben Verständnis, dass ich mit wenigen Ausnahmen keine Namen nennen kann beziehungsweise Decknamen benutze. In einigen Fällen sind noch juristische Verfahren anhängig, in den meisten die Verfahren der persönlichen Verarbeitung. Es ist nicht immer nett, als Opfer geoutet zu werden; nett ist es auch nicht, als Täter oder Verbündeter des Täters benannt zu werden. Die Betroffenen müssen sich schützen, wie auch ich mich schützen muss – vor juristischen Verfahren oder auch vor der Gegenwehr derjenigen, die sich geoutet, angeklagt oder überführt vorkommen.

Gern hätte ich einige Menschen als besonders intrigenkompetent gelobt. Allerdings wollten dies die Betroffenen nicht. Also: ein Lob und Dank an die unbekannten Intrigantinnen.

Erwähnen möchte ich ausdrücklich diejenigen, die mich Intrigen am eigenen Leib haben spüren lassen. Einigen von ihnen ist nicht nur mein Dank sicher, sondern auch meine Rache. Ich versichere Ihnen: Ich werde dabei alle meine Ratschläge zu Intrigen berücksichtigen. Und nebenbei habe ich auch meine Planungskompetenz verbessert. Sofern Sie es noch nicht bemerkt haben sollten: Die Ratschläge zur Analyse von Intrigen eignen sich nämlich auch hervorragend, um Intrigen zu planen und erfolgreich durchzuführen. Aber das muss jede für sich entscheiden.

Danken möchte ich auch meinem Lektor, Christian Koth, er hat seine Sache gut gemacht, auch wenn er den Verlag und damit mich kurz vor Manuskriptabgabe verlassen hat. Ich versichere, das hatte nichts mit mir und dem Buch zu tun. Wenn eine Intrige dahintersteckte, dann nicht meine und auch nicht die der zweiten Lektorin, Silvie Horch, die die Sache übernahm. Auch sie hat mich geduldig, aber hartnäckig mit ihren Nachfragen und Anregungen unterstützt, als mir die Intrigen schon aus den Ohren rauskamen. Sie versteht ihr Geschäft. Dass sie anfangs nicht viel von Intrigen verstand, war gut – für die Verständnisfragen; auf jeden Fall weiß sie jetzt mehr als vorher.

Unermüdlich war und ist auch mein Buchhändler, der nicht müde wird, mir Bücher über Intrigen herauszusuchen. Wenn er das nächste Mal hinter mir herruft »Ich hab was für Sie! Was über Intrigen!«, kann ich endlich sagen: »Danke! Da hab' ich was Besseres. Selbst geschrieben.«

Das soll Sie, die Leserinnen und Leser, aber nicht hindern, mit Ihren Ideen zu mir zu kommen. Denn auch ich kann noch dazulernen. Im Übrigen: Misstraue jeder Intrige, die du nicht selbst geplant hast.

## Tipps, Tricks und Tools: Der kleine Intrigenkoffer

Die folgenden Werkzeuge kennen Sie bereits aus den vorherigen Kapiteln des Buches. Sollten Sie aber nicht noch mal suchen wollen, wo genau es steht und wie es ging, so finden Sie hier noch einmal eine Gebrauchsanweisung, teilweise ausführlicher und ergänzt durch eine Graphik.

### Intrigen-SWOT

Die klassische SWOT-Analyse wurde ursprünglich entwickelt, um Unternehmen zu analysieren. Die Untersuchung von Stärken und Schwächen, Chancen und Risiken (englisch: strengths, weaknesses, opportunities, threats) können Sie aber auch gut für Ihre eigene, persönliche Bilanz verwenden.

1. Schritt: Beginnen Sie mit der Kategorie **Stärken** und listen Sie alles auf, was Ihnen dazu einfällt. Zum Beispiel

Geduld und Energie, analysieren können, Leute begeistern etc. ...

2. Machen Sie weiter mit den **Chancen**, die Sie haben: ein neuer Job, ein neuer Ehemann, endlich Ihre Doktorarbeit abgegeben, die Chefin geht in Rente, das Unternehmen wird verkauft, ...

3. Erst dann gehen Sie zu Ihren **Schwächen**: Leichtgläubigkeit, Sprunghaftigkeit, Sie halten nicht lange durch bei Aufgaben, können nicht Nein sagen usw.

4. Unter **Risiken** finden Sie vielleicht Ihren tendenziell hohen Blutdruck, die Dollar-Schwäche, die hohe Erwerbslosigkeitsrate in Ihrem Bundesland, die Krankheit Ihrer Mutter.

Wundern Sie sich nicht, wenn Sie einen Faktor sowohl unter Schwächen wie auch unter Stärken finden: Ihre Ungeduld mag im Umgang mit Praktikanten eine Schwäche sein, gleichzeitig erhöht sie aber vielleicht Ihre Arbeitsmotivation. Das gleiche gilt für Chancen und Risiken: Der neue Chef mag Unsicherheiten bringen; gleichzeitig können Sie ihn aber möglicherweise gut für sich einnehmen, da er unvorbelastet ist.

Wenn Sie diese Listen erstellt haben, checken Sie noch einmal alles hinsichtlich folgender drei Faktoren:

**A. Personalität**: Ihre persönlichen Kompetenzen, Erfahrungen, Eigenschaften, Variablen wie Geschlecht, Sprache, Aussehen etc.

**B. Apersonalität**: Das ist die Struktur, also das Arbeitsverhältnis selbst. Dazu gehören Punkte wie Ihre Position, Ihre Rechte, die Strukturen im Betrieb etc.

**C. Interpersonalität**: die Beziehungen, Ihr berufliches und privates Netzwerk, besondere Feinde und Freundinnen im Betrieb, Mentorinnen etc.

Suchen Sie in jeder der vier Kategorien (Stärken, Schwächen, Chancen, Risiken) jeweils nach Faktoren, die A. Ihre Persönlichkeit betreffen, B. Unpersönliches, also eher die Strukturen, und C. solche, die aus der Beziehungsebene herrühren. In Teil III zur Intrigenabwehr haben Sie bereits eine ausführliche Darstellung mit vielen Beispielen. Hier noch ein paar Anregungen:

Zum Faktor Persönlichkeit oder Personalität zählen Ihre persönlichen Kompetenzen, Fach-, Methoden- und Sozialkompetenzen; ebenso Ihre beruflichen wie privaten Erfahrungen. Auch Geschlecht und Aussehen, Gesundheit, die eigene, vielleicht schillernde oder spannende Biographie können eine Rolle spielen, wie auch finanzielle Unabhängigkeit und Mobilität, der sogenannte Charakter, die Persönlichkeit oder das Verhalten. Dabei kann die gleiche Eigenschaft eine Ressource oder eine Schwäche sein.

Zum Faktor Apersonalität gehört primär Ihr Arbeitsverhältnis selbst: Ihre strategische Position, Unkündbarkeit oder andere arbeitsvertragliche Garantien, formale (besondere) Rechte wie beispielsweise Prokura. Weiter geht's mit der Unternehmenskultur, der Stärke des Betriebsrats, Ihrer eigenen betrieblichen Leistungsbilanz, Ihrer Position auf dem Arbeitsmarkt und Ihrer finanziellen Situation. Formale Mitgliedschaften in Vereinen, der Gewerkschaft etc. sind ebenso wichtig wie Präzedenzfälle in vergleichbaren Intrigen oder Konflikten sowie der Status der Firma insgesamt, finanziell wie von der Reputation her.

Beim dritten Faktor, der Interpersonalität, geht es um die Beziehungen: Wie ist Ihre Stellung in Netzwerken, insbesondere Ihre Verbindung zum Netzwerkknoten? Welche Position haben Sie in der betrieblichen Gruppe, im Zusammenspiel von Fraktionen und Lagern? Wo können Sie Feedback bekommen? Was ist Ihr Status? Haben Sie Mentorinnen innerhalb des Betriebes?

Diese Intrigen-SWOT machen Sie als erstes für sich selbst, danach möglichst auch für den Gegner. Dies dient sowohl als Bestandsaufnahme bei der Intrigenabwehr – als Analyse Ihrer Stärken und Schwächen und der Ihres Gegners – und zur Entwicklung einer Strategie als auch zur Intrigenprävention, indem Sie sich hier Ihr persönliches Entwicklungsprogramm zusammenbasteln.

Hier ein Beispiel von Frau Schiefer:

| | Stärken | Schwächen | Chancen | Risiken |
|---|---|---|---|---|
| **A) Persönliches** | Mut, Ausdauer, Energie, Geduld, MBA-Abschluss; analytisch, motivierend | Geduld; Gutgläubigkeit; Akzent im Englischen, unsicher bzgl. Äußerem | neue Beziehung; einzige Frau im Team; ortsungebunden; Kinderwunsch erfüllt, Golfanfängerin | neue Beziehung |
| **B) Strukturelles** | unkündbar, unverzichtbare Abteilung (Vertrieb), einzige Frau im Team; 15 Jahre Betriebszugehörigkeit | keine Budgetverantwortung | Unternehmen in Organisationsberatung | Dollarschwäche |
| **C) Beziehungen** | von Anfang an Projektleiterin, beliebt in der Abteilung; Netzwerkknoten im Managerinnenverband | berufliches u. privates Netzwerk unverbunden | neue Personalreferentin unter mir; Chef geht in Rente; Initiatorin Mentoringprojekt | Chef geht in Rente |

Beginnen Sie mit den Stärken, auch wenn Ihnen scheinbar zunächst nur Schwächen einfallen. Und kehren Sie immer wieder zurück zu dieser Kategorie. Schauen Sie, ob Sie möglichst in jedem Kästchen drei Stichworte finden, bei Stärken und Chancen besser sogar fünf.

## Das Intrigogramm®

Das bereits vorgestellte Intrigenanalysewerkzeug für jedermann und jeden Tag ist das Intrigogramm®. Es ist eine gute Methode, um Intrigen oder intrigenähnliche Konflikte darzustellen, um sie einerseits aus einer größeren Distanz zu betrachten, aber gleichzeitig auch tiefer in die Analyse eindringen zu können.

Dies kann mittels vieler Versionen geschehen – je nach Geschmack, Umsetzbarkeit von Darstellungsideen, Wissen und Professionalität. Ich stelle hier die Grundvariante dar, eine Art »Home Edition« – eine Version, die wie bei Computerprogrammen für viele Anwendungen und Anwender ausreicht, mit der man viel machen kann, wenn man sich ein wenig eingearbeitet hat.

Es beginnt mit etwas Schreibarbeit: Sie fertigen sich für die Menschen, die Ihnen im Zusammenhang mit einer vermuteten Intrige in den Blick kommen, kleine Kärtchen an; Haftnotizzettel sind praktisch. Schreiben Sie einen Namen, ein Kürzel drauf. Nun ordnen Sie die Kärtchen auf einem großen Blatt Papier (z. B. Flipchartpapier) oder dem Tisch an. Wer steht hinter wem? Wie stehen die einzelnen Personen zueinander? Nun machen Sie sich an die Beziehungen. Blitze stehen für Spannungen, Herzchen für liebevolle, unterstützende Beziehungen. Wenn Sie mögen, können Sie hier mit Aufklebern arbeiten: vom Blitz über Herzen bis zu

Wolken gibt es einiges zu kaufen. Fürs erste reicht auch ein einfaches + und –.

Hören Sie dabei auf Ihre Intuition. Wer könnte hinter der hinterhältigen Aktion, hinter dem Angriff stehen? Betrachten Sie nicht nur die offensichtlichen Angreifer; die sind möglicherweise gar nicht die Haupttäter. Wer steht diesen und Ihnen (inhaltlich) nahe? Wer profitiert möglicherweise von der Aktion? Vergessen Sie die zu einfache Formel von Ursache und Wirkung. Denken Sie quer und um Ecken und spinnen Sie bewusst herum und neue Fäden.

Noch anschaulicher wird das Ganze, wenn Sie die Kärtchen durch Figuren oder Gegenstände ersetzen: die Starwars-Figuren Ihrer Kinder oder Enkel, die Knöpfe aus dem Nähkästchen Ihrer Großmutter, den Weihnachtsbaumschmuck oder die Schachfiguren. Bauen Sie das Gesehene, die Handlung, die Machtkonstellationen im Tatumfeld auf und werfen Sie einen Blick aus der Distanz darauf: auf das Flipchartpapier an der Wand, die Knopflandschaft auf dem Tisch oder die Lego-Legionen auf dem Fußboden.

Sie können dies allein tun oder mit Hilfe unbeteiligter Menschen, die vieles noch nicht wissen und Ihnen Fragen zum Geschehen stellen. Dies kann äußerst hilfreich sein; allerdings müssen die Fragen von Vertrauenspersonen kommen, privaten Kontakten oder beruflichen, beispielsweise in kollegialer Beratung. Haben Sie keine geeigneten Personen, so suchen Sie sich professionellen Rat im Coaching.

So weit die »Home Edition« des Intrigogramms®. Die »Professional Version« verfügt über verschiedene Intrigenhintergründe, verschiedene Bühnen, eine Vielfalt von Figuren für verschiedene Anwendungen und wird unter professioneller Begleitung erprobt – in einem Intrigencoaching.

Das Intrigen-Drehbuch

Sie haben ein Faible für Schriftliches? Notieren Sie sich gerne Dinge, schreiben sie auf, um sie sich klarzumachen? Dann ist das Intrigendrehbuch vielleicht das Richtige für Sie.

Stellen Sie sich vor, Sie haben den Auftrag, ein Drehbuch für eine Intrige zu schreiben. »Spannend soll sie sein, und nah am Leben«, wünscht sich die Redaktion. »Vor allem muss das Intrigenopfer absolut authentisch sein.« Als Erstes suchen Sie sich einen Protagonisten, den Sie gut zu kennen glauben – am besten nehmen Sie sich selbst. Stellen Sie sich vor, Sie sind das potentielle Intrigenopfer. Sie haben ja inzwischen eine Intrigen-SWOT gemacht. Was haben Sie zu bieten? Was könnte Ihre Ressource für eine Intrige gegen Sie sein? Wenn Sie diese gefunden haben, so überlegen Sie, wo Ihre Schwachstelle, Ihre Achillesferse ist, oder besser ihre Achillesfersen.

Nun schreiben Sie ein kurzes Profil von sich, vom Intrigenopfer. Wer ist er oder sie? Wie ist er oder sie? So, als wenn Sie eine Castingfirma darauf ansetzen würden, einen Schauspieler für diese Rolle zu finden.

Als Nächstes überlegen Sie, wer denn auf die Ressourcen dieses Opfers scharf sein könnte, wer ein Motiv hätte für eine Intrige gegen das Opfer. Überlegen Sie sich einen Intrigentäter. Geben Sie ihm einen Namen. Machen Sie auch von ihm oder ihr ein kurzes Profil.

Nun kommen wir zur Handlung. Wie könnte der Intrigentäter vorgehen? Wo könnte er ansetzen? Sie erinnern sich: eine Intrige ist hinterhältig und verfolgt einen Plan. Notieren Sie sich fünf, sechs Sätze; die Haupttaktik.

Keine Intrige ohne Verbündete! Wer wären ideale Verbündete für ihn oder sie? Womit wären diese zu bekommen, einzubinden? Geben Sie ihnen jeweils einen Namen und schreiben Sie auch für diese eine kurze Charakteristik.

»Das Ganze sollte nicht zu einfach sein«, sagte Ihr Auftraggeber. Es wäre also gut, weitere Protagonisten zu haben. Wer würde noch von der Intrige profitieren? Beschreiben Sie ein oder zwei Stakeholder nach der Methode.

Nun haben Sie ein Grundgerüst und können mit den Dialogen beginnen. Nehmen Sie sich als Erstes den Täter. Lassen Sie ihn laut überlegen, über sich selbst reden. Wer ist er? Was will er? Was kann er? Reden beziehungsweise schreiben Sie in der Ich-Form. Wenn es Ihnen leichter fällt zu diktieren, so tun Sie das und machen Sie sich dabei Notizen. Sie müssen nicht alles abtippen. Machen Sie eine kurze Zusammenfassung. Dann befassen Sie sich mit den Verbündeten, den Stakeholdern in der gleichen Weise. Spinnen Sie das Drehbuch so weit, dass Sie einen Konzeptvorschlag haben, quasi ein Angebot für den Auftraggeber, mit einer Kurzbeschreibung der Charaktere, des Handlungsstrangs und des Plots. Der sollte auf jeden Fall klar sein.

Dann betrachten Sie Ihr Werk: Ist es gut? Spannend? Amüsant? Und als Letztes: Ist es realistisch? Könnte es sein, dass dieses Drehbuch Wirklichkeit wird? Was sagt Ihnen das Drehbuch über Sie selbst, über Ihre Intrigengefährdung? Und wie könnte der Film zum Drehbuch ausgehen? Was wäre das schrecklichste Ende, das vorstellbar wäre? Gäbe es die Möglichkeit auf ein Happy End? Was müsste passieren, damit sich doch noch alles zum Guten wendet, die Intrige abgewehrt würde?

Schreiben Sie beide Schlüsse, Happy End und Worst Case, in Kurzform auf: Dann kehren Sie zurück in die Realität und überlegen, was Sie hieraus mitnehmen für Ihren Intrigenalltag. Welche Konsequenzen ziehen Sie daraus?

# Ihr persönliches Persogramm

Dies ist eine schematische Darstellung der Menschen, die sich um Sie herum befinden. Nehmen Sie sich am besten ein großes Blatt Papier und zeichnen Sie alle auf, die Ihnen einfallen: Ihre Chefinnen, Kollegen und Mitarbeiterinnen, die aus Ihrer direkten Abteilung wie auch die von Nachbarabteilungen, die Ihnen wichtig erscheinen und spontan einfallen. Wer hat mit wem Kontakt? Kennzeichnen Sie dies mit einfachen Pfeilen. Hinzu kommen manchmal wichtige Kunden oder Dienstleister Ihres Betriebs, Menschen, mit denen Sie häufiger Kontakt haben. Was fällt Ihnen auf? Haben Sie den Eindruck, es sind viele oder wenige? Sind es mehr geworden oder weniger? Hat sich da etwas verändert? Wer ist gegangen, wer gekommen?

Gut ist es, wenn Sie neben Ihrem spontanen subjektiven Gefühl einen Vergleich zu Ihrem letzten Persogramm ziehen können. Wenn Sie ein solches nicht haben, so zeichnen Sie die heutige Situation und die beispielsweise vor einem Jahr, so wie Sie sie in Erinnerung haben. Gehen Sie spontan vor: Manchmal drängt sich der Vergleich von vor drei Monaten mit heute auf, manchmal der von vor drei Jahren. Wenn Sie bereits eine Intrige erlebt haben, machen Sie eine Zeichnung zur Situation vor der Intrige und eine für heute. An welcher Stelle gibt es viele Veränderungen? Empfinden Sie diese als positiv oder negativ, unterstützend oder potentiell gefährlich?

Wenn Sie eine solche Analyse mehrmals gemacht haben, werden Ihnen die Veränderungen schnell auffallen und Sie werden ein Gespür dafür bekommen, was wichtig ist und was unwichtig, was gut und was gefährlich.

## Ihre Konfliktlandkarte

Auf der Basis Ihres Persogramms und des Organigramms Ihres Betriebs lässt sich eine Konfliktlandkarte anfertigen. Dies ist eine Darstellung aller wichtigen vergangenen und gegenwärtigen Konflikte in Ihrem Betrieb. Wenn Ihr Persogramm schon sehr umfangreich geworden ist, müssen Sie es möglicherweise reduzieren, um nicht den Überblick zu verlieren. Das Organigramm Ihres Betriebs in Ihrer eigenen Version – also wiederum eine eher abgespeckte Version gegenüber dem offiziellen Firmenmaterial – ist vielleicht für Sie die übersichtlichere Grundlage. Wichtig ist, dass alle Abteilungen und alle informellen Gruppierungen verzeichnet sind, in denen es wichtige Konflikte gab oder gibt. Was wichtig war, entscheiden Sie subjektiv: Nicht jede kleine Streiterei ist wichtig, aber eine Kette von Streitereien immer an der gleichen Stelle durchaus. Es geht nicht um die objektive Vollständigkeit, sondern die subjektive unter dem Fokus »Intrigenpotential«.

So wie eine Landkarte nicht alle Sehenswürdigkeiten verzeichnet hat, sondern nur die berühmteren, eine Autokarte nicht die Wanderwege, aber die Autobahntankstellen, so sollten hier nicht das Gezänk, sondern die größeren Auseinandersetzungen zu verorten sein. Wo war der letzte Konflikt, in welcher Abteilung oder welchem Team, bei welchen Personen? Wo waren die Konflikte davor? Und wo wird Ihrer Meinung nach der nächste sein und warum? Was ist aus den alten Konflikten geworden? Sind sie vorbei und gelöscht oder schwelen sie unter der Oberfläche weiter? Flammen sie gerade wieder auf, in der Mitte des alten Brandherdes oder etwas davon entfernt, in gleichen Konstellationen oder anders, mit neuen Mitarbeitern? Wenn Ihre innere Stimme einen Warnhinweis gibt, so machen Sie sich eine Notiz. Geben Sie dem potentiellen Konflikt einen Namen, zum Beispiel »Der Drache« oder »Millionengrab« und einen kleinen Eintrag in Ihrer Konfliktlandkarte. Dies kann ein roter Blitz sein oder ein schwarzer Balken, ein umgekehrter Smiley oder ein rotes Verbotsschild. Sie können dies malen oder auch zu den zahlreichen Klebesymbolen greifen, die Sie im Schreibwarenhandel bekommen.

Sie haben den Eindruck, Sie haben nicht den Überblick? Dann setzen Sie sich in den »virtuellen Helikopter«: Fliegen Sie gedanklich über Ihren Betrieb, betrachten Sie die Ereignisse der letzten Zeit aus der Vogelperspektive. Wie würde ein Außenstehender die Szene sehen? Der distanzierte Blick von oben hilft, den Überblick zu bekommen. Nutzen Sie neben der sachlichen Analyse Ihre Intuition als Werkzeug, Ihr Bauchgefühl. Dieses ist ein voller Dreiklang aus guter Wahrnehmung, profundem Wissen und erworbener Weisheit, sprich Erfahrungen. Und Intuition filtert die Informationen; sie ignoriert die, die weniger wichtig sind. Das Gefundene sollten Sie sich dann sehr genau anschauen. Wenn dann noch etwas Wichtiges fehlt, so wird die Analyse es aufdecken – oder das nächste Bauchgefühl.

### Die Netzwerkanalyse

Mit Ihrem Persogramm haben Sie bereits eine gute Grundlage. Beziehen Sie außerdem die Menschen aus dem weiteren Umfeld ein, nicht nur die aus dem direkten beruflichen Kontext. Was haben diese Personen jeweils als Ressource zu bieten? Dazu gehören verlässliche Freundschaft oder prominente Kontakte, ein Schrebergarten oder Aktienmarktkenntnis – alles zählt, schreiben Sie's auf. Eine Bewertung und Gewichtung muss nicht sein, zumindest nicht in diesem

Zusammenhang. Listen Sie einfach Personen und Ressourcen auf. Verbinden Sie nun die einzelnen Menschen miteinander. Wer ist zentral? Wer steht mit wem in Verbindung? Wer ist ein Netzwerkknoten? Heraus kommt eine Art mind map. Was haben Sie selbst als Ressourcen zu bieten? Listen Sie auch das auf, am besten auf einem Extrablatt. Der Austausch der Ressourcen muss nun nicht direkt erfolgen, sondern kann Umwege über andere Mitglieder des Netzwerkes nehmen nach dem Prinzip der »ausgleichenden Gerechtigkeit«: Sie geben Ihr Spezialwissen im Computerbereich an den Nachbarn, dieser seine Kontakte an die Mutter des Freundes seiner Tochter, diese Mutter wiederum ihre Konfliktkompetenz an den Kindergarten, und Sie profitieren davon, weil Ihr Enkel diesen einmal besuchen wird, wenn er erst mal geboren ist. Auf diesen Ausgleich zu vertrauen ist kein Glaubensbekenntnis an das Gute, sondern schlichte Statistik und Erfahrung.

Was sagt Ihnen Ihre Netzwerkanalyse? Sind Sie gut vernetzt? Ist Ihr Netz stabil?

Wahrscheinlich gibt es für Sie verschiedene Netzwerke. Sind diese voneinander getrennt? Schauen Sie nach Überlappungen und ob sich Netzwerke wiederum vernetzen können. Das schützt vor Löchern zwischen den Netzen. Wenn Ihre Analyse Schwachstellen zeigt, so überlegen Sie sich, wie Sie diese systematisch beheben können.

Außerdem sollten Sie in größeren Abständen Bilanz ziehen: Machen Sie einen Abgleich von »Will« und »Ist« und einen Vergleich mit Ihrer Bilanz vom letzten Mal. So können Sie die Entwicklungen in längeren Abständen verfolgen: Was hat sich am »Ist« positiv verändert, was negativ oder hat sich gar nichts getan? Woran könnte dies liegen? Haben Sie Ihre Ziele verändert oder beibehalten? Haben Sie sie möglicherweise nur dem »Ist« angepasst? Viele Entwicklungen brauchen Zeit. Um sie nicht aus den Augen zu verlieren, brauchen Sie daher einen längeren Beobachtungszeitraum.

## PPP: Persönliches Präventionsprogramm

Prävention ist eine individuelle Sache, wenn Sie wirksam sein soll. Die Grundsätze der Prävention habe ich ja bereits dargestellt, zusammen mit vielen verschiedenen Instrumenten. Hieraus die auszuwählen, die für Sie am wirksamsten sind, zusammen mit einem individuellen Zeitplan, wann sie angewandt werden, ist Ihre individuelle Aufgabe. Das ist besonders wichtig in Umbruchsituationen – beispielsweise wenn Sie einen neuen Job übernehmen, Ihre alte Firma sich grundlegend erneuert oder wenn Sie selbst sich wandeln wollen. Aber auch oder gerade im ganz normalen Alltag bietet es sich an, wenn die Routine läuft und läuft und einen zu überrennen droht.

Hier ein mögliches Schema aus fünf unterschiedlichen Komponenten.

**1. Ziele setzen.** Dies ist ein guter Grundstein für Prävention, weil das Augenmerk auf positive Veränderung gelegt wird. Bei der Definition des Ziels sollten Sie ein paar typische Klippen umschiffen. Ein Ziel ist a) attraktiv, b) wird es positiv formuliert. Vermeiden Sie also Formulierungen wie »ich will nicht mehr ...«, sondern drücken Sie alles positiv aus, nämlich so: »Ich werde ...« Ziele kommen c) ohne Vergleiche aus; Vokabeln wie »besser, mehr, weniger ...« streichen Sie also am besten aus Ihrem Wortschatz. Ein Ziel ist nur erreichbar, wenn es d) in Ihrem eigenen Wirkungsbereich liegt. Nehmen Sie sich also nichts vor, was Sie nicht beeinflussen können.

**2. IST-Analyse durchführen.** Wie ist Ihre Situation zurzeit, beruflich und privat? Hier helfen die journalistischen W-Fragen – also wer, was, wo, wann, warum, wie. Praktisch ist auch ein Konfliktbuch oder ein Jobbuch, das Sie täglich führen, oder eine Bilanzkladde, in der Sie einmal pro Woche zu einem festen Termin die Situation resümieren, beispielsweise immer freitags, bevor Sie das Büro verlassen. Zusätzlich – beispielsweise einmal im Monat, im Vierteljahr oder Jahr – können Sie zu den oben beschriebenen folgenden Hilfsmitteln greifen: Intrigen-SWOT, Konfliktlandkarte, Persogramm und Netzwerkanalyse. Außerdem sollten Sie in größeren Abständen Bilanz ziehen: Machen Sie einen Abgleich von »Will« und »Ist« und einen Vergleich mit Ihrer Bilanz vom letzten Mal.

**3. Inspiration zur Problemerkennung und Problemlösung.** Gucken Sie Opern, Seifenopern oder Schauspiele und lassen Sie sich inspirieren von den Intrigen und Konflikten. Auch die Bücher- und Filmliste bietet Anregungen. Setzen Sie sich immer wieder in den virtuellen Helikopter zum Rundflug.

**4. Spannungsabbau.** Eine Entspannungstechnik ist Pflicht, besser noch beherrschen Sie zwei: eine Ad-hoc-Technik, direkt in der Situation anzuwenden, eine für den regelmäßigen Gebrauch einmal am Tag, einmal pro Woche. Zusätzlich hilft eine Liste, was Ihnen guttut: Beispielsweise In-die-Sterne-Gucken, Teezeremonie, Massage, Krimi lesen ... Hieraus suchen Sie sich für jeden Tag, jede Woche etwas aus.

**5. Weiterentwicklung.** Haben Sie mit Ihrer Intrigen-SWOT drei Schwächen herausgefiltert, die Sie notiert und auf Ihrer To-do-Liste vermerkt haben, so nehmen Sie sich eine davon vor: die wichtigste oder die, an der Sie zurzeit am leichtesten arbeiten können. Das können ganz verschiedene

Sachen sein: Verbesserung Ihrer Entscheidungskompetenz? Ausbau Ihres Netzwerkes? »Nein sagen« lernen? Um Hilfe bitten? Überlegen Sie sich zu dieser Schwäche Ihr persönliches Trainingsprogramm. Führen Sie zur Protokollierung Ihrer Weiterentwicklung ein Erfolgs- oder Glücksbuch. Kurze Notizen an jedem Tag in eine hierfür reservierte Kladde, Ihren Organizer oder Ähnliches zeigen Ihre Fortschritte und halten Sie bei der Stange, wenn es mal einen kleinen Rückschlag gibt.

## Multimedial: Anschauungsbeispiele und Quellen

Intrigenkompetenz erwirbt man zum Glück nicht nur durch Erfahrung am eigenen Leib. Lesen hilft ebenso wie zugucken und zuhören – live wie auch im Theater oder im Kino. Deshalb enthält die Quellenliste Fachbücher und Romane, Schauspiele, Opern und Fernsehfilme. Einiges davon ist bereits relativ alt; ich habe mich entschlossen, es dennoch aufzuführen, auch wenn es möglicherweise nicht ganz einfach zu beschaffen ist. Greifen Sie ruhig zu antiquarisch erworbenem Intrigenmaterial. Die Anmerkungen vorheriger Leser können amüsant wie hilfreich sein. So fand ich teilweise persönliche Warnhinweise.

### Bücher

Ich nenne hier einige der Bücher, die mich angeregt haben und von denen ich vermute, dass sie auch für Sie anregend sein könnten. Dabei mische ich Sach- und Fachbücher mit

Werken der Belletristik; denn auch Romane sind Fachliteratur, wenn sie gute und/oder amüsante Beispiele für Intrigen bieten.

Beckers, Christine/Mertz, Hanne: Mobbing-Opfer sind nicht wehrlos. Herder 1998. *Interessantes Buch für Betroffene: Fallbeispiele, Analyse, Tipps.*

Berning, Detlev: Konflikte kosten Unternehmen Geld – aber wie viel? In: Bundesverband Mediation, Spektrum der Mediation 23/2006. Auch unter http://www.bmev.de/fileadmin/downloads/spektrum/sonderdruck_konfliktkosten.pdf *Darstellung einer konkreten Konfliktkostenanalyse.*

Boyd, William: Ruhelos. Berliner Taschenbuchverlag 2008. *Krimi über Spionage und Intrige.*

Dumas, Alexandre: Der Graf von Monte Cristo. Fischer 1999. *Der Klassiker unter den Intrigenromanen. Historisch interessant.*

Fiorina, Carly: Mit harten Bandagen. Campus 2006. *Die ehemalige Hewlett-Packard-Chefin berichtet in ihrer Autobiographie über ihre Karriere, ihren Umgang mit Konflikten und Machtkämpfen.*

Fuchs, Helmut/Huber, Andreas: Bossing. Wenn der Chef mobbt. Kreuz 2009. *Hintergründe und praktische Tipps, wenn Chefs die Übeltäter sind.*

Haben, Gabriele/Harms-Böttcher, Anette: Mobbing. Frauen steigen aus. Orlanda 2007. *Ratgeber für Betroffene mit Fokus auf weibliche Opfer.*

Hardenberg, Fabian: Heiße Phase. Campus 2002. *Krimi über eine Intrige im Feld Unternehmensberatung.*

Heinrich, Peter/Schulz, Jochen (Hrsg.): Wörterbuch zur Mikropolitik. Leske und Budrich 1998. *Unterhaltsame Essays zu Stichworten der Mikropolitik.*

Highsmith, Patricia: Der talentierte Mr. Ripley. Diogenes 2003. Roman. *Der Klassiker über einen Intriganten.*

Hoffmann, Walter H. K.: Macht im Management. Ein Tabu wird protokolliert. vdf Hochschulverlag 2003. *Praxisorientiertes Sachbuch basierend auf Interviews mit Führungskräften.*

Kumpfmüller: Michael, Nachricht an alle. Fischer Taschenbuchverlag 2009. *Roman über Politik und Macht, Interessen und Intrigen.*

Küng, Zita: Was wird hier eigentlich gespielt? Springer 2005. *Sachbuch zu Unternehmensspielen und Machtstrategien im Job mit Ratgeberanteil.*

Küpper, Willi/Ortmann, Günther (Hrsg.): Mikropolitik. Rationalität, Macht und Spiele in Organisationen. Westdeutscher Verlag 1992. *Soziologisches Fachbuch; ein Sammelband für alle, die in soziologische Erklärungen von Unternehmensspielen einsteigen wollen.*

Ley Ulrike/Michalik, Regina: Karrierestrategien für Frauen. Redline Wirtschaft 2009. *Ratgeber zu Konkurrenz, Karriere und Konflikten. Nicht nur für Frauen nützlich.*

Litzcke, Sven/Schuh, Horst: Stress, Mobbing, Burn-out am Arbeitsplatz. Springer 2010. *Praktisches Sachbuch mit guten Hinweisen für Betroffene.*

Matt, Peter von: Die Intrige. Theorie und Praxis der Hinterlist. dtv 2008. *Sachbuch über Intrigen, vor allem in der Literaturgeschichte.*

Maxeiner, Dirk/Miersch, Michael: Das Mephisto-Prinzip. Warum es besser ist, nicht gut zu sein. Eichborn 2001. *Über gesellschaftliche Nachteile des Gutseins anhand konkreter Beispiele.*

Neuberger, Oswald: Mikropolitik. Der alltägliche Aufbau und Einsatz von Macht in Organisationen. Enke Stuttgart 1995. Soziologisches Sachbuch über die Macht.

Nolte, Dorothee: Die Intrige. Ein Berliner Campus-Roman. Fischer 2001. *Roman über eine Intrige im Universitätsbereich.*

Pourroy, Gustav Adolf: Das Prinzip Intrige. Über die gesellschaftliche Funktion eines Übels. Edition Interfrom 2009. *Soziologisches Buch über die Hintergründe von Intrigen.*

Pehnt, Annette: Mobbing. Piper Taschenbuchverlag 2008. *Roman über die Geschehnisse rund um Mobbing, seine Auswirkungen auf Familie und Freundeskreis.*

Scheele, Michael: Das jüngste Gerücht. mvg 2006. *Sachbuch über die Entstehung, Funktion und Gegenwehr gegen Gerüchte aus der Sicht eines Betroffenen und Juristen.*

Senger, Harro von: Die Kunst der List. Strategeme durchschauen und anwenden. C.H.Beck 2007. *Die Geschichte der List, ihr Nutzen und die 36 Strategeme für alle.*

Senger, Harro von: 36 Strategeme für Manager. Piper 2006. *Chinesische Strategeme als Listtechniken mit vielen Anwendungsbeispielen aus der westlichen Welt der Wirtschaft.*

Sommer, Ulrike: Die Gattin. Droemer/Knaur 2006. *Thriller um Intrigen im Politik- und Beratungsbereich.*

Sun Tsu: Die Kunst des Krieges. Insel Verlag 2009. *Chinesische Philosophie der Kriegsführung.*

Thau, Martin: Intrigen. Heimtücke und Verschlagenheit im Alltag. mvg 1994. *Interessant für Funktionsmechanismen in Großunternehmen.*

Thoma, Helga: Liebe, Macht, Intrige. Königinnen und ihre Liebhaber. Piper 2001. *Historisches Sachbuch über Machttechniken in höfischer Gesellschaft.*

Unger, Hans-Peter/Kleinschmidt, Carola: Bevor der Job krank macht. Kösel 2006. *Beruflicher Ratgeber, insbesondere interessant hinsichtlich Depression.*

Utz, Richard: Soziologie der Intrige. Duncker & Humblot 1997. *Theoretisches Sachbuch mit historischen Beispielen.*

Bildungswerk ver.di (Hrsg): Mobbing. Was Interessenvertre-terInnen, Beteiligte und Betroffene dagegen tun können. Ver.di Buchhandel und Verlag 2006. *Praktische Broschüre für Arbeitnehmer – zu beziehen über das Bildungswerk ver.di Niedersachsen (www.bw-verdi.de) oder zentrale@bw-verdi.de.*

Weldon, Fay: Beste Feindinnen. Goldmann 2002. *Roman über Konkurrenz und Verheimlichung.*

Wusowski, Cornelia: Elisabeth I. Der Roman ihres Lebens. Droemer-Knaur 2004. *Biographischer Roman über die Königin von England, ihren Umgang mit Macht, Intrigen und mit ihrer Rivalin Maria Stuart.*

Zastrow, Volker: Die Vier. Eine Intrige: Rowohlt 2009. *Journalistische Schilderung der Geschehnisse um eine Regierungsbildung in Hessen.*

Zweig, Stefan: Maria Stuart. Fischer 2000. *Biographie Maria Stuarts mit den Ingredienzien Intrigen und Macht.*

### Oper und Schauspiel

Vielen Opern liegen Schauspiele zugrunde, deshalb hier ein kleiner Ausschnitt aus beidem. Sofern es ein bekanntes Schauspiel ist, wurde bei der Quellenangabe zuerst auf den Komponisten, den Texter (Libretto) und an dritter Stelle teilweise auf den Ursprungsautor des zugrunde liegenden Schauspiels verwiesen.

Bei der Auswahl leitete mich erstens der deutliche Intrigencharakter, zweitens die besonders Problematik, die auch im heutigen Berufsleben zu finden ist, und drittens, dass es sich um Stücke handelt, die möglichst häufig aufgeführt werden.

Opern sind meist von der Symbolik und Dramaturgie her deutlicher, überzogener; durch die Inszenierung springen die Akteure der Intrigen eher ins Auge als im Schauspiel. Dennoch sind beide Gattungen inspirierend für eine Intrigenanalyse, auch je nach Geschmack. Für die OPA®, die Opernparallelitätsanalyse, braucht es natürlich die Oper, die Sie sich nach eigenem Gusto aussuchen und als Projektionsfläche für Ihr intrigenschwangeres berufliches Umfeld nehmen: Wer könnte in Ihrem Fall zum Beispiel die Rolle des (Heirats-)Schwindlers übernehmen, wer die der intriganten Nebenbuhlerin? Wer zieht listig die Fäden im Hintergrund, kämpft mit allen Mitteln um die Herrschaft, lauscht hinterm Paravant oder hält sich anscheinend aus allem raus?

**Agrippina:** Georg Friedrich Händel/Vincenzo Grimani.
*Es geht um die Herrschaftsfolge des römischen Kaisers Claudius, eine ehrgeizige Mutter, die für ihren Sohn, Nero, intrigiert, und diverse Stakeholder, die mittels Intrigen, Lügen, Versprechungen, Tarnungen und Mordversuchen ihre Interessen durchsetzen wollen.*
**Aufstieg und Fall der Stadt Mahagonny:** Kurt Weill/Bertolt Brecht.
*In Zeiten des Aufschwungs boomen schnelle Neugründungen, die Krise lässt die Sitten völlig verfallen. Während der eine Angeklagte gegen Geldzahlung in Freiheit kommt, wird der andere, der kein Geld hat, hingerichtet.*
**Der Barbier von Sevilla:** Giachino Rossini/Cesare Sterbini.
*Geht es um Geld oder ist es Liebe? Almaviva, Verehrer von Rosina, spannt diese Bartolo aus; Figaro hilft mit List und Tücke.*
**Der Schauspieldirektor:** Wolfgang Amadeus Mozart/Louis Schneider nach Johann Gottlieb Stephanie d. J.
*Es geht um berufliche Konkurrenz zwischen zwei Sopranistinnen und die Eigeninteressen der zukünftigen Arbeitgeber und Kollegen. Mozart selbst ist der Kapellmeister, der mehrere Sängerinnen gleichzeitig bewundert.*

**Die Hochzeit des Figaro:** Wolfgang Amadeus Mozart/Lorenzo da Ponte nach Beaumarchais.

*Ein Graf als Frauenheld, eine sich rächende Gattin, Verbündete, deren Hochzeit fast verhindert wird, und diverse gefälschte Identitäten.*

**Die Spieler:** Dimitri Schostakowitsch/Nikolai Gogol.

*Betrüger verbünden sich mit Betrügern gegen Betrüger und fallen selbst darauf rein. Scheinbare Opfer entpuppen sich als gewieftere Täter.*

**Fallstaff:** Giuseppe Verdi/Arrigo Boito nach William Shakespeare.

*Ein Zecher und Lebemann sucht neue Opfer, zwei Frauen; er heuchelt Liebe und will nur Geld. Die beiden durchschauen seine List, verbünden sich und werden zu Täterinnen. Am Ende wird der Böse, der Ursprungstäter Falstaff, gestellt und gedemütigt, die Guten werden belohnt und getraut.*

**Fidelio:** Ludwig van Beethoven/Joseph Ferdinand von Sonnleithner.

*Geschichte rund um den Kampf gegen politische Gegner, eine kämpfende Ehefrau, die sich als Mann ausgibt, und eine glückliche Befreiung aus dem Kerker.*

**Kabale und Liebe:** Friedrich Schiller.

*Ein gesamtgesellschaftlicher Konflikt (Adel gegen Bürgertum) spiegelt sich in den Konflikten der Akteure: Folge ich der Liebe oder der Macht, der Pflicht oder der Neigung? Der Mächtigere (Vater) versucht, seine Machtinteressen durch einen Abhängigen (seinen Sohn) und dessen Heirat durchzusetzen; hierzu gebraucht er eine Intrige. Eine Vielfalt von Intrigenwerkzeugen wird angewandt, und zahlreiche Verbündete und Stakeholder wirken mit. Klatschsucht und Misstrauen verhelfen der Intrige zum Erfolg und dem Stück zum dramatischen Ende.*

siehe auch→ Luisa Miller (Verdi-Oper) und unter der Rubrik Film → »Kabale und Liebe« (Regie: Leander Haussmann)

**König Ubu:** Franz Hummel/Roland Lilie nach Alfred Jarry.
*Aus Ehrgeiz und angestachelt durch seine Frau versucht Übü,*
*den König zu stürzen. Als er sich entdeckt glaubt, gesteht er;*
*ihm wird aber nicht geglaubt und er wird stattdessen befördert.*
*Sein Plan gelingt, er errichtet ein Terrorregime. Seine ehemali-*
*gen Verbündeten werden Überläufer, stürzen ihn und er muss*
*fliehen.*

**Lear:** Aribert Reimann/Klaus H. Henneberg nach William
Shakespeare.
*Ein Patriarch vererbt sein Werk an zwei seiner drei Töchter.*
*Diese sind undankbar und vertreiben ihn. Ehemalige Anhän-*
*ger und Gegner kämpfen um die Verteilung der Hinterlassen-*
*schaft, mit List und Gift, Blenden und Bedrohen.*

**Luisa Miller:** Giuseppe Verdi/Salvatore Cammarano.
*Oper nach → Kabale und Liebe; zum Plot siehe dort.*

**Maria Stuart:** Friedrich Schiller.
*Der Machtkampf zwischen Elisabeth und Maria* (siehe auch
Zweig, Stefan; Roman).

**Othello:** William Shakespeare.
*Fremdes Terrain wird erobert, ehemals Erfolgreiche werden*
*abgesetzt, andere bei Beförderungen bevorzugt, Intrigen ge-*
*sponnen um Liebe, Macht und Geld.* Es gibt auch eine gleich-
namige Oper von Giuseppe Verdi und Arrigo Boito.

**Romeo und Julia:** William Shakespeare.
*Zwei verfeindete Dynastien und die zahlreichen Versuche, sie*
*zu versöhnen. Es endet in Giftmord und Verzweiflung.*

**Tartuffe:** Moliere.
*Ein Betrüger versteht es blendend, sein Umfeld zu täuschen.*
*Heuchelei kommt durch. Es fällt den Beteiligten schwer, sich*
*einzugestehen, dass sie sich getäuscht haben. Anschauliche*
*Darstellung komplexer Heuchelei unter Einbeziehung ver-*
*schiedener Stakeholder und öffentlicher Akteure.*

Bilder haben eine starke Wirkung. Filmfiguren funktionieren als »role models«, im Guten wie im Schlechten. Alle diese Beispiele sind über kurz oder lang auch für das Heimkino verfügbar. Der Vorteil: Man kann sich die guten und schlechten Beispiele immer wieder vorspielen. Einige der Spielfilme beruhen auf Romanen. Diese wurden nicht extra aufgeführt. R kennzeichnet, wer die Regie hatte, B wer das Drehbuch schrieb.

**Der Teufel trägt Prada:** David Fraenkel (R), Aline Brosh McKenna/Don Roos (B). USA 2006
*Macht, Manipulation und Mikropolitik werden am Beispiel der Modebranche deutlich mit vielen Beispielen für Demütigungs- und Siegesrituale, Konkurrenzstrategien und den Umgang mit Gefühlen wie Neid.*
**Freche Biester:** Melanie Mayron (R), Lamar Damon/Robert Lee King (B). USA 2002
*Eine Geschichte um Identitätswechsel in der Welt einer High School. Eine Vielfalt von Intrigenwerkzeugen und Beispielen von Intrigenabwehr.*
**Gefährliche Liebschaften.** Josée Dayan (R), Kanada, Frankreich, Großbritannien 2003
*Liebe, Macht und Geld – alle Grundmotive von Intrigen sind vorhanden. Viele Intrigentechniken, wenn auch der Aspekt »Sex« im Vordergrund steht.*
**Gute Zeiten, schlechte Zeiten.** *Eine seit 1992 wochentags auf RTL laufende Vorabendserie. Es geht um Liebe, Schicksal und Unglück, Treue, Untreue und Betrug vor allem in der ›jüngeren Generation‹.*
**Kabale und Liebe.** Leander Haußmann (R), NDR 2005.
*Verfilmung des gleichnamigen Schiller'schen Dramas.*

**Malice – Eine Intrige.** Harold Becker (R) Scott Frank/Frank McCord/Aaron Sorkin (B). USA 1993.
*Falsche Identitäten, Mord, Lügen, Betrug – hier wird mit allen Intrigenwerkzeugen gekämpft.*
**Verbotene Liebe.** *Vorabendserie um eine gut situierte Familie mit vielen Beispielen für Intrigen und ihre Abwehr, läuft seit 1995 wochentags in der ARD.*
**Wer Kollegen hat, braucht keine Feinde:** Martin Enlen (R), Gabriele Sperl (B). D 1995.
*Betrug und Konkurrenz im Betrieb.*

Wenn Ihre Lieblingsvorabendserie nicht dabei ist, so ist dies nicht unbedingt eine Aussage über ihren mangelnden Intrigenvorbildcharakter, sondern bedeutet möglicherweise nur, dass sie zur Zeit des Schreibens dieses Buches gerade nicht aktuell war.


Spiele

Viele Spiele haben Listcharakter oder üben ins strategische Denken ein; schauen Sie sich Ihr Lieblingsspiel mal unter diesem Gesichtspunkt an oder spielen Sie es mit dem Fokus »Intrige«. Es gibt ein paar wenige ausgesprochene Intrigenspiele wie
**Die Gilde.** Handel, Habsucht & Intrigen. Computerspiel von JoWooD Productions.
**Intrige.** Brettspiel von Stefan Dorra, verlegt bei Amigo.
**Genius.** Im Zentrum der Macht. Computerspiel, verlegt bei Cornelsen.
**Die Siedler von Catan.** Brett- und Kartenspiel mit Ergänzung »Politik und Intrige« bei Kosmos.

Vielleicht sind sie ja etwas für Sie. Mir persönlich sind sie zu einfach strukturiert oder zu weit weg vom konkreten Alltag. Deshalb entwickele ich zusammen mit meiner Kollegin Helga Heumann ein Intrigenspiel:»Achtung Intrige«. Es ist ein Strategiespiel und erscheint voraussichtlich Ende 2011.


## Webseiten

Das Web bietet vielseitige Hilfe, Austausch und Rat für Betroffene. Allerdings sind die Angebote häufig schnell vergänglich. Ich habe mich von daher auf einige wenige beschränkt, die relativ stabil erscheinen.

www.mobbing-rechtshilfe.de – *Rechtshilfe bei Mobbing*
www.bossing.at – *Anti-Bossing-Link*
www.kickbullycom/main.html – *Ratschläge für durch Chefs Gemobbte, einschließlich Gegenmobbing.*
www.fairness-stiftung.de – *Organisation für fairen Umgang; Definitionen und Tipps zu unlauteren Praktiken. Unter www. fairness-stiftung.de/FairnessCharta.htm gibt es ein Modell einer Vereinbarung für fairen Umgang.*

Unter www.intrigencoaching.com finden Sie alle meine Beratungsangebote zu Intrigen und Konflikten sowie die Möglichkeit der Vernetzung von Betroffenen, unter www. interchange-michalik.com alle weiteren Angebote. Kontakt aufnehmen mit mir können sie auch unter +30 / 93 62 52 90, info@interchange-michalik.com oder per Post an interchange, Lilienthalstr. 12, D-10965 Berlin.

# Frustfaktor Nr. 1

Martin Wehrle · **Der Feind in meinem Büro**
Die großen und kleinen Irrtümer zwischen Chef und Mitarbeiter
242 Seiten · gebunden mit Schutzumschlag
€ [D] 19,95 · € [A] 20,60 · sFr 34,80
ISBN 978-3-430-19543-0

88 Prozent aller Mitarbeiter sagen, ihr Chef sei schwierig. Dabei wollen Arbeitnehmer und Arbeitgeber oft dasselbe. Aber sie reden aneinander vorbei, denn beide sprechen ihre eigene Sprache. Dieses Buch leistet Pionierarbeit und öffnet den Streitpartnern den Blick für die jeweils andere Seite.
Martin Wehrle, Autor des Longsellers *Geheime Tricks für mehr Gehalt*, kennt die Sichtweisen von Chefs und Mitarbeitern aus seinen zahlreichen Coachings und entschärft den Sprengstoff des Alltags mit pfiffigen Tipps.

Econ

# Die Mitarbeiter schlagen zurück!

Susanne Reinker · **Rache am Chef**
Die unterschätzte Macht der Mitarbeiter
208 Seiten, Klappenbroschur
€ [D] 16,95 · € [A] 17,50 · sFr 29,90
ISBN 978-3-430-20013-4

Immer mehr Mitarbeiter wehren sich gegen unfaire und unfähige Vorgesetzte. Fantasievoll sorgen sie für ausgleichende Gerechtigkeit. Innere Kündigung und stiller Boykott sind noch die harmloseren Varianten. Katastrophenchefs müssen auch mit gezielter Indiskretion und Sabotage rechnen. Mit unglaublichen Beispielen und viel Sinn für Realsatire berichtet Susanne Reinker vom Guerillakrieg im Büro.

»Entsprechende Bücher nennt man Pageturner, also Bücher, die man buchstäblich verschlingt. Nicht ohne Grund ist das Buch in Bestsellerlisten zu finden.«
*Hamburger Abendblatt*